天然宝石人工改善及检测的原理与方法

吕新彪　李　珍　编著

中 国 地 质 大 学 出 版 社

内容提要

本书较全面、系统地反映了天然宝石人工改善和检测的最新成果；详细地论述了天然宝石人工改善的理论基础，尤其对宝石颜色产生的机理，从物理学和化学两个方面作了较深入的探讨；较全面地介绍了一些常用的宝石，着重介绍了15种主要宝石人工改善技术方法、设备和检测技术方法。

本书可作为宝玉石学专业和珠宝职业技术培训的教材，亦可供从事珠宝生产、贸易和检测技术人员参考。

图书在版编目(CIP)数据

天然宝石人工改善及检测的原理与方法/吕新彪，李珍编著．—武汉：中国地质大学出版社，1995.10（2016.7重印）

ISBN 978-7-5625-0994-3

Ⅰ．天…

Ⅱ．①吕…②李…

Ⅲ．宝石-加工

Ⅳ．TS933.3

中国版本图书馆CIP数据核字（2008）第073132号

出版发行 中国地质大学出版社（武汉市·喻家山·邮政编码430074）

责任编辑：张华瑛　**责任校对：**胡义珍　**版面设计：**俞霓芬

印　刷 武汉市教文印刷厂

开本787×1092　1/16　印张11.25　字数285千字

1995年10月第1版　2016年7月第10次印刷　印数：14001—15500册

定价：18.00元

前　　言

天然宝石的人工改善和检测是宝石学中最重要、最热门的研究方向之一。70年代以来，由于世界范围内宝石热的兴起，国际珠宝贸易大幅度上升，从而大大激发人们对天然宝石人工改善技术和工艺的研究兴趣。随着许多高新技术的应用，使宝石人工改善取得了重大的进展，各种宝石人工改善品充斥珠宝市场。与此同时，为了维护珠宝市场的正常发展和广大消费者的利益，宝石人工改善品的检测技术也得到了发展和完善。近年来，国内外从事天然宝石人工改善及检测的技术人员在理论和应用研究方面取得不少新成果。为了尽早全面、系统地把这些成果介绍给读者，以促进我国在该方向上的研究、开发和生产，我们在《宝石人工优化》内部教材的基础上，总结了近年来的教学和研究成果，并参考国内外最新的有关文献编著了本书。

本书既注重天然宝石人工改善的基础理论知识，同时又力图全面而详细地阐述有关宝石人工改善的技术方法、工艺设备和检测等方面的基本内容。全书共分三篇十七章，第一篇为理论基础篇，主要论述了颜色、物质结构和物理光学的基本理论，以及这些理论在解释宝石颜色生成机理方面的应用；第二篇是技术方法篇，叙述了天然宝石人工改善品的分类和工艺要求，分别详细地介绍了热处理和辐照处理这两种主要改善技术方法及有关的工艺设备，对一些化学处理及其他物理处理方法亦作了简介，同时还介绍了宝石改善品的主要检测方法与所用的仪器；第三篇是各论，分别介绍了钻石、红宝石、蓝宝石等15种主要天然宝石人工改善的技术方法和检测方法。

本书绪论、第一、二、六、七、八、十、十一、十三、十五章由吕新彪执笔，第三、四、五、九、十二、十四、十六、十七章由李珍执笔。

在本书编著过程中，曾得到潘兆橹教授等许多老师的支持和帮助。同时还得到中国地质大学矿产系领导和老师的热情鼓励与支持。初稿完成后，承蒙陈秀琴副教授(FGA)审阅了全稿，提出了许多宝贵的意见和建议。书中图件由潘莉清绘。在此向以上各位老师表示衷心的感谢。

由于作者水平有限，书中难免出现错误和不妥之处，请读者不吝指正。

编著者

目　录

绪　论

一、天然宝石人工改善的概念

天然宝石的人工改善(Nature gemstone enhancement)是指人们运用某种技术方法和工艺处理来改变宝石的颜色，提高宝石的净度、物理和化学稳定性，使天然宝石的外观得到改善，从而提高宝石美学价值和商品价值的过程。在有些宝石学文献中，把这种对天然宝石的人工改善称为“天然宝石的人工优化”或“天然宝石的人工处理”。无论如何定义，其基本含义都是对影响天然宝石外观美的各种缺陷和不足进行人为技术处理，使宝石更加完美。当然，这里面不包括对宝石进行切磨、抛光、雕刻和镶嵌等加工方法。

天然宝石的人工改善是宝石学研究的重要内容，由于世界范围内对优质天然宝石的需求增长幅度较大，然而，世界优质天然宝石产量越来越少，这就造成市场供求紧张、价格上涨。解决这一供求矛盾比较有效的途径就是对有某种缺陷或不足的、质次的天然宝石进行人工改善。这项工作不仅可以大大增加优质天然宝石的产量，而且可以使质次的宝石增值，产生很高的经济效益。实际上，目前珠宝市场上流通的大部分中—高档天然宝石都或多或少地经过人工改善，当然所采用的改善技术和工艺不尽相同。例如，缅甸和斯里兰卡具丝绢状包裹体的浅蓝色和白色蓝宝石在还原条件下，经加热处理可以变成迷人的蓝色蓝宝石；巴西产的无色或黄色黄玉经辐照-热处理可以变成蓝色的黄玉；而哥伦比亚中—低档的祖母绿经注油处理，可掩盖微细裂纹，提高透明度。近10年来，宝石人工改善在继承发扬传统技术和工艺的基础上，又吸收了大量的现代高新技术方法，使宝石人工改善取得重大进展，宝石改善品大批进入珠宝市场，给珠宝业的发展带来了前所未有的繁荣。

应该看到，宝石人工改善技术和工艺的进步与普及，宝石改善品充斥珠宝市场，也带来一些不良后果，尤其是天然宝石和宝石改善品的界线变得越来越模糊，许多宝石改善品被充作天然宝石出售。如炝色、染色的翡翠，冒充A货而不声明。有些中—高档宝石处理品的改善采用先进的改善技术和新工艺，给宝石的检测带来很大的困难。鉴于上述的情况，有必要对天然宝石和人工改善的宝石加以区分。从严格意义上讲，天然宝石的加工仅限于切磨、抛光、雕刻，除此之外，凡是经人工改善技术方法改变其颜色、结构、性质及其他外观特征的宝石，都被称为人工改善宝石。不过，有的宝石学家认为，这样的规定太严格，照此规定，目前珠宝市场上流通宝石中，有90%以上属于人工改善品。这对宝石交易活动无疑是一大打击，不利于鼓励珠宝商们在一定范围内，运用先进的技术充分展示出天然宝石潜在美的品质，使有限的宝石资源得到充分利用。因此，部分宝石学家提出，如果天然宝石人工改善的目的仅是为了把宝石本身所具有的潜在美质充分发挥出来，那么这样的人工改善品仍可定为天然宝石。例如通过加热处理使颜色深的蓝宝石蓝色变浅，且透明度提高，这种蓝宝石改善品仍可称为天然蓝宝石，而不称为改色蓝宝石，但鉴定证书上要用代码E标明。至于经过辐照改色、增色、染色或其他改变宝石整个外观等处理的宝石都应划入非天然宝石之列，或至少应在销售中注明是宝石人工改善品或人工处理宝石(用代码T标明)。当然，进行这样的区分从理论上和道理上讲都是有必要的，但实际操作中仍会有很大的困难。这要依赖于先进的宝石检测手段和鉴定人员的业务素质。欧、美及日本宝石协会对哪些人工改善宝石可划归为天然宝石的问题作了一些具体规定。如日本宝石协会和日本首饰协会于 1991 年 10 月 1 日起执行如下规定：凡是为了把宝石本身所具有的潜在美质充分发挥出来的人工处理宝石均定为天然宝石；而经过辐照改色、增色、染色或改变宝石整个外观等处理的宝石划入非天然宝石之列。日本宝石协会对一些可划为天然宝石的宝石改善品作了具体规定，见表 0-1。

表 0-1　　日本宝石协会 1991 年规定的可划为天然宝石的人工改善品

天然宝石	人工处理的目的	人工处理的方法	备　注
祖母绿	复原祖母绿在加工阶段所减少的透明度	用无色油或无色合成树脂浸透祖母绿	销售时要求注明
翡　翠	提高翡翠透明度，使颜色更均匀	用蜡或无色树脂浸透翡翠	销售时要求注明
红宝石	提高红宝石透明度	用玻璃和树脂充填红宝石的裂隙	销售时要求注明
欧泊	加强欧泊黑色底色，使变彩更为美丽	把欧泊浸在混有染料的高分子聚合塑料或各种树脂中进行处理	销售时要求注明
电气石	提高电气石净度、透明度	用树脂充填电气石中空的粗大管状包裹物	销售时要求注明
珊瑚	提高珊瑚饰品光洁度	用树脂充填珊瑚表面小孔	销售时要求注明
绿松石	提高绿松石的结构稳固性和防污性	用无色树脂和水玻璃浸透绿松石	销售时要求注明
装饰宝石	防止宝石表面被侵蚀或划伤	用树脂覆盖在孔雀石或菱锰矿等有美丽条纹的装饰宝石表面	销售时要求注明

在美国，由美国联邦贸易委员会(FTC)制定的有关贸易法规中，对宝石人工处理品有如下规定：任何被人工改色或染色的钻石和其他宝石，不论是用镀膜、辐照和热处理，还是用核辐射处理，如果没有声明这类处理品是经人工生色处理过及这种颜色不是永久性的，那么供应和销售这类产品均被禁止。但是 FTC 为了避免贸易中的混乱及揭露不成功而造成的责任问题，还提出了 2 条附加准则：①热处理不能被有检测资格的专门宝石鉴定实验室检测出；②在正常磨蚀和陈列条件下，热处理宝石的处理结果是稳定的或不可复原的。宝石热处理品只要具备上述准则之一，就可以在销售时不作声明。不过 FTC 指明，钻石必须同时具备上述 2 条准测，才允许不作声明。在美国珠宝贸易中，一些常见宝石改善品的声明规则见表 0-2。

在欧共体国家(EEC)，国际珠宝、银饰、钻石、珍珠及贵重宝石联盟(CIBJO)规定：凡是通过物理、化学方法或物理化学方法处理而生色或染色的宝石，必须归为处理品，销售时要注明。这类处理品包括：①由辐照改色的宝石；②由化学处理改色的宝石；③由镀膜处理改色的宝石。CIBJO 还规定下列一些用热处理或只用酸处理的宝石可以不归为处理品，如玛瑙(包括纹玛瑙、红玉髓、缟玛瑙、绿玛瑙、蓝玛瑙等)、绿柱石(海蓝宝石、艳绿柱石)、水晶(黄水晶)、粉红色黄玉、各色电气石和刚玉类宝石。另外，CIBJO 还规定：所有人工改色的天然珍珠都必须直接清楚地注明。

二、宝石人工改善的历史和发展趋势

宝石的人工改善已有几千年的历史。据国外资料报道，在古埃及国王的墓中就曾出土过公元前1300年的肉红色玉髓，印度亦曾出土有大约公元前2000年前的经加热处理的红玛瑙和光玉髓。最早对宝石人工改善进行系统总结的是C. Pliny(生于公元23年，死于公元79年)。他在查阅了2 000多册有关书籍的基础上，编写了37本书，其中一部分书讨论宝石改善的技术方法，包括贴箔(foil)、油浸法(oiling)、染色(dyeing)和组合宝石(composite stones)。部分技术方法在2 000年后的今天仍在应用。

表0-2　　美国珠宝贸易中部分宝石改善品的声明规则

处理方法及结果	处理结果稳定性	常规检测手段检测结果	销售中是否要声明
海蓝宝石经热处理由绿色变为蓝色	稳定	检测不出	可不用声明
锆石经热处理变成无色或蓝色	基本稳定	检测不出，但天然锆石极少为无色或蓝色	可以不声明
用热处理除去红宝石、蓝宝石中的丝状包裹体。	稳定	有时可以检测出	可以不声明
用热处理使蓝色蓝宝石增色或减色	稳定	一般可以检测出，有时不行	有时要求声明
用辐照法把黄玉变成蓝色	稳定	检测不出	不必声明
用辐照法把黄玉或蓝宝石变成黄色或棕色	不稳定	检测不出，除非用退色试验	一般要求声明
用辐照法使绿柱石产生Maxixe型蓝色	不稳定	可以检测出	要求声明
用无色固结剂注入绿松石或欧泊石	通常稳定	一般可检测出	有时要求声明
用无色物质(油或树脂)浸透祖母绿或红宝石	有变化	通常可以检测出	有时要求声明
用有色物质浸透或覆盖绿柱石或祖母绿	不稳定	可以检测出	必须声明
用热扩散法使蓝宝石产生表层蓝色或星光	稳定，但在重抛光时易被除去	可以检测出	必须声明

在C. Pliny时代，宝石的改善主要是改变宝石的颜色，处理方法比较简单，除进行粗略的硬度估计外，也没有其他检测手段。如把祖母绿浸入油(润滑油)或淡葡萄酒中，使其颜色变得鲜亮，此法现在仍在沿用；用闪亮的金属箔衬贴在宝石的背面，来提高透明度、亮度或改善宝石颜色；用孔雀石作颜料，把蓝铜矿染成像孔雀石一样，以及用天然染料把琥珀染成各种颜色。C. Pliny也提到了用糖-酸法把玛瑙和其他有孔隙的宝石染成黑色的工艺和组合宝石。

1832年，瑞典皇家学院收到一个金属盒子，内装有14页羊皮纸，其上有古希腊手写体文字。Lagercrantz经研究认为，这些羊皮纸上记载了公元400年一位讲希腊语的埃及化学家的实验记录。其中包含74个处理宝玉石的配方，其目的主要是为了把改色的宝石冒充其他宝石。从技术处理上讲，没有超过C. Pliny所介绍的方法。

在黑暗的中世纪，尽管由于反复印刷而错误百出，C. Pliny有关宝石改善的书仍然被当作矿物学和宝石学的经典著作。不过，有些学者已开始着手研究宝石颜色的起因，如1260年，牧师Albert Uagnus在他的《论宝石》中指出："……还发现了一种具有多种颜色的宝石。……它的颜色是由于它的不同物质组分引起的。"在当时，人们对钻石非常崇拜，千方百计研究用其他宝石或材料来仿制钻石，故可以称这个时代为"仿钻石"时代。所采用的处理方法中有加热法。

如把有色的宝石(紫晶、蓝黄玉、蓝宝石等)加热褪色成无色,以仿钻石。另外,还有底面衬箔、注油、组合宝石等方法。1672年著名化学家Robert Boyle发表的《宝石的起源和美质随谈》是第一本由专业科学家编写的宝石专著,这是他在实验和观察基础上写成的。书中也提到一些有关宝石处理的内容,如他认为除玛瑙外的大多数宝石经加热都会失去原有颜色,变成无色。18世纪,有更多的科学家对宝石的人工改善作过系统深入的研究,使这项工作开始走向科学化,技术方法也开始成熟。与此同时,商业贸易的发展为宝石的人工改善品提供了更广阔的市场,这对促进宝石人工改善十分重要。

19世纪是宝石业的大发展时期,发行了大量宝石学方面的专业书籍。其中对宝石的人工改善有了更进一步的认识,宝石改善工作也纳入科学正轨,许多宝石研究和生产部门有专门的研究机构和专业人员从事这项工作。宝石人工改善有了重大进展。如Feachtwangler(1838)曾报道,红宝石在加热时可以变成绿色,但冷却后又恢复为红色;许多蓝宝石包上粘土在坩埚中小心焙烧,可使它们的颜色变纯、透明度提高。Kluge(1860)指出,把宝石裹在熟石灰中高温加热,可使黄玉变成粉红色,使蓝宝石、锆石、紫晶等失去颜色。使用铁粉与砂的混合物包裹红宝石加热到一定温度,可以消除红宝石中的脏点和缺陷。另外,他还提到了珍珠染色、玛瑙染色以及改善琥珀等一系列的技术方法。1880年,W. B. Dick在《狄克实用配方和工艺过程大全》书中,共收集有6 422个配方,其中有对象牙、雪花石膏、大理石等的染色配方,有对琥珀胶结、染色及衬箔等方法。这是一本对19世纪以前宝石人工处理的总结性专著。从19世纪中开始,一套宝石人工改善的公认标准被逐步建立起来。

从1895年伦琴发明X射线,到γ射线和镭放射性被发现之后的十几年中,形成了一股研究射线或粒子束对宝石影响的热潮,至今方兴未艾。Grossman和Neuburger1918年在他们的著作中,描述由居里夫妇所发现的镭怎样使一个存放电的玻璃试管产生紫色的现象,这种颜色现在有时被称为"沙漠紫晶玻璃瓶颜色"。随后,F. Bordas在巴黎的法国大学实验室中,把无色刚玉埋在镭盐中一个月,变成了黄色;用同样方法,把蓝刚玉变成了祖母绿色等。1909年,W. Crookes在他关于钻石的书中指出,无色钻石在镭辐照下,可产生如梦幻般美丽的绿色。同时,他发现经镭辐照的钻石有放射性,且在加热后仍不会消失。1909年在这方面研究比较活跃的Doelter指出,有些由辐照诱发的颜色在光照下易褪色,如无色萤石在辐照时变成紫红色,在光照下可完全褪去;被辐照的粉红色黄玉变成橙色,但在光照下会发生部分褪色,不过,辐照致色的钻石不会在光照下褪色。另外,他指出加热可以加速颜色的消褪。如100℃就足以使萤石褪色,300℃高温可使黄色刚玉、芙蓉石、黄水晶和烟水晶等发生迅速褪色。在当时另外一些比较有意义的辐照改色成果有:使无色钻石变成黄、绿或蓝色,使水晶产生棕色,黄玉产生黄色或橙色,电气石产生红色或黄色,紫锂辉石变成绿色。随着辐射源越来越多,有关宝石人工改善的范围越来越大,对其改色机理的研究也日益深入,宝石改善品在珠宝市场中的地位也日渐重要。1973年,Pough等人研究一些石英样品在先辐照后加热情况下的变化时,偶然发现一颗混入的黄玉变成了蓝色,这一情况揭开珠宝市场大量蓝色黄玉的来源问题。因为当时并没有新的天然蓝黄玉矿床被发现。现在有更多的经这样人工处理的蓝色黄玉涌入市场,使其价值大大下降。近年在宝石辐照处理上的新进展是通过制造精确条件来控制钻石的黄色、绿色、蓝色或粉红色的色调深浅,使其更加迷人。

除辐照外,近十几年宝石人工改善技术的主要进展是采用激光在钻石上打孔和雕刻,用一种目前还未公开的工艺使硬玉变成淡紫色,把低质量的刚玉变成优质的黄、橙及深蓝色的蓝宝石,甚至可以通过热扩散法增加宝石颜色或产生星光效应。总之,世界发达国家在宝石人工改善方面达到了相当高的水平。往往以理论研究为基础，采用高新技术进行科学试验，使宝石人工改善技术和工艺紧跟现代高科技的发展，宝石改善品的生产水平也越来越高。

我国宝玉石的改善也有悠久的历史。据考古发现，在甘肃公元前3000年前的五帝之初的仰韶文化古墓中，出土的玉环和一块磨制玉片，其玉色洁白，绝少黄土浮翳，显然经过净化处理。陕西西底周朝古墓中，出土的15件玉器玉质细密，颜色有深叶绿、深黑、乳白等色，间或缀以藓苔斑纹，应属染色品。南北朝时代，北朝出现象牙染色工艺。据《邺中记》载："石季龙造象牙桃枝扇或绿沉色或紫绀色或郁金色。"唐宋时代，人们对玉的观念有了变化，淡化了对它的信仰，据《陈性玉论》云："将新玉琢成器皿，……有受石灰浸者，其色红如碧桃，名曰孩儿面；有受血浸者，其色赤，有浓淡之别，名曰枣皮红；此外有硃砂红、鸡血红者诸名，其色受浸之深难以深考，总名之曰十三彩。"明清两代的宝玉石改善更加普遍，仍以染色为主。

解放后，许多国营的美术工艺品厂、玉雕厂及研究部门对宝玉石的人工改善作了研究和实验。如1958年，北京玉器厂开始研究玛瑙染色技术，相继成功地完成了玛瑙染红色、绿色、蓝色和黑色的实验工作，并投入了批量生产。80年代改革开放后，宝玉石的人工改善工作有了很大的发展，通过引进国外技术、组织力量攻关，我国宝玉石人工改善无论在理论研究还是在实验技术水平方面都有了长足的进步，取得了不少喜人的成果。如中国科学院贵阳地球化学研究所，80年代初，对新疆的电气石进行辐照-热处理改色工艺和机理的研究取得成功；1983年，又对贵翠的致色机制进行研究；1987年首次完成了中子辐照软玉致蓝色的研究，以及用^{60}Co和直线加速器使软玉致"钴蓝色"、"天蓝色"的研究。除此之外，国内许多宝石实验室广泛开展了对黄玉、水晶、海蓝宝石、软玉、硬玉、蓝宝石、锆石、钻石等宝石的人工改善研究，并获得大量成果。

应该看到，尽管我国在宝玉石人工改善方面取得一些成果，但与国外一些宝石人工改善技术水平高的国家相比，还有很大差距，我国在理论研究、技术工艺水平、实验室技术装备和研究人员素质等方面都有待改进和提高。另外，与国外相比，我国的研究成果转为生产的比例太小、速度太慢，许多成果无法变为生产力。因此，今后还应该注意宝玉石改善生产技术和工艺的研究。

现代科学技术的迅速发展，为宝玉石的人工改善研究奠定了坚实基础，提供了先进的手段和广阔的前景。综观世界宝玉石人工改善领域的研究现状，不难发现以下几个重要趋势：

(1)宝玉石的人工改善研究和生产已逐渐具有与宝玉石鉴定和加工同样重要的地位。因为一方面可以缓解人们对天然宝玉石需求与实际供应的矛盾；另一方面，可以产生巨大的经济效益。

(2)采用现代最先进的分析技术，加强对宝玉石的晶体结构、晶体化学和致色机理等方面的理论研究，为宝玉石的人工改善提供理论依据。如使用电子探针分析宝玉石的化学成分，用电子显微镜、X射线及各种光谱分析技术分析宝石矿物的表面结构、性质、宝石的晶体结构等。并运用诸如晶体场理论，分子轨道理论，能带理论，光的折射、干射、衍射、散射和吸收等理论来解释宝玉石在处理过程中所发生的光学性质的变化。

(3)宝石人工改善的对象范围大大扩展，几乎包括所有宝玉石品种。近几年，珠宝市场有色宝石品种丰富多样，大部分得益于人工改善技术和工艺的改进。

(4)改善技术向高、新、尖方向发展。宝玉石的人工改善技术和工艺，在继承、改造传统的技术和工艺基础上，同时采用大量近些年来才产生的高新技术。如激光技术、各种粒子束辐照技术、真空镀膜技术、高温高压热处理技术、气氛控制的高温技术和化学热扩散技术等。另外，多种改善技术和工艺联合运用使宝石改善品的外观特征更加稳定，耐久性更好，也使检测更为困难。如某些钻石先经辐照处理，然后再经热处理，使所致颜色非常稳定、耐久。

(5)在世界范围内，要求对宝玉石人工改善制定市场规则和标准的呼声越来越高，一些发达国家(如日本、美国、欧共体等)已先后制定了有关的生产、贸易法规和条款。

三、参阅本书应注意的几个问题

1.本书编写的目的

该书编写的目的是为有志从事天然宝石人工改善研究和生产的人员提供基础知识；也供宝石鉴定人员在检测和评估宝石人工改善品时作参考。

前面已经讲过，天然宝石的人工改善是一项严肃的科学实践活动，从事这项工作的人必须持科学道德观念和对消费者负责的态度。必须明确，宝石人工改善的目的应该是为了充分发挥天然宝石本身具有的潜在的美学价值和提高商品价值，而不应该是欺骗消费者以牟取暴利。在宝石贸易中，应该遵循国际上公认的一些区分天然宝石和宝石人工改善品的准则，而不应该故意隐瞒对宝石所做的人工改善处理(有些国际公认可以不声明的宝石人工处理除外)。目前，国内对宝石人工改善存在种种不正确的认识：①把所有经过人工改善的天然宝石统称为“假货”，全盘否认宝石人工改善的意义和作用，这对于充分利用有限的天然宝石资源是不利的。②反对区分天然宝石和天然宝石改善品，认为只要可以产生利润就行了。这无疑会使贸易欺骗行为盛行，损害消费者利益，对于我国珠宝市场的正常发育不利，所以必须改变这种不正确的认识和观念。

宝石鉴定工作应该包括3个重要方面：①鉴定宝石的品种；②确定宝石是天然的还是人造的(或合成的)；③鉴别宝石的性质、结构及外观特征是否是经人工改变，如果答案肯定，那么要确定所采用的人工改善方法是什么。由此可见，检测宝石是否经人工改善是宝石鉴定的重要内容之一。要提高这种检测水平，除了技术装备条件外，鉴定人员必须掌握宝石人工改善的基本理论和技术方法；了解各种改善方法在宝石中所留下的“蛛丝马迹”，作为鉴定依据。此外，对于人工改善的宝石还要确定它是否稳定(包括颜色、光泽、质地、透明度及化学性质)、耐久，是否对人体有害(如放射性残余、有毒染色色素等)，这是对消费者负责。

2.关于天然宝石人工改善工艺的不确定性和保密性

天然宝石产出的地质环境十分复杂，形成的时间漫长，影响其生长的因素极为复杂多变。因此，天然宝石的化学成分、晶体结构(或矿物结构)有很大的变化性。不同产地同一种类的天然宝石，其化学成分(尤其是微量元素成分)、晶体结构(或矿物结构)往往有一定差异，甚至同一产地宝石不同的颗粒也有差异，这就给人工改善带来不确定性。如对两颗看似一样的蓝色蓝宝石，用同样的热处理工艺进行处理，结果很可能不一样，一颗蓝宝石的颜色可能变得更深，而另一颗可能变得较浅，产生这一现象的原因是使蓝宝石致色的铁、钛相对含量和其他次要微量元素含量不一样。实际上，就一个产地的天然宝石而言，并不是所有的宝石都可以通过同种人工改善方法而产生同样效果的，有些可以达到预期改善的目的，有些则不发生变化，还有一些可能与预期目的相反，不仅没有改善宝石外观，相反却破坏了宝石原有的美观特征。

对一个产地的天然宝石改善成功的技术和工艺，对另一个产地同样品种的宝石不一定适用，这也是由天然宝石成分和性质的变化性决定的。因此，在借鉴前人成功经验或对不同来源的天然宝石进行改善实验时，应特别谨慎。应该先用宝石的边角碎料反复试验，如果试验结果重复性很好，才可以进行正式改善。最好在实验前制定一个试验方案，并有详细记录。这种稳妥的作法可以避免造成不可逆转的损失。

另外，尽管本书介绍了某些天然宝石人工改善的基本理论、常用的改善技术和技术设备，但对许多天然宝石具体的改善技术和工艺未作详细说明。除了上面所说的不确定性外，另一个原因就是改善技术和工艺的保密性。有些改善技术方法已被广泛应用了多年，也有很多文献介绍，但其具体的试验条件和工艺参数却一直是保密的，也有些属于专利技术。读者只能根据本书所提供的基本思路进行试验，或通过查阅专利文献向专利发明者索取有关资料。当然，也有一些改善技术和工艺已失去保密性，成为公开的生产技术。如玛瑙的染色就是一例。还有一些宝石人工改善品，尽管人们已知其经过人工处理，但至今不知是采用什么技术方法处理的。揭开这类宝石改善工艺的神秘面纱，有时要花几年甚至几十年的时间。如有些翡翠B货的处理技术和工艺至今是个谜。

3. 宝石人工改善的实验安全

宝石的人工改善是以实验为主的科学研究活动，所采用的一些技术有相当的危险性。如加热处理往往要求达1 000℃以上的高温，加热时间短则几个小时，长则可达几十个小时。如果采用电阻炉或真空感应加热炉进行加热，则要用高压电流，因此要注意用电安全。用粒子束辐照宝石致色，要注意避免人体受到超过安全标准的辐射。在与化学处理有关的宝石人工改善过程中，要尽量不用或少用有毒的化学药品，以免中毒。

第一篇　天然宝石人工改善的理论基础

第一章　颜色及其有关理论

第一节　颜色的概念

颜色是宝石最重要的外观特征之一。对于有色宝石，颜色是其首要的评价标志。作为一个宝石学家或从事珠宝行业的人员，应该正确理解和掌握有关颜色的基本理论。

那么，什么是颜色呢？简单地说，颜色是人眼对一定光波感觉的结果。因此，颜色既是光线的特征，也是人的一种感觉。为了说明颜色的特性，有必要分别讨论光和视觉。

一、可见光

在物理学中，"光"从广义上讲是指光辐射，它是指以电磁波形式或粒子(光子)形式传播的能量及其传播过程。从图1-1中的电磁波谱可知，光辐射包括紫外辐射、可见光和红外辐射三

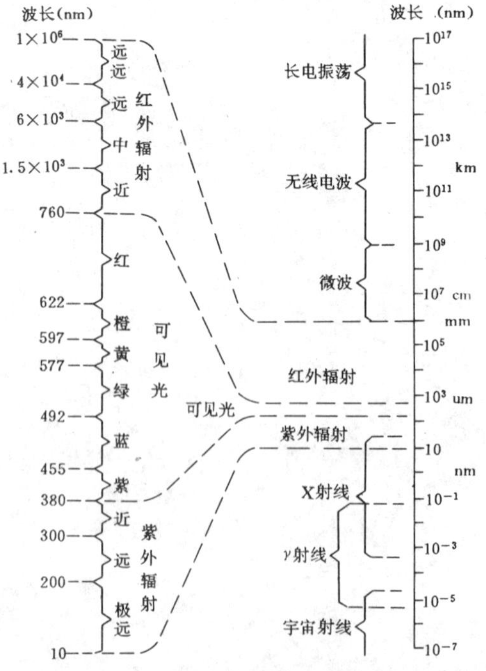

图1-1　电磁波谱图
(郝允洋等，1988)

部分。其光谱区的标尺通常采用波长(λ),有时也用频率(υ)和波数($\bar{\upsilon}$),它们之间的关系是:

$$\lambda=c/\upsilon=\frac{1}{\bar{\upsilon}}$$

式中 c 是真空中的光速。可见光至紫外波段波长单位用 nm(纳米),红外波段波长用 μm(微米),频率单位用 Hz(赫兹),波数单位是 cm^{-1}(每厘米)。

可见光是波长在 380—760nm 范围内的光辐射。不同波长的可见光,引起人眼的颜色感觉不同,波长由长到短,对应着的颜色感觉由红变化到紫。一般认为:

红色　770—620nm	橙色 620—590nm
黄色　590—560nm	黄绿色 560—530nm
绿色　530—500nm	青色 500—470nm
蓝色　470—430nm	紫色 430—380nm

牛顿是阐明白光由 7 种单色光组成的第一位科学家。他用 7 种颜色来标志这 7 种单色光,它们分别为红、橙、黄、绿、青、蓝、紫。用一块三角棱分光镜可以把白光分解为 7 种单色光光谱。如果把这 7 种单色光再用一块棱镜聚合到一起,就可以得到白光(图 1-2)。由此证明白光确实

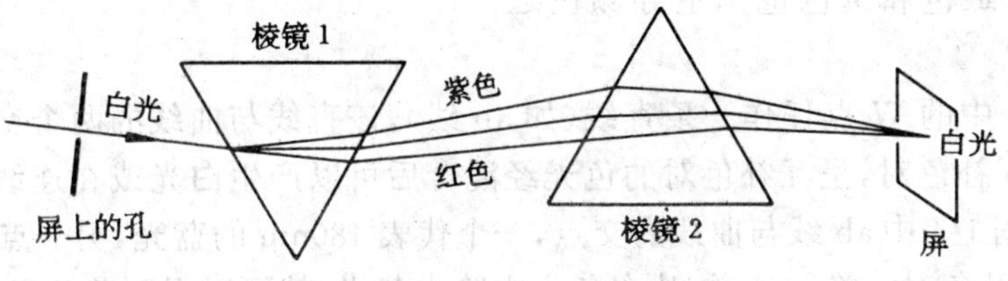

图 1-2　棱镜 2 使牛顿光谱再组合而成为白光示意图

是多种单色光的混合物。为了说明日光的光谱色,牛顿曾用圆盘彩轮来加以形象表示(图1-3)。白色位于彩轮中心,成对角的颜色为互补色。牛顿对颜色的划分只是粗略的,实际上单色光的颜色是连续渐变的,不存在严格的界线。且单色光的颜色感觉随着光的强度变化而变化。实验表明,光谱上除了 3 个点(572nm、503nm、478nm)不受光强变化影响外,其他各波长的颜色都会略有改变。

表达光的颜色变化的另一种定量方法是国际上公认的 CIE 颜色系统。图 1-4 给出 CIE 系统的一个色品图,一条马蹄形的曲线范围内表示从 400nm 紫光—700nm 的红光之间的颜色序列。它可以把人眼能分辨出的从红色→紫色的 128 种颜色定量表示出来。图中连接红色与紫色的一条虚直线上的点也代表一系列由红色和紫色按不同配比所构成的色光,这些色光在牛顿光谱中没有,故也称为非光谱色,如紫红、品红等。图 1-4 中的 W 点表示白色,它是由各种颜色混合而成的,代表标准日光所显示的白色。

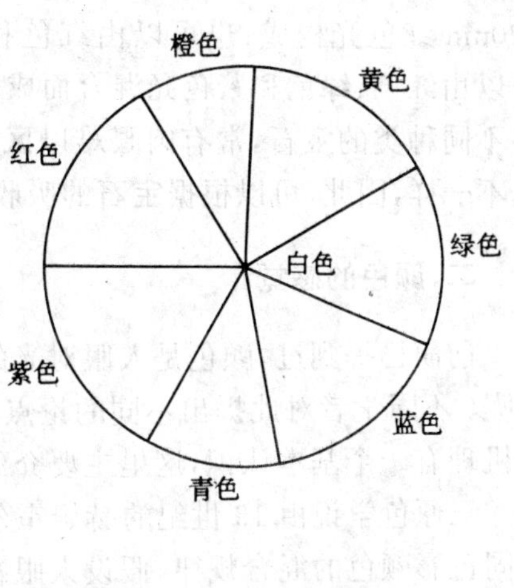

图 1-3　牛顿的彩轮图

为了准确地理解颜色的特点,必须知道颜色的 3 个基本要素:①色彩。它是指除了白色、黑色及二者之间一系列灰色之外的颜色,也就是图 1-4 中曲线上各

点的饱和颜色。②颜色饱和度(简称色度)。也就是所谓的颜色浓淡程度。图 1-4 中曲线上各点所表示的颜色均为完全饱和,曲线内各点(除 W 点外)所示的颜色为非饱和颜色,其色度由白色在颜色中所占的比例决定。如曲线上某点与 W 点作一连线,那么该连线上的点距 W 点越近,则其色度就越低。反之,则色度越高。③颜色的亮度。是指色光的发光强度,发光强度越大,颜色亮度就越高。除了颜色三要素外,还要注意不同色彩对人眼有不同刺激程度。在色度和亮度相同的条件下,绿色和黄色光对人眼的刺激强度比蓝色和红色光要大些。这说明人眼对绿色和黄色光线的感觉更为敏感些。这就是为什么在交通标志灯中常用绿灯和黄灯的缘故,珠宝首饰中,绿色和黄色也是主导颜色之一。

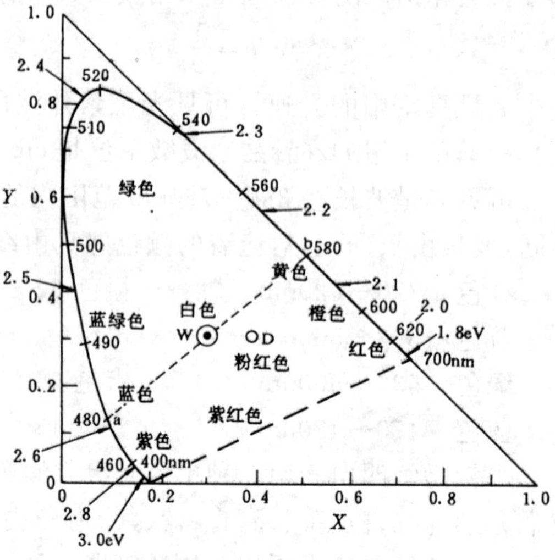

图 1-4 色品图

经过图 1-4 中的 W 点任作一条直线(如 ab 线),该直线与曲线的两个交点所代表的两种饱和色彩称为互补色对,呈互补色对的色光经混合后可以产生白光或在连线上任意一点的非饱和色彩。如,图 1-4 中 ab 线与曲线的交点,一个代表 480nm 的蓝光,另一点代表 580nm 的黄光,它们组成互补色对。换句话说,从白色光中除去黄光,就可以得到蓝色光,反之亦然。当二者以不同比例混合时,就可以得到不同的色彩,这些色彩均落在 ab 线上。不同色彩的混合,可以用颜色杠杆定律表示,如图 1-5 所示,色彩 A 的量为 a,色彩 B 的量为 b,二者混合后产生色彩 C,当 $a>b$ 时,C 趋近于 A,$a<b$ 时,C 趋近于 B。

另外,对于某一种色彩(尤其是非饱和色彩),它可以有多种组成方式,但肉眼却区分不开它实际的色彩组成,只有借助于分光光度计或分光镜才能有效区分。如图 1-4 中的 D 点,代表粉红色的光,它可以由中等亮度的色饱和度为 25%的 620nm 红色光构成;也可以由红色和蓝绿色光混合而成;还可以由红色、绿色和紫色光混合而成等等。对于人眼,这种同色异构的色光看起来完全一样。许多不同种类的宝石,常有肉眼难以区分的同样颜色,但由于致色原因不同,故它们的色光组成也不一样,因此,可以根据宝石的吸收光谱来鉴别宝石。这在后面还将专门讨论。

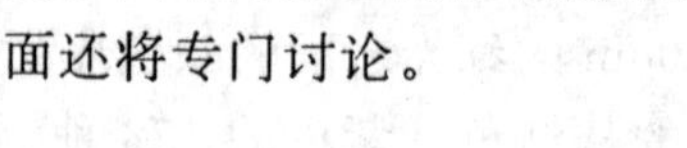

图 1-5 颜色杠杆定律图

二、颜色的感觉

前面已提到过,颜色是人眼对光的一种感觉。那么,这种人眼的感觉形成机理究竟是怎样的呢?不同学者对此提出不同的论点来解释,相互之间长期争论不休。为了使大家对颜色视觉的机理有一个基本认识,这里主要介绍一下现代颜色视觉理论中比较公认的三原色学说。

三原色学说由 19 世纪的赫姆霍尔兹提出。他主要是根据红、绿、蓝三原色可以混合出各种不同色彩颜色的混合规律,假设人眼视网膜上有 3 种神经纤维,每种神经纤维的兴奋都引起 1 种原色的感觉,也就是说每种神经纤维都对特定范围的光有强烈感应。当光作用于视网膜上时,可以同时引起 3 种神经纤维的兴奋,但对于不同波长的光,3 种神经纤维兴奋程度是不同的，由此引起人眼产生不同的颜色感觉，一般感觉到的颜色由兴奋程度最高的那种神经纤维决定。赫姆霍尔兹用图解(图 1-6)说明了三原色学说的基本原理。由图中可以看出，当光为长波(红光)时，3 种神经纤维同时受到刺激，但红色神经纤维的兴奋最强烈，因此人眼就有红色感觉。如果光为全色日光，由于光刺激引起的 3 种神经纤维兴奋程度同样强烈，就会产生白光的感觉。反之，若没有光的刺激或刺激太弱时，则产生黑色感觉。总之，对任意可见光，3 种神经纤维都有其特有的兴奋水平，3 种神经纤维不同程度地同时活动就使人眼产生了相应的颜色感觉。同时，颜色亮度感觉是 3 种神经纤维中每种神经纤维提供的亮度感觉之和。

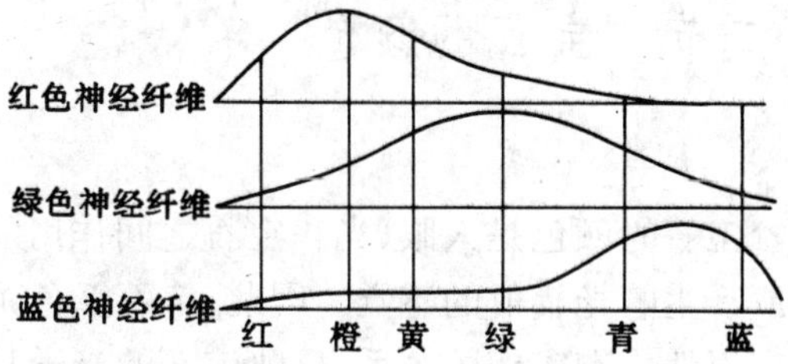

图 1-6　赫姆霍尔兹图解图

(转引自汤顺青，1990)

颜色的三原色学说很好地解释了各种颜色的混合现象，也为颜色的生理基础研究打下了良好的基础。近 20 年来，视觉生理学研究结果证明，人眼视网膜上确实含有 3 种不同类型的锥体细胞，这 3 种锥体细胞中分别含有 3 种不同的视色素。采用不同实验方法，如眼底反射分光光度法、显微分光光度法等测得这 3 种有着不同光谱敏感性的视色素的光谱吸收峰值分别在 440—450nm、530—540nm、560—570nm 处，它们的吸收光谱曲线见图 1-7，可分别称这 3 种视色素为亲蓝、亲绿、亲红视色素。当外界光辐射进入人眼时，3 种锥体细胞按它们各自的吸收特性吸收不同光的成分，锥体细胞的视色素在吸收光子之后，会发生化学反应，视色素被分解漂白，同时触发生物能，引起神经活动，将视觉信息通过双极细胞和神经节细胞传至神经中枢，从而产生了视感觉。视色素的分解漂白程度及产生的生物能的大小与锥体细胞吸收的光子数量有关，光子数越多，则视色素漂白程度越高，所产生的视觉信号越强。人眼对各种色彩的感觉，就是不同光辐射对 3 种色素不同程度漂白的综合结果。亮度感觉是 3 种锥体细胞提供的亮度之和。

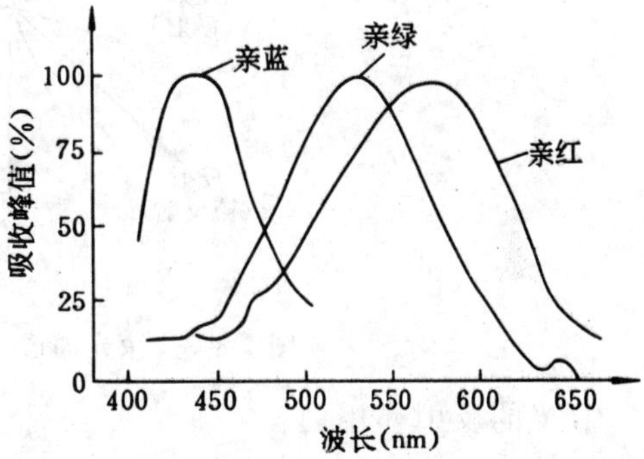

图 1-7　视色素吸收光谱曲线图

(汤顺青，1990)

以上所说的 3 种锥体细胞对光的感觉，我们称之为人眼的明视觉。它包括颜色和亮度的双重感觉。当外界光辐射很弱时，3 种锥体细胞就不敏感，此时，人眼中 1 种杆体细胞开始起作用，它含有紫红视色素，测定的光吸收峰值在 500nm 左右。此时，人眼只有明亮感觉，而无法分辨颜色，这称为暗视觉。在暗视觉条件下，人眼中仅有紫红色视色素吸收光子，并发生光化学反应。如在黑夜中，人们只能借助星光看清周围事物轮廓，而无法分辨颜色，除非照明光足够强，才能看出物体颜色。

明视觉与暗视觉的相互转化需要一定时间，一般要 5—15min。这一点人们在日常生活中常有体会。如，当人们从阳光下突然走进一间光线很暗的房间时，一时会什么都看不见，两眼一抹黑，但过一会，就会适应房间的光线，而逐渐看清楚房内情况。反之，在黑暗中行走的人，当突然受强光照射时，会眼前一片白，什么也看不清，但过一会儿，也可以适应。

第二节　宝石的颜色

宝石的颜色是人眼、光和宝石之间作用的结果。具体地讲，就是人眼对光与宝石相互作用后所产生的光辐射的感觉。因此，宝石颜色本质上仍然是光与人眼作用的结果，只是此处的光与宝石性质有密切的关系，反映宝石的光学特性。下面讨论宝石颜色的几个方面。

一、光与宝石的相互作用

当一束光照射到一块半透明或透明宝石上时，那么入射光线与宝石的相互作用有多种方式（如图 1-8 所示）。

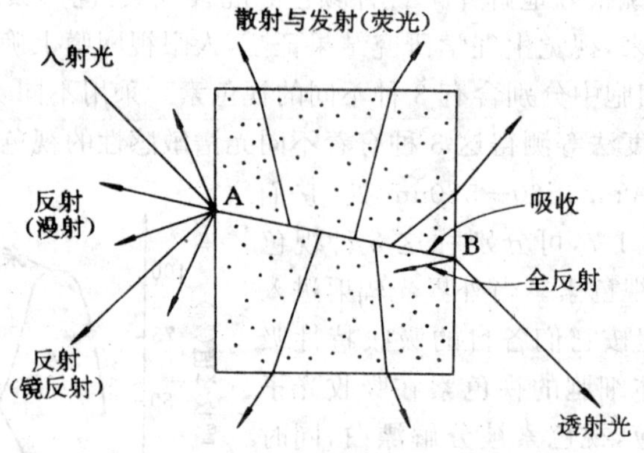

图 1-8　一束光通过一块部分透明宝石时的路径示意图

1. 光的反射作用

光的反射作用是光在宝石表面被反射，而改变传播方向的过程。当宝石表面平整光滑时，就发生镜反射，反射光遵循几何光学中的定律，如果宝石表面粗糙不平，那么光就发生漫反射。

2. 光的透射作用

光的透射作用是部分光在穿过宝石之后，又重新进入空气的过程。不同宝石的透射能力是不同的。宝石透明度越高，透射光的能力就越强，另外，不同波长的光透过宝石的能力也不一样，这与宝石对光的吸收特性有关。

3. 光的吸收作用

宝石对光有不同程度的吸收作用，对不同波长光的吸收程度也不同，这称为选择性吸收。当入射光为全色日光时，宝石吸收光的颜色与透过光的颜色为互补色。如当宝石吸收了红色光时，透射光就为绿色，宝石就呈绿色；当宝石对各色光吸收程度相等时，宝石就呈灰色，吸收越强烈，色调越深；当宝石对所有光线完全吸收时，宝石就呈现黑色；当宝石对光没有吸收，或吸收作用很弱时，入射光绝大部分都透过了宝石，那么，宝石就呈无色透明状。

4. 光的全反射

当光线从宝石一面进入，传播到达宝石另一个界面时，光并没有进入空气，而是被反射回宝石中，这种现象称为全反射。全反射作用与宝石和空气的折光率比及临界角有关。全反射可以增强宝石总的反射效果，许多刻面宝石就是利用这一点来增强宝石的色亮度。

5.光的内反射和散射作用

宝石内部的显微结构，如折光率不同的包裹体、裂纹面、解理面、双晶面等使入射光在宝石内发生反射，就称为内反射。如果显微结构使光在宝石内部发生折射，就称为散射。

6.光的发射作用

某些被宝石吸收的光会转变为热或其他能量形式，而有些被宝石吸收的光，经一定的能量变化，又再次以光辐射形式发射出来，这就是荧光。大多数荧光具有颜色。许多宝石都有荧光性质，荧光的颜色除与入射光有关外，与宝石本身的成分也有密切关系。如红宝石在光照下会发出红色荧光。

上面这6种光与宝石的相互作用是常见的引起宝石产生颜色的因素。按能量守恒定律，入射光＝散射光＋反射光（表面反射＋内反射＋全反射）＋吸收光＋透射光。物体颜色是这4种光的综合视觉效应。当然，有些宝石的发射光颜色不是由可见光引起，而是由不可见光或高强的电磁波辐射或高能粒子（如电子束、中子束、紫外线、微波等）照射激发宝石而产生的。关于这些有专门的一套理论解释，已超出本书所论范围，故不作讨论。

由于不同宝石对光的吸收、反射、散射及透射能力不同，因而宝石的颜色千差万别。

二、宝石的颜色特性

宝石的颜色可分为彩色和非彩色两类。非彩色指白色、黑色和各种深浅不同的灰色所组成的系列，称为白黑系列。无色宝石本质上也属白色。

1.无色和白黑系列

把一块宝石放在一张白纸上，如果宝石对可见光谱所有波长反射比都一样，且没有光的吸收或各波长光的吸收一样，该宝石呈白色—灰色，反射比在80%—90%以上者呈白色，吸收比在80%—90%以上者呈黑色，介于二者之间呈灰色。光透射比越大，宝石透明度越高，无色程度也越高。现实生活中，没有纯黑、纯白、纯透明无色的宝石。宝石的非彩色变化，实际上是反射白光和透射白光的综合亮度变化。

2.彩色系列

彩色是指无色和黑白系列以外的各种颜色。彩色宝石的颜色与光的色彩三要素类似，有色调、色度和色耀度3个特性。

(1)色调是指宝石彩色的种类，也就是彩色彼此相互区分的特性，如红、黄、蓝绿、棕黄等，不同宝石品种往往有不同的色调，这决定于照明光源的光谱组成和宝石本身的光谱反射、吸收和透射的特性。

(2)色度即饱和度，指颜色的浓淡程度。宝石色度也与宝石的反射或透射的特性有关，如果宝石反射光或透射光的光谱带越窄，则它的色度就越高，反之亦然。

(3)色耀度指宝石颜色的明亮程度。宝石反射光和透射光之和的强度越大，色耀度就越高，反之亦然。

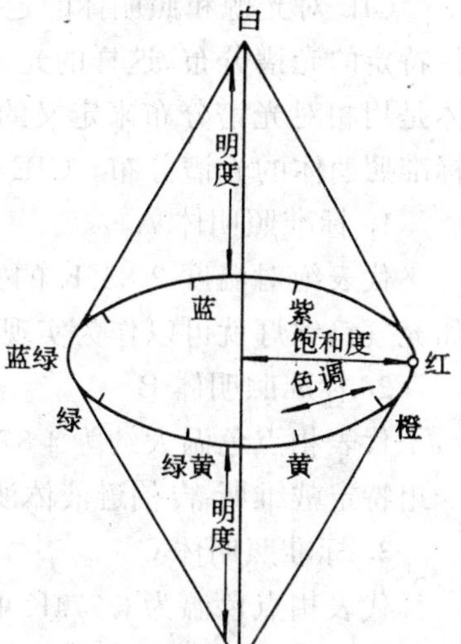

图1-9　双锥体颜色特性图

（汤顺青，1990）

用一个三维空间双锥体可以把宝石颜色的3种特性直观地表示出来（图1-9）。锥体的中轴垂线代表色耀度（也称明度)的变化,从上锥顶到下锥底反映白黑系列的变化,圆周上各点代表宝石的各种不同的色调,从圆周向轴心表示色度的降低变化。

三、关于宝石颜色的替代律

人眼的视觉只能分辨宝石颜色的三种变化,即颜色的色调、色度和色耀度。颜色相同的不同种类的宝石,不管它们的光谱组成是否一样,都具有等效性,人眼无法将它们区分开。由此便导出颜色的替代律:

(1)两个颜色相同的宝石(光谱组成可能不同),分别加上或减去相同的颜色,最终仍有相同的颜色;

(2)两个颜色一样的宝石,当它们的色度(或色耀度)增加或减少的量一样时,它们的颜色仍然一样;

根据颜色的替代律,只要人眼感觉两种颜色是相同的,便可以互相代替,所得视觉效果是相同的。这是天然宝石人工改色或加色来仿制优质天然宝石色的理论依据。

第三节　照明光源

宝石的颜色除与宝石本身的特性有关外,还与照明光源有密切关系,同一种宝石在不同光源照明下会得到不同的结果。在观察宝石或检测宝石光学性质时,最重要的光源是日光和灯光。日光是自然光源,随着天空云层、季节、时刻、地点的不同,它的光谱分布会有明显的差异。灯光是人造光源,种类更是繁多,它们的光谱分布有很大的差别。照明光源不同,宝石的颜色就不同,为了统一测量标准,国际照明委员会(CIE)规定了标准照明体和标准光源。宝石学家对颜色的表述和评价就是在CIE标准照明体或标准光源下进行的。

CIE对光源和照明体的定义有区别。光源是指能发光的物理辐射体,如灯、太阳。照明体是指特定的光谱分布。这样的光谱分布不一定能用一个具体的光源来实现。CIE指出的标准照明体是用相对光谱分布来定义的,常以表格函数形式给出,CIE还同时规定了标准光源,以实现标准照明体的光谱分布。CIE推荐的标准照明体有A、B、C、D、E。

1. 标准照明体A

代表绝对温度2 856K的完全辐射体的辐射光,这种照明体是一般白炽光源的典型代表,如充气钨丝灯就可以作为实现该标准照明体的标准光源A。

2. 标准照明体B

代表相点色温大约为4 874K的直射日光,它的光色相当于中午的日光。用标准光源A加一组特定戴维斯-吉伯逊液体滤光器,就可以制成标准光源B(色温为4 874K)。

3. 标准照明体C

代表相点色温为6 774K的平均昼光。它的光色近似于阴天的天空光;用标准光源A加另一组特定的戴维斯-吉伯逊液体滤光器就可以制成标准光源C。

在宝石学研究中,最常用的是标准照明体A和B,标准光源分别是充气钨丝灯和中午的日光。

第二章　物质结构理论与宝石的颜色

天然宝石大多数是矿物晶体，有一定的化学成分和晶体结构。它们的颜色从本质上讲，与其化学成分和晶体结构密切相关。现代宝石学运用化学分析和光谱分析技术对宝石的颜色形成机理作了深入的探讨和研究，可以说，基本上解决了绝大多数宝石颜色形成的理论问题。其中最为重要的理论基础就是物质结构的一些基本理论。如原子的电子层结构理论、晶体场理论、分子轨道理论等，按这些理论解释，许多宝石的颜色是在量子理论条件下，由宝石中致色离子的电子态及电子与光相互作用产生的。

为了便于读者阅读本教材，下面概略介绍一下宝石颜色的分类和有关物质结构理论的基本内容。

第一节　天然宝石的颜色分类

根据矿物学理论，通常可以把天然宝石的颜色分为自色、他色和假色三大类，各类颜色的特点分述如下。

一、自色

自色天然宝石的颜色，主要是由宝石的化学成分和晶体结构特性决定。不同种类的矿物，由于化学成分和晶体结构的差异，而呈现不同的颜色。如橄榄石和绿柱石的成分不同，晶体结构也相差较大，故它们的颜色完全不同，前者多为黄绿色，后者常见无色、绿色、蓝色等。对于同一种类的矿物，尽管晶体结构上差异极小，但由于所含的致色离子不同，也可能产生不同的颜色，如红宝石（含 G_r^{+3}）和蓝宝石（含 Fe^{3+} 和 Ti^{4+}）就是如此。也有某些宝石，它们的成分和结构一样，但由于致色离子的价态不同而产生不同的颜色，如蓝宝石中的 Fe^{2+} 和 Fe^{3+} 之间的电价变化是造成蓝色的主要因素。另外，宝石晶体结构缺陷也是产生颜色的重要因素。总之，自色宝石颜色的形成机制比较复杂，主要与宝石晶体中原子的电子层结构与电子态分布有关。

自色宝石按成分及结构的差异又可分为 3 种类型：

Ⅰ类：宝石矿物本身的主要化学成分中有致色离子使其呈色。如石榴石类宝石，其化学式为 $A_3B_3[SiO_4]_3$，其中 A 代表 Mg^{2+}、Fe^{2+}、Mn^{2+}、和 Ca^{2+}，B 代表 Al^{3+}、Fe^{3+}、Cr^{3+}、V^{3+} 等。由于石榴石主要成分中的 3 价离子 Fe^{3+}、Cr^{3+}、V^{3+} 等是重要致色离子，且它们与 Ti^{4+}、Al^{3+} 及相互之间可以发生类质同象置换，因而使石榴石呈现各种各样的颜色，如钙铬石榴石因含 Cr^{3+} 而呈鲜绿色，铁铝榴石因含 Fe^{3+} 而呈红色，Fe^{3+} 含量越多，红色越浓、越深。又如，电气石类宝石，富含 Fe 的电气石呈黑色；富含 Li、Mn 和 Cs 的电气石呈玫瑰色；富含 Cr 的电气石呈深绿色。孔雀石、蓝铜矿等宝石的绿色和蓝色都是其主要金属元素 Cu 所 致。常见的 Ⅰ 类自色宝石及致色元素见表 2-1。

Ⅱ类：宝石中微量致色杂质元素引起宝石呈色。此类自色宝石中的杂质元素是主要的致色

表 2-1　　Ⅰ类自色宝石及致色元素

致色元素	自色宝石及颜色
Cr	绿色：钙铬榴石　$Ca_3Cr_2Si_3O_{12}$； 铬电气石　$NaCr_2Al_6[Si_6O_{18}][BO_3]_3(OH,F)_4$
Mn	红色：菱锰矿　$MnCO_3$ 粉红色：蔷薇辉石　$MnSiO_3$ 橙色：锰铝榴石　$Mn_3Al_2Si_3O_{12}$ 黄色：日光榴石　$Mn_8[BeSiO_4]_6S_2$
Fe	红—褐色：赤铁矿 Fe_2O_3；铁尖晶石 $(Mg,Fe)Al_2O_4$； 铁铝榴石　$Fe_3Al_2[SiO_4]_3$ 黄绿色：橄榄石　$(Mg,Fe)_2[SiO_4]$，钙铁榴石 $Ca_3Fe_2[SiO_4]_3$ 绿帘石　$Ca_2FeAl_2[SiO_4][Si_2O_7]O(OH)$
Cu	绿色：孔雀石　$Cu_2(CO_3)(OH)_2$ 蓝色：绿松石　$CuAl_6(PO_4)(OH)_8 \cdot 4H_2O$ 蓝铜矿　$Cu_3[CO_3]_2(OH)_2$
Ti	红—褐色：金红石　TiO_2；锐钛矿　TiO_2 黄褐色　榍石　$CaTi[SiO_4]O$

因素，如果没有这些杂质元素，这类宝石通常是无色的。如刚玉类中，红宝石的致色杂质元素是 Cr，若没有 Cr 及其他杂质元素，纯刚玉是无色的。不同的致色杂质元素可以使宝石呈现不同的颜色，这些致色杂质元素往往以类质同象部分置换宝石中主要的阳离子成分。如尖晶石 $MgAl_2O_4$，其所含的杂质致色元素很多，红色显示含 Cr，蓝色显示含 Fe，天蓝色显示含 Co 等。常见Ⅱ类自色宝石及杂质致色元素见表 2-2。

表 2-2　　常见Ⅱ类自色宝石及致色元素

杂质致色元素	颜色与宝石
Cr	绿色：祖母绿、翠绿锂辉石、含铬电气石、符山石 红色：红宝石、尖晶石、粉红色黄玉 红色＋绿色：变石
Mn	红色：红色绿柱石、红色榍石、粉红色符山石、绿帘石、电气石、芙蓉石（含 Mn^{2+} 和 Ti^{4+}） 紫色：紫水晶（含 $Mn^{2+}+Fe^{3+}$） 绿色＋黄色：红柱石
Fe	绿色—蓝色：海蓝宝石、蓝宝石、带绿色的紫晶 黄色：金绿宝石、黄水晶、正长石、长石 绿色—黄色—棕色：各种玉石、玛瑙、尖晶石、符山石 红色—褐色：石榴石 黑色：电气石、铁金红石
Ni	绿色：绿宝石（含 Co、Ni 和 V）、绿玉髓 黄色：金宝石
V	绿色：含钒祖母绿、绿色钙铁榴石 绿色＋黄色：变色带色宝石
Co	蓝色：尖晶石 绿色：绿宝石

Ⅲ类：色心呈色。色心实际上是一种宝石晶体缺陷，它可引起宝石呈色。如黄玉的黄色、蓝色；水晶的紫色、蓝色、烟灰色；金刚石的绿色；某些蓝宝石中的黄色；碧玺中的某些彩色等都是由不同色心引起呈色的。有关色心及其致色机理，后面还将详细介绍。

上面三类自色宝石不论哪一种，它们的颜色都是由宝石本身所固有的性质——成分和结构所决定，因此，颜色相对比较稳定，有一定鉴定意义。特别是Ⅰ、Ⅱ类自色宝石在通常条件下(除加热、辐照等外)不会随时间发生变化，但Ⅲ类自色宝石颜色有的不稳定，有时会随时间而发生变化。如紫水晶在光照下，会逐渐褪色成无色水晶。

二、他色

由宝石矿物中的内含物(或机械混入物)引起宝石呈色。他色宝石的颜色与宝石的化学成分(包括以类质同象形式部分置换主成分离子的杂质致色离子)和晶体结构无关。它主要由宝石中的内含物(或机械混入物)颜色决定。如带色微量元素的机械混入物可以使本来纯净无色的钻石变成不同颜色的钻石，含 Cr 杂质可使其成为天蓝色；含 N 杂质可使其变成黄色；绿色的 Cr_2O_3 杂质可使绿柱石变成祖母绿，使硬玉变成翠玉；Fe、Ti、Mn 等杂质的机械混入物可使黄玉产生红色、粉红色、天蓝色等。

除了机械混入物外，微细矿物包体和气-液包裹体也可使宝石呈色，如微细石墨包体可使金刚石呈黑色，电气石包体可使水晶呈棕黄色。

他色宝石的颜色不能反映宝石的本质特征，一般不能作为宝石鉴定的特征。

三、假色

有些宝石的颜色既不是由其本身性质决定的自色，也不是由外来机械混入物颜色所致，而是由于某些几何光学和物理光学原因造成的。如某些宝石的变彩、晕彩、游彩等。比较典型的有：钻石的火彩，欧泊的变彩，月光石效应，金星效应，星光和猫眼效应，拉长石变彩，石英晕彩等。这些都是由于宝石对光线的反射、折射以及光的衍射、干涉等产生的色光，并不是宝石本身的颜色，故称为假色。

如果从宝石颜色的成因角度将其分类，可分为五大类、十一亚类，详见表 2-3。

表 2-3　　宝石颜色的成因分类表

颜色类型		颜色成因	成因理论	典型宝石	备　注
Ⅰ	1	过渡金属化合物	晶体场理论	铁铝榴石、孔雀石	Ⅰ类自色宝石
	2	过渡金属杂质		祖母绿、红宝石	Ⅱ类自色宝石
Ⅱ	3	电荷转移	分子轨道理论	蓝宝石、青金石	Ⅱ类自色宝石
	4	有机染色		琥珀、珊瑚	Ⅰ类自色宝石
Ⅲ	5	掺杂半导体	能带理论	蓝钻石、黄钻石	Ⅱ类自色宝石
	6	色　心		紫水晶、蓝黄玉	Ⅲ类自色宝石
Ⅳ	7	色　散	物理光学	刻面钻石、锆石的火彩	假色宝石
	8	散　射		星光宝石、猫眼石	
	9	干　涉		月光石、变彩拉长石	
	10	衍　射		蛋白石(欧泊)	
Ⅴ	11	包裹体		金星效应的日光石、星彩石英、各色发晶	他色宝石

第二节　有关物质结构理论的一些基本内容

一、原子的电子层结构

宝石矿物常是由两种以上不同原子（元素）按一定规律组合排列而成的。从微观上分析，它的性质（包括化学和物理性质）都是由原子结构决定的。原子是一个极为复杂的电磁体系，它由原子核（由中子和质子组成）和核外电子两部分构成。原子核带正电荷，其核电荷数与质子数相等；核外电子带负电，电荷数由电子数决定；原子内正、负电荷数是相等的，因此原子呈中性。氢原子是最简单的原子，它由一个带单位正电荷的质子和一个带单位负电荷的电子组成。

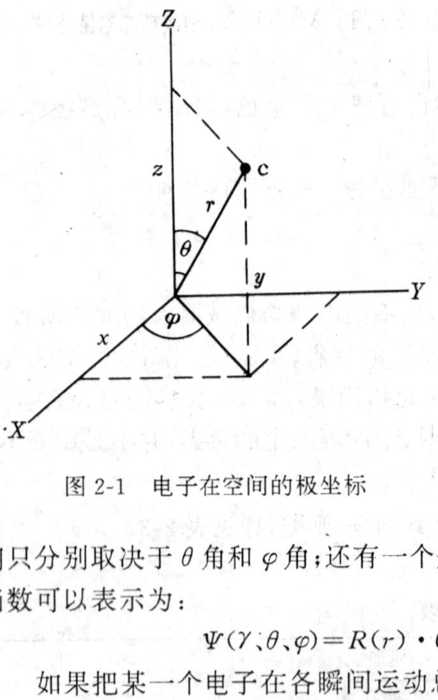

图 2-1　电子在空间的极坐标

原子的核外电子呈云雾状“电子云”弥漫在原子核周围的空间内。就一个单电子而言，它和原子核并不是保持固定不变距离和运动方向及角度的，也没有严格的轨道，在瞬间内它可以位于核外空间内的任意一点，因此，电子的分布密度在不同方向和距离处是有差异的，因而所形成的电子云形状不同，电子的能量也在变化。在量子力学中，描述原子系统的数学方法是用薛定谔方程，它没有单一的唯一解，而是一组解，每一个特定解是一个包含若干参数的波函数 Ψ，它表征在某一瞬间某一特定位置上出现的电子几率。根据薛定谔方程，每个电子的波函数 $\Psi(\gamma,\theta,\varphi)$，都可以写成 4 个因子的乘积，这取决于电子所处空间位置的极坐标（图 2-1）。这 4 个因子分别为：径向函数 $R(r)$，它只取决于电子离原子核的距离 r；2 个角度函数 $\Theta(\theta)$ 和 $\Phi(\varphi)$，它们只分别取决于 θ 角和 φ 角；还有一个是自旋函数 Ψ_s，它与空间坐标 γ、θ 和 φ 无关。那么总波函数可以表示为：

$$\Psi(\gamma、\theta、\varphi)=R(r)\cdot\Theta(\theta)\cdot\Phi(\varphi)\cdot\Psi_s$$

如果把某一个电子在各瞬间运动总波函数值相等的各点连结起来，就可以确定电子运动的空间区域，在此范围内，电子出现的几率最大（达 90%—95%），这就是电子的原子轨道（或称量子轨道），它表征原子中一个电子的空间分布和运动状态。

原子中可以有许多这样的原子轨道，每一个轨道的总波函数及其组成因子都可以用 4 个参变数来描述，这些参变数称为量子数，分别用 n、l、m、s 表示。仅当量子数有确定值时，才能得到总波函数 Ψ 的特征解，也就是确定了原子轨道。由每组量子数可以计算出原子轨道的能量。

（1）主量子数（n）　表示电子云与原子核之间的平均距离，它决定波函数的径向函数 $R(r)$ 的性质。n 可以取任意正整数值，即 $n=1,2,3\cdots$。它代表原子结构中壳层序数，有时也用 K、L、M、N、O、P、Q 等表示。就能量状态而言，主量子数是决定一个电子能量的最主要因素，或者说是决定原子轨道能级的主导因素。n 值愈大，电子能量愈高，距核平均距离也愈大。

（2）角动量量子数（简称角量子数）（l）　也称副量子数，它代表电子在轨道中运动的角动量，决定轨道的形状。角量子数与$\Theta(\theta)$函数有关，它的取值受主量子数限制，所取值也只能是正整数，即

$$l=0、1、2、3、4\cdots\cdots(n-1)。$$

当n值相同时，即在同一原子壳层中，电子在能量上仍有差异，可以用l加以区别之，这样就构成了亚层。对应于$l=0、1、2、3\cdots\cdots$的亚层可用$s、p、d、f\cdots\cdots$等符号标注，l值愈大，表明电子能量愈高，如在第一层(K层)中，$n=1$，只有一个亚层，$l=0$，即s亚层；在第二层(L层)中，$n=2$，有$l=0$和$l=1$两个波函数，即s和p两个亚层；在第三层(M层)上，$n=3$，l可取0、1、2三个波函数，即$s、p、d$ 3个电子层。以此类推，各壳层上最大可能的亚层数(波函数个数)等于n，其中能量最高的亚层角量子数$l=n-1$。

(3)磁量子数(m)　表示轨道角动量是如何相对于某些场方向(如磁场方向)取向的，它近似地代表电子云在空间上的最大伸展方向，决定着亚层中的原子轨道。磁量子数可以取从$+l$到$-l$之间的全部整数值，故它有$(2l+1)$个值。亚层中轨道数等于磁量子数(m)，即s亚层中，$l=0$，$m=2l+1=1$，只有1个轨道；p亚层中，$l=1$　$m=2l+1=3$，故有3个轨道；d亚层有5个轨道，f亚层有7个轨道等等。

(4)自旋量子数(s)　电子不仅围绕原子核运动，同时还绕一定轴自转，因此具有自旋角动量，按电子旋转方向可分为顺时针方向和逆时针方向，由于电子带负电荷，因此自旋运动就产生一个附加电磁场。一个电子有两种相反自旋方向，故其磁场的取向也相反，分别以$s=+\frac{1}{2}$和$s=-\frac{1}{2}$来标注。对于量子数为$n、l$及m的每个原子空间轨道，都可以容纳两个能量相等但自旋方向相反的电子。

二、原子轨道的形状

将原子轨道的各量子数($n、l、m$)代入薛定谔方程求解，就可以得出特定的波函数Ψ，它可以是正，也可以是负。波函数的正负符号决定电子之间的相互作用。此外，将波函数进行平方归一化后，所得结果总是正值，它是电子云密度的量度。

在描述原子轨道时，一般要考虑原子轨道的大小和形状，原子轨道的大小决定于主量子数(n)，较大的n值给出较大的电子云，而原子轨道的形状由波函数中角度因子决定。它主要由l和m量子数来确定，其中l量子数决定原子轨道图形(界面图)的取向，m量子数的值决定轨道可能的取向数目。对于同一量子数l的所有轨道的形状都是对应相同的，如第一层($n=1$)的s轨道与第二层($n=2$)的s轨道及第三层($n=3$)的s轨道的形状是一样的，只是大小和电子云密度有一定差异而已。其他轨道，如p轨道、d轨道等都是如此。这种情况不仅对于单电子的氢原子是这样，对于多电子原子也是这样。另外，所有原子和离子的基态和激发态，其原子轨道图形都是相同的，而且对于所有的原子和所有的能量态来讲，只有$s、p、d、f$ 4种类型的原子轨道界面图(图2-2)，不过，这种界面图只是一种对原子轨道形状的粗略表示，因为原子轨道实际并没有截然界线。

如果没有任何特定方向的外场作用，如晶体场(对于晶体中的原子而言)，没有电场或磁场方向，则同一亚层(l值相同)的轨道是等价的，对应于同一能级，这些轨道称为简并的。简并度与轨道的可能取向数目一致。如s亚层的简并度为1，p亚层的简并度为3。下面分别介绍各类原子轨道的特点。

1. s轨道

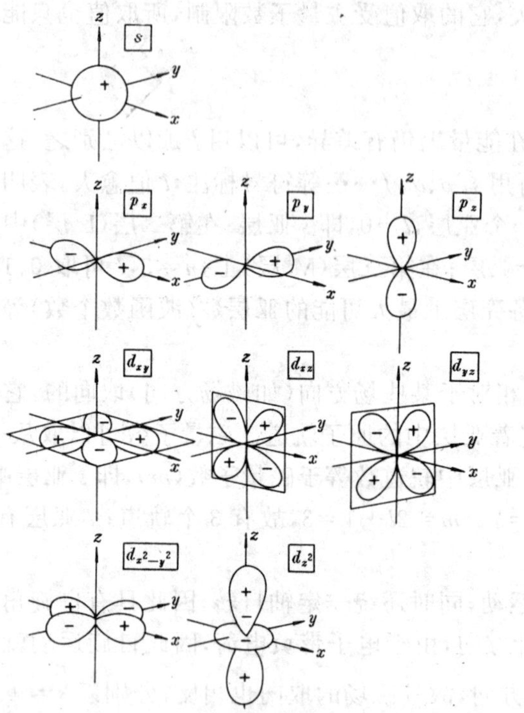

图 2-2　s、p、d 原子轨道的形状图

(A.S.马尔福宁，1979)

(波函数的平方与角度的关系)

s 轨道有两个基本特点：①其原子轨道界面图呈球形(图 2-2)无角度依赖关系，其电子云密度与 θ 角和 φ 角无关，只取决于半经 r；②只有 s 轨道在原子核处有非零值的电子密度，而 p、d、f 轨道上电子不直接与核接触。主量子数(n)不同的 s 轨道，如 1s、2s、3s 等，它们的形状相同，但电子云密度不同。

2. p 轨道

p 轨道的性质除了与半径 r 有关外，还与电子所处的方位即角度函数 θ 和 φ 有关。因此，p 轨道不是球形对称的，p 亚层有 3 个简并的 p 轨道，它们的轨道取向不同，分别沿笛卡尔坐标的 x、y、z 轴伸展，分别标为 p_x、p_y、p_z(图 2-2)。各轨道都呈哑铃状，每个轨道分为两瓣，所代表的波函数符号相反，一正一负。

3. d 轨道

d 轨道即为 $l=2$ 的轨道，从主量子数 $n=3$ 起有 d 轨道。d 轨道共有 5 个，分别为 d_{xy}、d_{xz}、d_{yz}、d_{z^2}、和 $d_{x^2-y^2}$，每个轨道由相互垂直的 4 个瓣构成，如图 2-2。其中 d_{z^2} 和 $d_{x^2-y^2}$ 是沿笛卡尔坐标的 x、y、z 轴方向展布，而 d_{xy}、d_{xz}、d_{yz} 轨道则沿各坐标轴构成的平面上的 4 个象限伸展，相对两个象限的瓣的波函数符号相同，而相邻两个象限的波函数符号相反。d 亚层的 5 个轨道根据其空间方向可分为两组：d_ε(或 t_{2g})：d_{xy}、d_{xz}、d_{yz}；d_γ(或 e_g)：d_{z^2} 和 $d_{x^2-y^2}$。

4. f 轨道

f 轨道即 $l=3$ 的轨道，从主量子数 $n=4$ 起有 f 轨道。f 轨道共有 7 个，其原子轨道取向更为复杂。这里不作介绍。

三、电子组态(电子组构)

在各种原子中，原子核是不同的(组成核的质子和中子数不同)，但电子是一样的，具有完全相同的质量、电荷和自旋值。在同一瞬间，多电子原子中，每个电子有各自的能量状态和运动状态。为了描述一个电子在原子中的状态，需指出 4 个量子数的值(n、l、m、s)，因为这 4 个量子数明确地规定了电子态。按波林(Pauling)不相容原理，在一个原子中不可能有运动状态和能量状态完全相同的两个电子，即在一个原子体系中没有任何两个电子具有完全相同的 4 个量子数。

在原子核外电子壳层中的电子数目是由磁量子数(m)和自旋量子数(s)来确定的。电子在壳层(K、L、M、N、O、P……)和亚壳层(s、p、d、f……)中的分布称为电子组态。

原子的电子组态由原子轨道(1s、2s、2p、3s……等)加上每一个轨道中的电子数作为上标来表示的，两个 1s 电子记为 $1s^2$，5 个 3d 电子记为 $3d^5$……，如此等等。据此 Na 的电子组态可写成 $1s^22s^22p^63s^1$，Na 原子共有 11 个电子。

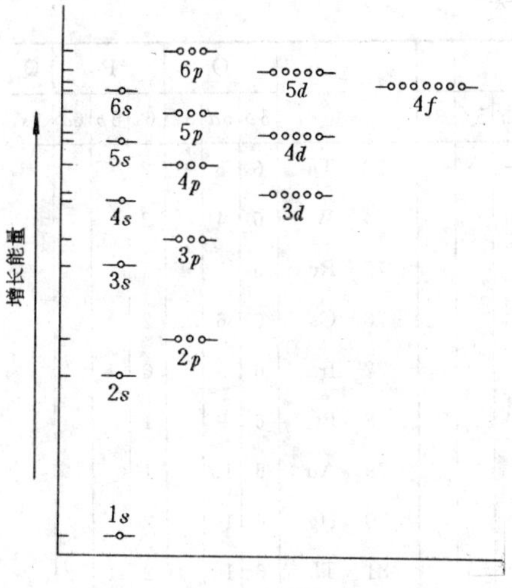

图 2-3　氢原子的轨道能量图
(K. Nassau, 1983)
(每个圈表示能被两个自旋成对的电子占有的一个轨道)

电子在充填原子轨道时，除遵循波林不相容原理外，还要遵循下面两个基本原理：①能量最低原理，即电子首先进入能量最低的亚层，一个亚层充填满后，才依次充填能量更高的另一亚层。不同电子之间的能量高低顺序有：$E_K<E_L<E_M<E_N<E_O<E_P$……，同一电子层不同亚层的能量有：$E_s<E_p<E_d<E_f$。一般来讲，层之间的能量差值大于同一层各亚层之间的能量差。但是，随着层数的增大，亚层数和轨道数增多，当主量子数 $n>3$ 时，轨道上的电子除受核的库伦力作用外，还受到原子内层电子的排斥作用，称为屏蔽效应，其结果可以看成是核电荷减少了对外层电子的引力。经实验(主要是光谱实验)已测知各电子层和亚层的近似能量高低的相对顺序为：1*s*、2*s*、3*s*、3*p*、4*s*、3*d*、4*p*、5*s*、4*d*、5*p*、6*s*、4*f*、5*d*、6*p*、7*s*、5*f*、6*d*。如图 2-3 所示。②洪特规则：电子占据尽可能多的轨道，而且自旋平行(不成对)只是在每个轨道全被单个电子(未成对)占据之后，其余电子才充填各轨道，按反向平行自旋使电子配对。洪特规则说明原子中各亚层电子的全充满和半充满是能量上较为低的状态。

运用上述的基本原理和规则，可以找出任何原子的电子组态。只要指出原子序数(*Z*)等于电子数，然后从最低能量轨道开始，就可以得到原子电子组态。所有各种元素的原子电子组态表示于表 2-4 中。

运用上述的基本原理和规则，可以找出任何原子的电子组态。只要指出原子序数(*Z*)等于电子数，然后从最低能量轨道开始，就可以得到原子的电子组态。

第三节　晶体场理论与宝石的颜色

自色宝石中的Ⅰ类和Ⅱ类宝石颜色，往往与元素周期表中过渡金属元素(特别是第一系列过渡元素 Sc、Ti、V、Cr、Mn、Fe、Co、Ni 等)在晶体中的结合规律有关。晶体场理论就是研究过渡金属离子在晶体结构中，由于受周围的配位离子电场的影响，而发生的电子轨道能量和电子排布的变化，进而说明过渡金属离子在受外界能量子(光子)激发时所产生的光谱学变化，从而解释宝石颜色形成机理。

晶体场理论中把过渡金属阳离子当作中心离子，其周围的阴离子或偶极子基团(或络阴离子)统称为配位体，并当作负电荷处理。配位体对中心阳离子的作用主要取决于配位体的类型、空间位置和对称性。作用的本质是静电场力。

一、第一系列过渡元素的电子层结构

从表 2-4 可以看出，惰性气体元素离子最外层电子构型为 ns^2 或 ns^2np^6，铜型离子的最外层电子的构型为 $ns^2np^6nd^{10}$，即两者的 *s*、*p*、*d* 亚层均充满了电子，但过渡元素与它们不同，其电子层结构特征是 *d*(或 *f*)亚层只有部分被电子所充填。第一系列过渡元素的电子层结构的一

表2-4　　　　　　　　原 子 的 电 子 组 态

		K	L		M			N	
		1s	2s	2p	3s	3p	3d	4s	4p
1	H	1							
2	He	2							
3	Li	2	1						
4	Be	2	2						
5	B	2	2	1					
6	C	2	2	2					
7	N	2	2	3					
8	O	2	2	4					
9	F	2	2	5					
10	Ne	2	2	6					
11	Na	2	2	6	1				
12	Mg	2	2	6	2				
13	Al	2	2	6	2	1			
14	Si	2	2	6	2	2			
15	P	2	2	6	2	3			
16	S	2	2	6	2	4			
17	Cl	2	2	6	2	5			
18	Ar	2	2	6	2	6			
19	K	2	2	6	2	6	—	1	
20	Ca	2	2	6	2	6	—	2	
21	Sc	2	2	6	2	6	1	2	
22	Ti	2	2	6	2	6	2	2	
23	V	2	2	6	2	6	3	2	
24	Cr	2	2	6	2	6	5	1	
25	Mn	2	2	6	2	6	5	2	
26	Fe	2	2	6	2	6	6	2	
27	Co	2	2	6	2	6	7	2	
28	Ni	2	2	6	2	6	8	2	
29	Cu	2	2	6	2	6	10	1	
30	Zn	2	2	6	2	6	10	2	
31	Ga	2	2	6	2	6	10	2	1
32	Ge	2	2	6	2	6	10	2	2
33	As	2	2	6	2	6	10	2	3
34	Se	2	2	6	2	6	10	2	4
35	Br	2	2	6	2	6	10	2	5
36	Kr	2	2	6	2	6	10	2	6

		N				O				
		4s	4p	4d	4f	5s	5p	5d	5f	6s
37	Rb	2	6	—	—	1		—	—	—
38	Sr	2	6	—	—	2				
39	Y	2	6	1	—	2				
40	Zr	2	6	2	—	2				
41	Nb	2	6	4	—	1				
42	Mo	2	6	5	—	1				
43	Tc	2	6	6	—	1				
44	Ru	2	6	7	—	1				
45	Rh	2	6	8	—	1				
46	Pd	2	6	10	—	—				
47	Ag	2	6	10	—	1				
48	Cd	2	6	10	—	2				
49	In	2	6	10	—	2	1			
50	Sn	2	6	10	—	2	2			
51	Sb	2	6	10	—	2	3			
52	Te	2	6	10	—	2	4			
53	I	2	6	10	—	2	5			
54	Xe	2	6	10	—	2	6			
55	Cs	2	6	10	—	2	6	1		1
56	Ba	2	6	10	—	2	6			2
57	La	2	6	10	—	2	6	1		2
58	Ce	2	6	10	2	2	6	—		2
59	Pr	2	6	10	3	2	6	—		2
60	Nd	2	6	10	4	2	6	—		2
61	Pm	2	6	10	5	2	6	—		2
62	Sm	2	6	10	6	2	6	—		2
63	Eu	2	6	10	7	2	6	—		2
64	Gd	2	6	10	7	2	6	1		2
65	Tb	2	6	10	8	2	6	1		2
66	Dy	2	6	10	9	2	6	1		2
67	Ho	2	6	10	10	2	6	1		2
68	Er	2	6	10	11	2	6	1		2
69	Tm	2	6	10	12	2	6	1		2
70	Yb	2	6	10	13	2	6	1		2
71	Lu	2	6	10	14	2	6	1		2
72	Hf	2	6	10	14	2	6	2	—	2

		O			P			Q
		5p	5d	5f	6s	6p	6d	7s
73	Ta	6	3	—	2			
74	W	6	4		2			
75	Re	6	5		2			
76	Os	6	6		2			
77	Ir	6	9		0			
78	Pt	6	9		1			
79	Au	6	10		1			
80	Hg	6	10		2			
81	Tl	6	10		2	1		
82	Pb	6	10		2	2		
83	Bi	6	10		2	3		
84	Po	6	10		2	4		
85	At	6	10		2	4		
86	Rn	6	10		2	6		
87	Fr	6	10		2	6		1
88	Ra	6	10		2	6		2
89	Ac	6	10		2	6	1	2
90	Th	6	10		2	6	2	2
91	Pa	6	10		2	6	3	2
92	U	6	10	3	2	6	4	2
93	Np	6	10	5	2	6	—	2
94	Pu	6	10	5	2	6	1	2
95	Am	6	10	6	2	6	1	2
96	Cm	6	10	7	2	6	1	2
97	Bk	6	10	8	2	6	1	2
98	Cf	6	10	9	2	6	1	2
99	Es	6	10	10	2	6	1	2
100	Fm	6	10	11	2	6	1	2

（原苏联）A. S. 马尔福宁，1979）

般形式为 $1s^2 2s^2 2p^6 3s^2 3p^6 3d^{10-n} 4s^{1或2}$，它们内层电子壳层的电子构型为 $1s^2 2s^2 2p^6 3s^2 3p^6$，相当于惰性气体氩(Ar)，称为氩实。失去 4s 亚层电子(简称 4s 电子)及某些 3d 亚层电子(简称 3d 电子)便形成过渡元素不同价态的离子，表 2-5 列出了第一系列过渡元素的电子层结构。

表 2-5　　第一系列过渡元素电子排布

原子序数	元　素	电子层构型			
		原　子	M(Ⅱ)	M(Ⅲ)	M(Ⅳ)
21	Sc	$(Ar)3d^1 4s^2$	$(Ar)3d^1$	(Ar)	—
22	Ti	$(Ar)3d^2 4s^2$	$(Ar)3d^2$	$(Ar)3d^1$	(Ar)
23	V	$(Ar)3d^3 4s^2$	$(Ar)3d^3$	$(Ar)3d^2$	$(Ar)3d^1$
24	Cr	$(Ar)3d^5 4s^1$	$(Ar)3d^4$	$(Ar)3d^3$	$(Ar)3d^2$
25	Mn	$(Ar)3d^5 4s^2$	$(Ar)3d^5$	$(Ar)3d^4$	$(Ar)3d^3$
26	Fe	$(Ar)3d^6 4s^2$	$(Ar)3d^6$	$(Ar)3d^5$	—
27	Co	$(Ar)3d^7 4s^2$	$(Ar)3d^7$	$(Ar)3d^6$	—
28	Ni	$(Ar)3d^8 4s^2$	$(Ar)3d^8$	$(Ar)3d^7$	$(Ar)3d^6$
29	Cu	$(Ar)3d^{10} 4s^1$	$(Ar)3d^9$	$(Ar)3d^8$	—

(Ar)——氩实＝$1s^2 2s^2 2p^6 3s^2 3p^6$；M(Ⅱ)、M(Ⅲ)和 M(Ⅳ)分别表示不同氧化态的Ⅱ、Ⅲ和Ⅳ价离子　(潘兆橹，1985)

对于任一个孤立的过渡金属离子，其 5 个 d 轨道的能量是相同的(五重简并)，电子充填任一 d 轨道的几率是相等的。电子充填顺序依照洪特规则。

二、晶体场分裂及晶体场稳定能

在晶体结构中，中心阳离子周围的配位体产生一个称为晶体场的静电势场，这种非球状的晶体场对未充满的 d 轨道发生排斥作用。由于对不同方位的 d 轨道的排斥效应不同，导致轨道围绕能级中心(对称中心)发生能级分裂，从而破坏了 d 轨道的五重简并。d 轨道能级分裂的性质和程度取决于配位体的结构、类型和对称型。

1. 正八面体配位中的晶体场分裂

在一个正八面体配位中，过渡金属离子的 5 个 d 轨道都受到配位体负电荷的排斥，使轨道的总体能级提高。如果配位体呈球形对称，则使 5 个 d 轨道能级增高相等，仍处于同等能级(无分裂)。但在八面体配位中(图 2-4a)，属于 $d_\gamma(e_g)$组的两个轨道 $d_{x^2-y^2}$和 d_{z^2}的轨道瓣是指向配位体的(图 2-4b)，而属于 $d_\varepsilon(t_{2g})$组的 3 个 d 轨道 d_{xy}、d_{yz}和 d_{xz}的轨道瓣是指向配位体质点之间的方向，因此 2 个 d_γ轨道被排斥的程度大于 3 个 d_ε 轨道，结果使 d_γ 轨道的能量升得较高，d_ε 轨道能量升高的幅度较小，两者之间产生了明显的能量差，这就是轨道的能级分裂。两者的能量差称为晶体场分裂能 Δ_o。如果以球形配位体中各轨道能级升高的平均能量为重心，则 3 个 d_ε 轨道比能量重心低 $2/5\Delta_o$，即 d 轨道中每个电子使离子稳定性增强了 $2/5\Delta_o$，同时两个 d_γ 轨道比重心升高了 $3/5\Delta_o$，其中的每一个电子使离子稳定性降低了 $3/5\Delta_o$，这样经过代数计算得到的净稳定能称为晶体场稳定能，以 CFSE 表示，如图 2-5 所示。

d 轨道分裂的结果，使 d 电子的分布受两种相反力的控制：①根据洪特规则，电子要占据尽可能多的轨道；②晶体场分裂效应使电子倾向占据能量最低的轨道。由于这两种作用力的相对强弱不同，有些过渡金属离子的 d 电子分布可以有高自旋和低自旋两种构型，如表 2-6，具有 1、2、3 个和 8、9、10 个 d 电子的过渡金属离子只可能有一种电子构型，而具有 4、5、6 和 7 个 d 电子的金属离子，其电子层构型则可能有高、低自旋两种构型。另外，从表 2-6 中还可看出，

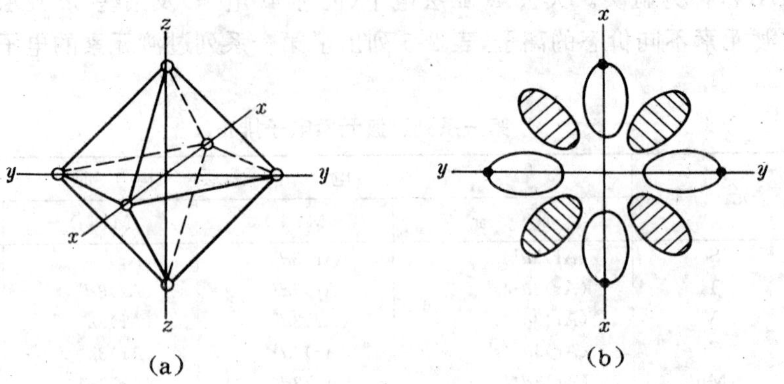

图 2-4 八面体配位中，配位体和过渡金属离子 d 轨道的方位图

(a)配位体方位；(b)八面体配位晶体场的 $x—y$ 平面，过渡金属离子的 d_{xy} 和 $d_{x^2-y^2}$ 轨道分别以带斜线的椭圆和空白椭圆表示，配位体以黑点表示

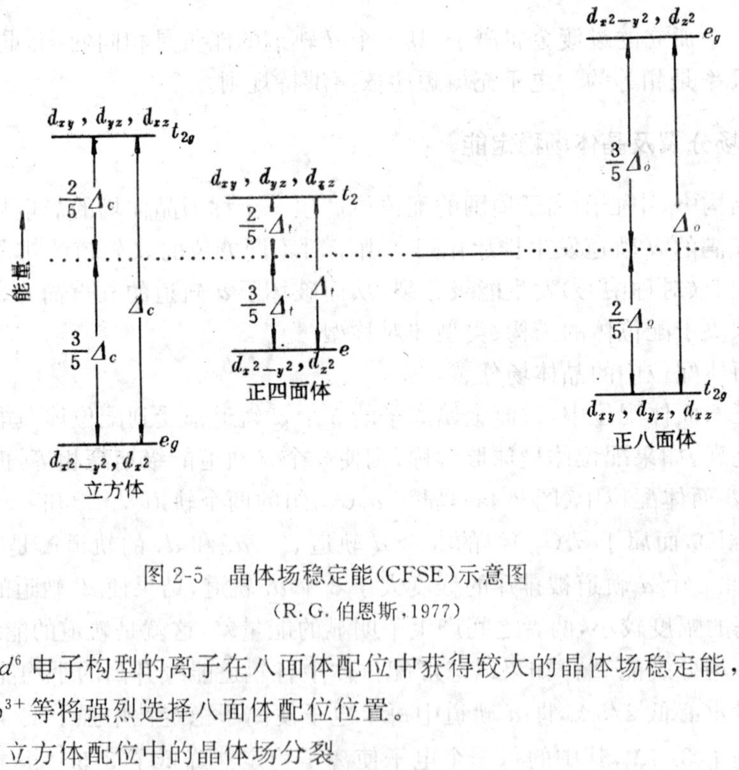

图 2-5 晶体场稳定能(CFSE)示意图

(R.G. 伯恩斯，1977)

d^3、d^8 及低自旋的 d^6 电子构型的离子在八面体配位中获得较大的晶体场稳定能，因此，可以预料 Cr^{3+}、Ni^{2+} 和 Co^{3+} 等将强烈选择八面体配位位置。

2. 正四面体和立方体配位中的晶体场分裂

四面体配位(图 2-6)可以把配位体看成是位于相间的立方体的顶点上，此配位没有对称中心。在四面体配位中，过渡金属离子的 d_ε 组轨道的电子被配位体排斥的程度比 d_γ 组电子强烈，结果与八面体配位情况相反，d_ε 轨道能级比能量重心增高，而 d_γ 轨道能量降低(图 2-5)，两组轨道的能量差(晶体场分裂能)用 Δ_t 表示。表 2-7 列出了过渡金属离子在四面体配位中 $3d$ 电子构型和晶体场稳定能。由此表可看出，具有 d^2 和 d^7 电子构型的离子(V^{3+} 和 Co^{2+} 等)在四面体配位中可获得较高稳定能。

表 2-6　　八面体配位中过渡金属离子的 $3d$ 电子构型和晶体场稳定能

$3d$ 电子数	离　子	高自旋状态							低自旋状态						
		$3d$ 电子构型					未成对电子	晶体场稳定能 (CFSE)	$3d$ 电子构型					未成对电子	晶体场稳定能 (CFSE)
		d_ε			d_γ				d_ε			d_γ			
0	Ca^{2+}, Sc^{3+}, Ti^{4+}						0	0						0	0
1	Ti^{3+}, V^{4+}	↑					1	$\frac{2}{5}\Delta_o$	↑					1	$\frac{2}{5}\Delta_o$
2	Ti^{2+}, V^{3+}	↑	↑				2	$\frac{4}{5}\Delta_o$	↑	↑				2	$\frac{4}{5}\Delta_o$
3	V^{2+}, Cr^{3+}, Mn^{4+}	↑	↑	↑			3	$\frac{6}{5}\Delta_o$	↑	↑	↑			3	$\frac{6}{5}\Delta_o$
4	Cr^{2+}, Mn^{3+}	↑	↑	↑	↑		4	$\frac{3}{5}\Delta_o$	↑↓	↑	↑			2	$\frac{8}{5}\Delta_o$
5	Mn^{2+}, Fe^{3+}	↑	↑	↑	↑	↑	5	0	↑↓	↑↓	↑			1	$\frac{10}{5}\Delta_o$
6	Fe^{2+}, Co^{3+}, Ni^{4+}	↑↓	↑	↑	↑	↑	4	$\frac{2}{5}\Delta_o$	↑↓	↑↓	↑↓			0	$\frac{12}{5}\Delta_o$
7	Co^{2+}, Ni^{3+}	↑↓	↑↓	↑	↑	↑	3	$\frac{4}{5}\Delta_o$	↑↓	↑↓	↑↓	↑		1	$\frac{9}{5}\Delta_o$
8	Ni^{2+}	↑↓	↑↓	↑↓	↑	↑	2	$\frac{6}{5}\Delta_o$	↑↓	↑↓	↑↓	↑	↑	2	$\frac{6}{5}\Delta_o$
9	Cu^{2+}	↑↓	↑↓	↑↓	↑↓	↑	1	$\frac{3}{5}\Delta_o$	↑↓	↑↓	↑↓	↑↓	↑	1	$\frac{3}{5}\Delta_o$
10	Cu^{+}, Zn^{2+}, Ca^{3+}, Ge^{4+}	↑↓	↑↓	↑↓	↑↓	↑↓	0	0	↑↓	↑↓	↑↓	↑↓	↑↓	0	0

（引自 R. G. 伯恩斯《晶体场理论的矿物学应用》中文译本，1977 年）

表 2-7　　四面体配位中过渡金属离子的 $3d$ 电子构型和晶体场稳定能

$3d$ 电子数	离　子	高自旋状态							低自旋状态						
		$3d$ 电子构型					未成对电子	晶体场稳定能 (CFSE)	$3d$ 电子构型					未成对电子	晶体场稳定能 (CFSE)
		d_r			d_ε				d_r			d_ε			
0	Ca^{2+}, Sc^{3+}, Ti^{4+}						0	0						0	0
1	Ti^{3+}, V^{4+}	↑					1	$\frac{3}{5}\Delta_t$	↑					1	$\frac{3}{5}\Delta_t$
2	Ti^{2+}, V^{3+}	↑	↑				2	$\frac{6}{5}\Delta_t$	↑	↑				2	$\frac{6}{5}\Delta_t$
3	V^{2+}, Cr^{3+}	↑	↑	↑			3	$\frac{4}{5}\Delta_t$	↑↓	↑				1	$\frac{9}{5}\Delta_t$
4	Cr^{2+}, Mn^{3+}	↑	↑	↑	↑		4	$\frac{2}{5}\Delta_t$	↑↓	↑↓				0	$\frac{12}{5}\Delta_t$
5	Mn^{2+}, Fe^{3+}	↑	↑	↑	↑	↑	5	0	↑↓	↑↓	↑			1	$\frac{10}{5}\Delta_t$
6	Fe^{2+}, Co^{3+}	↑↓	↑	↑	↑	↑	4	$\frac{3}{5}\Delta_t$	↑↓	↑↓	↑	↑		2	$\frac{8}{5}\Delta_t$
7	Co^{2+}, Ni^{3+}	↑↓	↑↓	↑	↑	↑	3	$\frac{6}{5}\Delta_t$	↑↓	↑↓	↑	↑	↑	3	$\frac{6}{5}\Delta_t$
8	Ni^{2+}	↑↓	↑↓	↑↓	↑	↑	2	$\frac{4}{5}\Delta_t$	↑↓	↑↓	↑↓	↑	↑	2	$\frac{4}{5}\Delta_t$
9	Cu^{2+}	↑↓	↑↓	↑↓	↑↓	↑	1	$\frac{2}{5}\Delta_t$	↑↓	↑↓	↑↓	↑↓	↑	1	$\frac{2}{5}\Delta_t$
10	Cu^{+}, Zn^{2+}	↑↓	↑↓	↑↓	↑↓	↑↓	0	0	↑↓	↑↓	↑↓	↑↓	↑↓	0	0

（R. G. 伯恩斯，1977）

在立方体配位中，配位体位于立方体的 8 个顶点，过渡金属元素离子的两种 d 轨道的能量分裂与四面体配位中类似，但分裂能 Δ_c 比 Δ_t 大。Δ_o、Δ_t 和 Δ_c 三者之间的关系是：

$$\Delta_t=-\frac{4}{9}\Delta_o,\Delta_c=-\frac{8}{9}\Delta_o$$

式中负号表示两种配位中的两组 d 轨道的相对稳定性是相反的。由上两式可导出：

$$\Delta_c=2\Delta_t$$

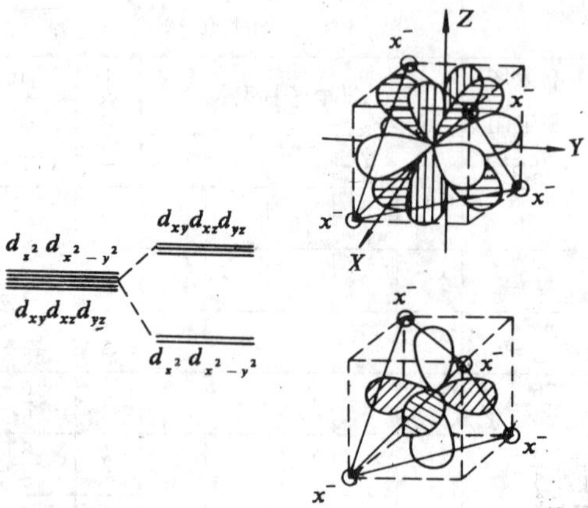

图 2-6　在配位体离子 x^- 的四面体晶体场中过渡金属离子 d 轨道的分裂示意图
（潘兆橹，1985）

上述八面体、四面体和立方体皆为等轴晶系宝石矿物高对称的晶体场，但在实际晶体结构中，过渡金属离子更常处于畸变了的非等轴的配位多面体中，同一配位位置上，金属离子—氧离子之间距离可能并不相等，有时配位体还可能不相同或不等价，如在有些宝石矿物中，阳离子的配位体除了氧以外，还可能有 OH^-、F^-、Cl^- 等，且在同一配位位置上，还可能有不同性质的氧配位体，如 O^{2-}、Si—O^-、Si—O—Si 与 H_2O 等。所有这些情况都可能使作用于阳离子的静电场发生各种复杂的变化，使处于这种低对称晶体场中的过渡金属离子的 d 轨道能级进一步发生分裂，形成更多能级的不同轨道，因此，在此状况下的晶体场分裂能(Δ)就不止一个，而会有多个。Δ 值相当于可见光区和红外区域内的电磁辐射。它的大小与晶体场的强度、配位体的性质与类型、中心阳离子与配位体之间的距离，以及配位体的对称性等有关。

由于过渡金属离子在晶体场中发生了能级分裂，而 d 电子一般又充填于低能级的轨道上（基态），当外界光辐射作用于 d 电子时，这些 d 电子可能吸收光辐射的能量，变为激发态电子，并从基态跃迁到较高能级的 d 轨道上，这种现象就称为电子的 $d-d$ 跃迁。只有当光辐射能近等于晶体场分裂能时，电子才能吸收该光辐射，并跃迁到相应的能级轨道，未被吸收的光辐射（大于或小于晶体场分裂能）就呈现为宝石的颜色，这就是宝石中致色离子（过渡金属离子）使宝石呈色的机理。Ⅰ类和Ⅱ类自色宝石的颜色大多由此产生。

不过，在天然宝石中，过渡金属离子（致色离子）极少处于高对称性的配位位置，也就是说，配位体（常为氧离子）常处于畸变的多面体顶点上，各个配位位置中的金属离子与配位体之间的距离并不等同，结果就会使 d 轨道进一步发生能级分裂，从而形成多级分裂。这样的畸变效应会使晶体场的稳定能更大。

下面以红宝石、祖母绿为例来说明晶体场理论与宝石颜色的致色机制。

三、晶体场理论对宝石颜色的解释

1. 红宝石的致色机理

红宝石的主要化学成分是 Al_2O_3。纯 Al_2O_3 组成的刚玉是无色透明的，俗称白宝石。当它含有 1%或稍多一点 Cr_2O_3 时，就形成了名贵的红宝石。

在刚玉的晶体结构中，中心阳离子 Al^{3+} 与 6 个氧离子（配位体）构成一配位八面体，此八面体并不是高对称的，而是一畸变八面体（图 2-7），上面 3 个氧离子之间距离较短，下面 3 个氧

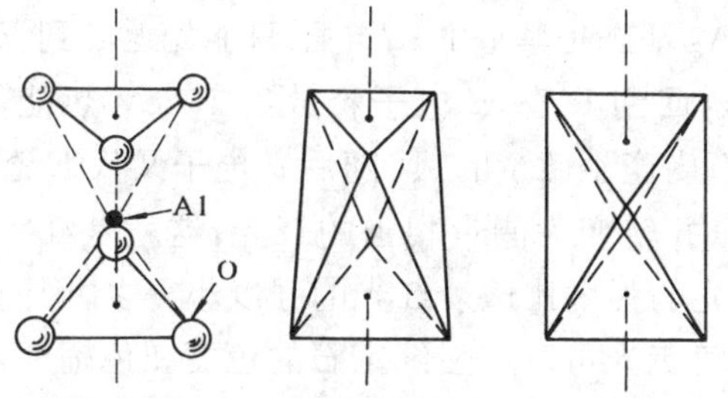

Al_2O_3中由6个氧包围的Al (a)　不规则的八面体 (b)　规则的八面体 (c)

图 2-7　刚玉中 Al^{3+} 与 O^{2-} 构成的八面体图

(K. Nassau, 1983)

离子之间距离相对较大，而 Al^{3+} 则处于上下两层氧离子中心偏下的位置。根据晶体场理论，处于 6 个氧离子静电场（晶体场）中的阳离子，其外层电子必然要受到排斥作用，使其 d 轨道（或 f 轨道）发生能级分裂。对于 Al^{3+} 而言，它的 d 轨道属全空状态，要使其内层电子受激发而跃迁到高能轨道（如 $2p$ 电子跃迁到 $3s$ 或 $3d$ 轨道），需要很高的能量，远大于可见光辐射能，也就是说可见光不可能使其发生电子跃迁，因此纯 Al_2O_3 组成的刚玉不吸收可见光，只是反射或透射可见光，通常呈无色透明状。由于 Cr^{3+} 的离子半径为 0.12nm，而 Al^{3+} 为 0.11nm，两者十分接近，且它们的电价一样，因而在天然刚玉中，Cr^{3+} 常以类质同象置换部分 Al^{3+}，占据 Al^{3+} 的配位位置。Cr^{3+} 的电子组构为 $1s^22s^22p^63s^23p^63d^3$，它有 3 个不配对的 d 电子，当它置换 Al^{3+} 进入畸变的氧配位八面体中时，受晶体场作用，Cr^{3+} 的 d 轨道发生能量分裂，形成多个能级（图 2-8），此时晶体场的强度为 2.23eV，所形成的 d 轨道能级用它们的光谱项符号表示，分别有 $^4A_2$，^2E，$^4T_2$ 和 $^4T_1$，其中 $^4A_2$ 为基态能级，把它的能量当作零值，图 2-8(a) 中的竖直虚线表示晶体场作用强度；从图中可以看出，当白光通过一块红宝石时，就出现了两种吸收机理。如图 2-8(b) 所示，d 电子吸收能量为 2.2eV 的光波，并从 $^4A_2$ 基态跃迁到 $^4T_2$ 能级上，这种光波相当于光谱的黄绿色光部分，同时部分 d 电子吸收了能量为 3eV 的光波（相当于紫色光波），从基态跃迁到 $^4T_1$ 能级上，这两种吸收光谱带有一定宽度，且有相当程度的叠加，从而使蓝光大部分被吸收，只有少量蓝光透过图 2-8(c)，结果能量小于 2eV 的红光基本上未被吸收，使红宝石呈现鲜艳的红色，少量透射的蓝光有时使红宝石呈现微弱的紫色色调。

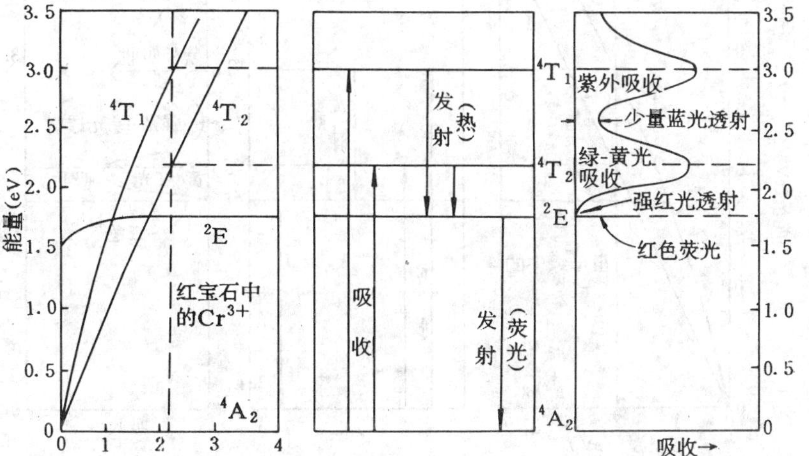

(a)　(b)　(c)

图 2-8　红宝石扭曲八面体配位场中 Cr^{3+} 的吸收光谱图

(K. Nassua, 1983)

(a)红宝石中 Cr^{3+} 的光谱项；(b)红宝石中的能级与跃迁；(c)形成红宝石的吸收光谱与荧光

红宝石中 Cr^{3+} 的 d 电子在吸收光而处于激发态 $^4T_2$ 和 $^4T_1$ 的同时，又会立即从激发态返回基态，并释放出能量。当然，直接从$^4T_2$和$^4T_1$返回到$^4A_2$基态是禁戒的；d电子只能先返回到^2E能级（居间能级），所释放的能量转化为热能，从$^4T_1$返回到^2E态，d电子释放出1.2eV热能，从$^4T_2$返回到^2E态，释放出0.4eV热能。结果使红宝石内产生微量的热。随后d电子又从^2E态返回到基态($^4A_2$)，这个过程中释放的能量为1.79eV，并转变为能量相当的红光，这就是红宝石的“R线”荧光。不过在一般光照条件下，这种红荧光的强度比透射红光的强度小得多，因而不易分辨出，但借助于红宝石滤色镜可以看到它。红色荧光可以增强红宝石的色度和色耀度，使红宝石的颜色更加鲜亮。如果在暗室中，用紫外灯辐照红宝石，就可以产生强烈的红色荧光。

2.祖母绿的致色机理

祖母绿是含微量杂质致色离子Cr^{3+}的绿柱石。无杂质元素的绿柱石化学式是$Be_3Al_2[Si_6O_{18}]$，其中心阳离子Be^{2+}的配位数为4，Al^{3+}离子的配位数为6。配位体是O—Si—O基团，它与Al^{3+}所构成的配位八面体也属于畸变的八面体，但此八面体所构成的晶体场由于O—Si—O的键联比O^{2-}要弱，加上Be^{2+}的配位四面体的影响，它的场强度比红宝石中的配位八面体晶体场强度要弱些。

当Cr^{3+}以类质同象置换绿柱石中的Al^{3+}时(Cr_2O_3在绿柱石中的含量为0.6%左右)，Cr^{3+}的d轨道在八面体晶体场作用下发生能级分裂，与红宝石类似，也形成了4个能级：$^4A_2$，^2E，$^4T_1$和$^4T_2$。由于晶体场强度为2.05eV，因此，各能级的能量也就与红宝石不同，都有所降低，如图2-9所示，因而d电子的吸收光谱带向下移动，两个吸收带分别为紫色吸收和黄—红色光吸收，两者的叠加较小，从而使蓝—绿色光的透光量较大，少量被吸收，在红宝石中透射的强红光在祖母绿中却被吸收，结果形成了祖母绿特有的绿色。不过，d电子从^2E返回到基态所发生的红色荧光仍然存在，当用紫外光辐照祖母绿时，仍可观察到像红宝石中那样的红色荧光，由于^2E能级随晶体场强度变化很小，因此祖母绿和红宝石中的红色荧光强度相差很小，祖母绿的红色荧光略强一点。

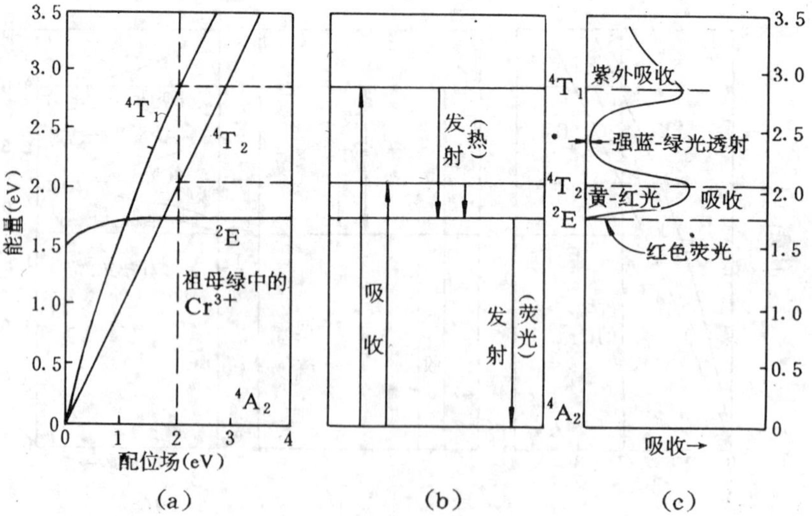

图2-9 祖母绿畸变八面体配位场中Cr^{3+}的吸收光谱图

(K. Nassau, 1983)

(a)祖母绿中Cr^{3+}的吸收光谱；(b)祖母绿中的能级与跃迁；(c)祖母绿的吸收光谱与荧光

从上述红宝石和祖母绿的颜色形成机理可以看出，晶体场作用强度的变化，可以使Cr^{3+}

的 d 轨道能量分裂形成不同的能级，由此引起 d 电子吸收的光辐射不同，使宝石呈现完全不同的颜色。值得一提的是变石（金绿宝石，$BeAl_2O_4$），它的 Al_2O_3 八面体的晶体场强度为 2.17eV，正好介于红宝石（2.23eV）和祖母绿（2.05eV）之间。由此可以推测，变石的颜色应该介于红宝石和祖母绿之间。实际情况是，在富于蓝光的阳光（或荧光灯）下，变石呈现蓝绿色，有些类似于祖母绿，而在富于红色光的白炽灯（或烛光）下，变石呈红色，与红宝石类似。具有变石效应的其他宝石，它们的致色机理与此类似，必须有两个强度接近相等的透射光带，一个位于红光光谱附近，另一个位于蓝绿光谱附近。

其他含 Cr^{3+} 杂质的宝石，如铬尖晶石、钙铬石榴石、含铬电气石、翡翠等，它们的红色或绿色形成机理都与红宝石和祖母绿相似。都是由于 d—d 电子跃迁而产生颜色。

当然，对于 Cr^{3+} 离子来说，配位八面体的晶体场的强度是决定 d 轨道分裂的关键，而晶体场强度的影响因素是比较多的，也比较复杂。晶体场往往受多个影响因素综合作用，使其强度发生变化。导致 d—d 电子跃迁的能量也不一样，因而形成各种吸收光谱。这些影响因素中最重要的有：杂质致色离子的种类、价态及在晶体中的含量，配位多面体的类型，畸变状态，配位体阴离子种类，键强弱等。一种过渡金属离子的各个价态在同一配位多面体中，将产生根本不同的吸收光谱，对于同一价态的中心离子，由于配位体不同（F、Cl、H_2O、O、SiO_4、S）和结构位置的畸变不同，其光谱吸收带可以发生位移和分裂，这就导致同一过渡元素在不同宝石中呈现出不同的颜色，如前面讲的红宝石和祖母绿就是如此。

第四节　分子轨道理论与宝石的颜色

一、化学键

宝石晶体中的原子并不是简单地堆砌在一起的，而是通过某种相互作用而有规律地有序排列。这种晶体中原子（或离子）间的作用力就称为化学键。一般来说，化学键可分为离子键、共价键、金属键和分子键四种基本类型。

1. 离子键

当电负性很小的原子（如第Ⅰ主族元素）和电负性很大的原子（如第Ⅶ主族元素）结合时，前者将一个或多个外层电子交给后者，由此前者形成带正电荷的阳离子，后者接受电子而成为阴离子，它们之间靠静电引力相互联系，这就是离子键。具有离子键的阴、阳离子，都形成稳定的惰性气体型的电子层构型，因而它们的结合是相当牢固的。它们的外层电子均已配对，要使其达到激发态，需要很高的能量，只有远紫外区域的电磁辐射才能拆散它们的配对电子，使其中一个电子被激发而发生跃迁。因此，以离子键为主的晶体没有自由电子，对可见光的吸收极小，使光易于通过，因而具有折光率低、无色透明或半透明性质。许多硅酸盐类宝石有此特征。

2. 共价键

在有些宝石晶体中，两个原子之间以共用电子对的方式达到电子壳层的稳定，这就是共价键。此时，两个原子的电子云重叠，使二者之间的电子云密度增高，形成所谓负电桥，把两个原子的核连接起来，构成牢固的关系。根据价键理论，电子所形成的共价键数目受到未成对电子数的限制，因为只有自旋方向相反的未成对电子相遇时才有可能配对成键，所以共价键具有饱和性。另外，不同原子轨道相互重叠时有一定方向性，只有同号原子轨道才能实行有效的重叠，且重叠总是沿最大电子云密度方向进行，这样的共价键最牢固，分子的能量最低。大多数硅酸盐类和氧化物类宝石中都有共价键存在。

3. 金属键

金属原子一般倾向于丢失价电子。在金属晶体中，这些价电子呈自由电子弥漫于整个晶体中，为所有金属阳离子所共有，因此金属键无方向性和饱和性。

4. 分子键

分子键是中性分子隅极之间的作用力，包括色散力、诱导力和取向力。分子内部为离子键或共价键。分子键很弱，没有方向性和饱和性。宝石中极少有分子键的矿物。

上述四种化学键是典型或极端类型。宝石中极少有纯离子键或纯共价键的矿物，大多数宝石晶体中原子的化学键是介于共价键和离子键之间。如在硅酸盐类宝石中，硅氧络阴离子内部以共价键连接，而硅氧络阴离子与外部的金属阳离子则以离子键结合。另外，化学键的键性也存在着过渡的情况，有些化合物的离子键带有一定程度的共价键成分，而另一些化合物则在共价键中带有部分离子键的成分。这是因为化学键是互相结合的原子的电子云发生重新配置而产生的作用力，键的性质则取决于电子云在两个原子间分布的特点，实际上当电子云偏向于一种原子时，则键性属于离子键性；而当电子在两种原子之间近乎于平衡分布时，则键性属于共价键的性质。如在刚玉类宝石中，Al—O 键有 60%是离子键性，40%为共价键性，即共用电子对偏向阴离子 O^{2-}。

以上简单的化学键理论并不能充分说明具有以共价键为主的宝石矿物晶体的颜色形成机理，这方面要借助于分子轨道理论。下面简单介绍一下分子轨道理论的有关概念。

二、分子轨道

正如原子轨道是孤立原子的单个电子波函数(即单电子在原子周围空间的分布及运动状态)，分子轨道也是单电子波函数，它描述在两个原子核或多个原子核(同类核或异类核)场范围内电子的分布和运动状态。分子中的电子分布也和原子中的电子分布一样，服从鲍林不相容原理、最低能量原理和洪特规则等基本原理，在分子轨道中的电子可以配对，也可以不配对。分子轨道可以近似地通过原子轨道的适当组合而得到。

前面已经谈到，原子轨道的形状是用界面表示的(图 2-2)，对于各种类型原子中的电子来说，只有 s、p、d、f 4 种类型的原子轨道界面。那么根据分子中原子键理论，分子轨道可以用原子轨道线性组合来获得。有关的理论计算已超出本书范围，故不作介绍。这里仅考虑 s、p、d 原子轨道的所有可能的重叠。

1. σ 键和 π 键及反键轨道

对于 s、p、d 原子轨道来说，全部可能的成对组合(电子云重叠)只有两种类型 σ 键和 π 键轨道，这主要决定于原子轨道重叠原则：①只有同号轨道才能实现有效重叠(能量最低)，这就是原子轨道的对称性匹配条件；②原子轨道在相互重叠时，总是沿着重叠最多的方向进行，重叠越多，分子轨道能量越低，这就是原子轨道的最大重叠条件。σ 和 π 分子轨道的每一种可以是成键(σ^b、π^b)分子轨道和反键(σ^*，π^*)分子轨道。

原子轨道通过瓣的重叠而构成 σ 分子轨道(图 2-10)，这种轨道相对于绕键轴方向(z 轴)的转动是对称的。σ 分子轨道可由 $s-s$、$s-p_z$、$s-d_{x^2-y^2}$、$s-d_{z^2}$ 原子轨道重叠而成(即 s 轨道只形成 σ 分子轨道)，也可以由 p_z-p_z、$p_z-d_{z^2}$、$p_z-d_{x^2-y^2}$ 重叠而成。

π 轨道是由 p_x-p_x、p_y-p_y、p_x-d_{xy}（及类似的）原子轨道重叠构成的，且相对于绕键方向的转动不对称（图 2-11）。π 键总是远不如 σ 键稳定。

反键 σ^* 和 π^* 分子轨道是由与 σ 和 π 分子轨道相同的原子轨道对构成，但不是同号电子云相叠加的产物，而是异号电子云相重叠的产物。在成键（σ^b、π^b）分子轨道中，两个原子核内电子云密度增高，分子轨道能低于原子轨道能，这种键是稳定的，电子自旋是反向平行的。在反键轨道中，由于电子之间的排斥作用，使电子云密度减少到零，分子轨道能量高于原子轨道，这种键是不稳定的。

形成分子轨道的每对原子轨道不仅是产生一个成键分子轨道，而且还要同时产生一个相应的反键轨道（图 2-12），这表现为它们总是构成两个能级，较低的能级相当于 σ^b 和 π^b，较高的能级相当于 σ^* 和 π^*。在基态时，成键轨道通常是被电子完全占据，而反键轨道则是空的或部分被 d 电子充填。

2. 非键轨道

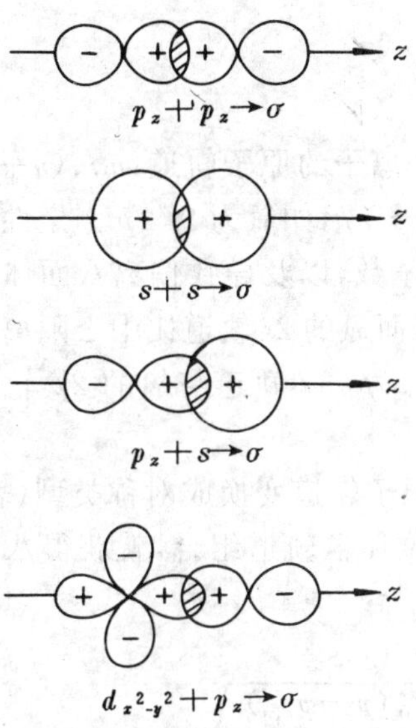

图 2-10　由原子的 s、p、d 轨道构成 σ 分子轨道图

（A. S. 马尔福宁，1979）

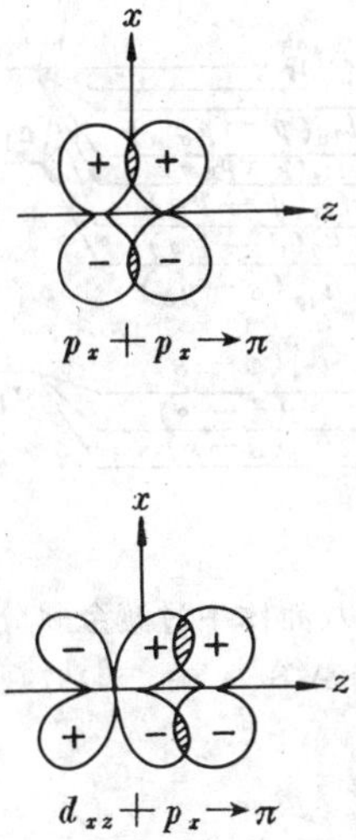

图 2-11　由原子的 p 和 d 轨道构成 π 分子轨道图

（A. S. 马尔福宁，1979）

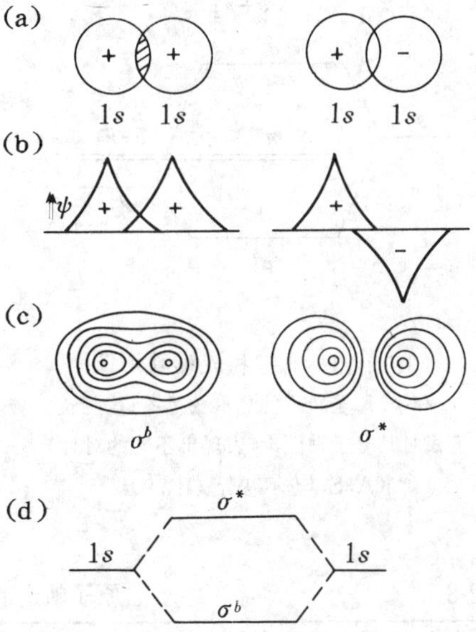

图 2-12　成键（σ^b）和反键（σ^*）σ 分子轨道图

（A. S. 马尔福宁，1979）

（a）两个原子的 s 轨道界面的重叠；（b）波函数的重叠；（c）σ^b 和 σ^* 分子轨道的电子密度等值线；（d）相应的分子轨道图

不能与金属原子轨道之中的任何类型的轨道重叠的配位体原子轨道称为非键轨道，如 π^{nb}，它们不形成分子轨道（图 2-13）。

三、过渡金属元素离子络合物的分子轨道

1. 八面体络合物

构成分子轨道所用的原子轨道是：①过渡金属络合物中心离子的原子轨道：nd、$(n+1)s$、$(n+1)p$，如 Cr 为 $3d^5 4s^1$ 及空的 $4p$ 轨道；②配位离子的轨道：ns、np，如氧为 $2s^2 2p^4$。定性分子轨道图的不同取决于原子轨道的相对能量和分子轨道中的电子数，以及导致偏离八面体对称的配位多面体的畸变。$2s$ 和 $2p$ 轨道之间的能量差是比较大的，而氧的 $2s$ 轨道比中心阳离子的 $4s$、$3p$、$3d$ 轨道能量要低，因而一般键的构成是在阳离子的 $4s$、$3p$、$3d$ 轨道与氧的 $2p$ 轨道之间。

在画出分子轨道图时，首先要：①把八面体络合物中的各原子轨道变换成对称类型（表2-8和表 2-9）；②将中心离子的原子轨道与具有相同对称性的配位体群轨道组合，就获得八面体络合物的分子轨道（图 2-14）。

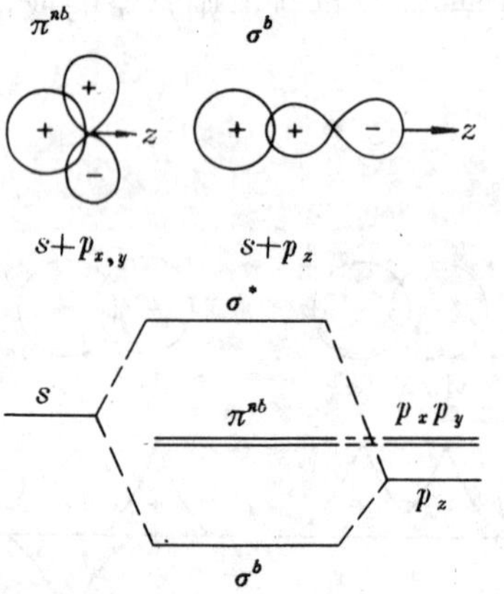

图 2-13　非键和成键轨道图

（s 和 p_x 原子轨道的总重叠是零；这些轨道相对其分子轴而论，表现出不同的对称）

（A. S. 马尔福宁，1979）

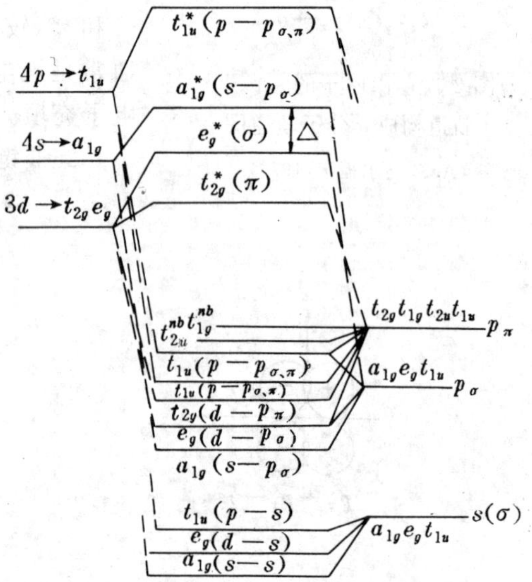

图 2-14　八面体中过渡金属分子轨道图

（A. S. 马尔福宁，1979）

表 2-8　原子轨道的分子轨道对称类型

原子轨道	八面体场	四面体场
s	a_{1g}	a_1
p	t_{1u}	t_2
d	e_g+t_{2g}	$e+t_2$
f	$a_{2u}+t_{1u}+t_{2u}$	$a_1+t_1+t_2$
g	$a_{1g}+e_g+t_{1g}+t_{2g}$	$a_1+e+t_1+t_2$

（K. Nassau，1983）

从图 2-14 可以看出，八面体过渡金属络合物总共有 3 个 σ 成键分子轨道：a_{1g}（由阳离子的 $4s$ 轨道与 6 个配位体的 p_z 轨道构成），t_{1u}（阳离子的 $4p$ 轨道与 2 个配位体 p_z 轨道构成）和 e_g（阳离子的 $d_{x^2}-y^2$ 及 d_{z^2}轨道与 4 个配位体 p_z 轨道构成）；2 个 π 成键轨道：t_{1u}（阳离子的 p 轨道）与两个配位体的 p_x 和两个配位体的 p_y 轨道构成，与上面的成键分子轨道对应，形成 3 个反键 σ^* 分子轨道和两个反键 π^* 分子轨道。还有两个非键配位体轨道（t_{2u}^{nb}和 t_{1g}^{nb}）。另外，配位体的 $2s$ 轨道与阳离子的 $4s$、$3p$、$3d$ 轨道构成 3 个 σ 成键分子轨道。故总共有 14 个分子轨道。

表 2-9　　八面体过渡金属元素络合物中配位体原子群轨道对称类型

配位体原子群轨道	σ 键	π 键	非键
p （6 个氧原子共 36 个 $2p$ 轨道）	6 个 $p_z \to a_{1g}$ 2 个 $p_z \to t_{1u}$ 4 个 $p_z \to e_g$	$p_{y_1}+p_{y_2}+p_{x_5}+p_{x_6} \to t_{1u}$ $p_{y_1}-p_{y_2}+p_{x_3}-p_{x_4} \to t_{2g}$	$p_{y_1}-p_{y_2}+p_{x_6}-p_{x_5} \to t_{2u}$ $p_{y_1}-p_{y_2}+p_{x_3}+p_{x_4} \to t_{1g}$
s （6 个氧原子共 6 个 $2s$ 轨道）	6 个 $s \to a_{1g}$ 3 个 $s \to t_{1u}$ 3 个 $s \to e_g$		

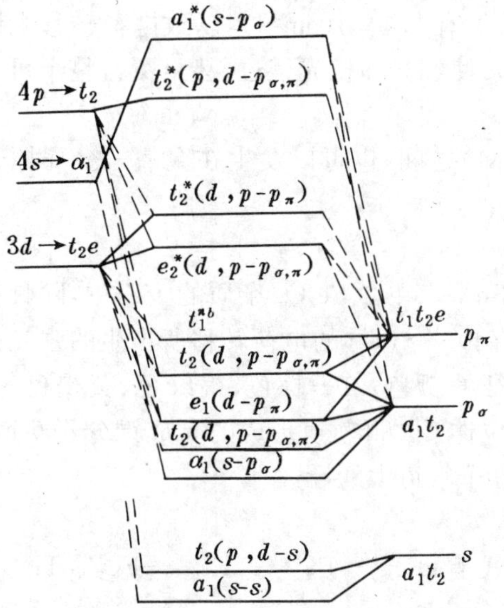

图 2-15　四面体中的过渡金属的分子轨道图
（A. S. 马尔福宁，1979）

2. 四面体络合物

过渡金属元素离子四面体络合物的分子轨道图的作法与八面体类似，差别仅在于它们的轨道对称类型不同(图 2-15)。它的分子轨道共有 11 个。

分子轨道的能量是有差异的，每个分子轨道都相应于一定的能量，把八面体所有的分子轨道按能量排序，并指示出每一轨道中的电子数目，这样就把它们写成络合物的电子组构型式：如 CrO_6

$(1a_{1g})^2(1e_g)^4(1t_{1u})^6(2a_{1g})^2(2e_g)^4(1t_{2g})^6(2t_{1u})^6(3t_{1u})^6(1t_{1u}^{nb})^6(1t_{1g}^{nb})^0(2t_{2g}^*)^0(3e_g^*)^0(3a_{1g}^*)^0(4t_{1u}^*)^0\cdots$共 42 个电子。

四面体中 CrO_4 的电子组构为：

$(1a_1)^2(1t_2)^6(2a_1)^2(2t_2)^6(1e_1)^4(3t_2)^6(1t_1^{nb})^4(1e_2^*)^0(4t_2^*)^0(5t_2^*)^0(3a_1^*)^0$ 共有 30 个电子。

在分子轨道中，每个电子的分布都是非定域化的。即电子不是分布在两原子之间的空间中，而是遍布于由一些原子构成的整个络合物内，也就是说电子分布在由构成分子轨道的那些原子轨道的界面所描述的那部分空间中。

对于过渡金属络合物(配位多面体)，它的分子轨道可分为两种类型：

(1)主要由配位体群轨道构成的分子轨道；

弱键轨道　主要由位于配位体内层的原子轨道构成，如氧、氟的 $2s$ 轨道；

强键轨道　由中心原子的 $3d$、$4s$、$4p$ 原子轨道和 $2p$ 或 $3p$ 配位体群轨道构成；

非键轨道　指在中心原子的原子轨道中没有相同对称性的轨道能与之成键的配位体群轨道。

(2)主要由中心原子的原子轨道构成的分子轨道：①反键分子轨道；②具有 d 电子的分子轨道；③高能位空的分子轨道。

四、电荷转移与宝石颜色

在介绍了分子轨道理论的基本概念后，下面谈谈与分子轨道理论有关的电荷转移使宝石致色的机理。

根据分子轨道理论，电子可以从一个分子轨道上，跃迁到另一个分子轨道上去，这种电子跃迁称为电荷转移。通常的电荷转移是电子从主要由配位体群轨道构成的成键分子轨道或非键分子轨道向主要由过渡金属原子轨道构成的反键分子轨道的跃迁。伴随着这种电荷转移，在吸收光谱上出现强吸收带，如果在可见光范围内，就可使宝石呈现颜色。

对于所有过渡金属离子(包括 Ti^{4+}、V^{5+}和其他不产生晶体场光谱的离子)，都可观察到电荷转移吸收光谱，但对于大多数过渡金属离子而言，电荷转移需要吸收很高能量的电磁辐射，光谱吸收带多在紫外光区，因此不会使宝石产生颜色。不过，这不是说电荷转移致色对宝石的颜色产生不重要。实际上，大多数Ⅱ类自色宝石的颜色常与 Fe^{3+} 离子有关，也就是说许多宝石中都含有微量的 Fe^{3+}，它们的颜色总与 Fe^{3+} 的电荷转移密切相关。Fe^{3+} 的电荷转移光谱吸收带的最大值出现在紫外光区(对于氧的化合物为 230—250nm)，但是它的强度如此之大(在某些硅酸盐中近 7 000cm^{-1}，相比之下，晶体场吸收光谱仅有 0.1—10cm^{-1})，以致电荷转移光谱吸收带的尾部出现在可见光区内(Fe^{3+} 含量达一定量)，使红光和橙光透过，甚至覆盖整个可见光区达到红外光区，使宝石呈黑色)。

电荷转移既可以发生在非金属—金属原子(L—M)之间，也可以发生在金属—金属原子(M—M)之间。

1. 非金属—金属原子(L—M)电荷转移

在宝石矿物中，这种转移形式最常见的是 $O^{2-} \rightarrow Fe^{3+}$。在含 Fe_2O_3 杂质的宝石中，除具有 Fe^{3+} 离子的晶体场 $d-d$ 电子跃迁光谱吸收带外，尚有 $O^{2-} \rightarrow Fe^{3+}$ 的电荷转移所产生的强光谱吸收带，这个强光谱吸收带决定了这些宝石独具特征的颜色：红—棕色、褐红色、黄褐色等，Fe^{3+} 和 O^{2-} 之间的电荷转移过程是：电子从主要由配位体 O^{2-} 群轨道形成的 π 成键分子轨道，向主要由 Fe^{3+} 离子的原子轨道(t_{2g}和 e_g)构成的反键分子轨道上跃迁。

2. 金属—金属原子(M—M)电荷转移

在宝石中常见的金属—金属电荷转移跃迁形式有：Fe^{2+}—Fe^{3+}—/Fe^{3+}—Fe^{2+}，Ti^{3+}—Ti^{4+}/Ti^{4+}—Ti^{3+}，Fe^{2+}—Ti^{4+}/Fe^{3+}—Ti^{3+}等。

在宝石晶体结构中，分属于相邻配位多面体的阳离子之间可以产生相互作用，它们各自的分子轨道在一定方向上可以发生重叠，相邻阳离子之间的距离愈近，它们的分子轨道重叠越大，愈有利 M—M 的电荷转移，即电子从一个阳离子的成键分子轨道跃迁到另一个阳离子的分子轨道上。通常金属阳离子的配位多面体共面连接最有利于 M—M 电荷转移。阳离子之间发生电荷转移，需要有下面几个条件：①二者价态不同，相差为±1；②二者在相互间最短距离方向上要有一定的分子轨道重叠；③两阳离子的分子轨道能级要有一定差异，即或是由离子类型不同造成，如 Fe^{2+} 与 Ti^{4+}，或是由于它们所处的配位体类型不同，如 Fe^{3+} 和 Fe^{2+}分别处于相邻的四面体和八面体之中。

当两个阳离子之间发生 d 电子跃迁(电荷转移)时，会产生光谱吸收带，从而使宝石呈现颜色。如堇青石晶体结构中，Fe^{3+} 和 Fe^{2+} 在四面体和八面体结构位置中，分别以棱相连接，当受光照射时，Fe^{2+}的一个 d 电子吸收一定能量光从 Fe^{2+}的 t_{2g}轨道跃迁到 Fe^{3+}的 e_g轨道上，吸收带位于 17 000cm^{-1}(相当于黄光)，故使堇青石呈现蓝色。具有 Fe^{2+}—Fe^{3+}电荷转移跃迁的宝石有：紫色堇青石、海蓝宝石、蓝色电气石、蓝晶石和浅蓝色透辉石等，这些宝石中 Fe^{2+}—Fe^{3+}电荷转移跃迁吸收带在 17 000—15 000cm^{-1}(相当于黄光)，故大多数呈蓝色或蓝绿色。

与同类原子 Fe^{2+}—Fe^{3+}电荷转移类似的有 Ti^{3+}—Ti^{4+}的电荷转移。有关的宝石有绿色红柱石、镁电气石、红色榍石等。

异核阳离子之间的电荷转移比较典型的例子就是蓝宝石，在刚玉(Al_2O_3)晶体结构中，Fe 与 Ti 两种元素以类质同象部分置换了 Al^{3+}，Fe 可能是 Fe^{2+}，也可能是 Fe^{3+}，而 Ti 呈 Ti^{4+}态。如果 Fe^{2+}与 Ti^{4+}同时存在，并且它们分别位于相邻的八面体中，则它们之间可以发生相互作用，即发生电荷转移。Fe^{2+}和 Ti^{4+}所在的八面体的连接关系有两种：

(1)二者以面连接，此时 Fe^{2+}与 Ti^{4+}的离子间距为 0.265nm，两者的分子轨道沿晶格 c 轴方向重叠(图 2-16)，Fe^{2+}的 d 电子可以吸收一定光辐射而跃迁到 Ti^{4+}的分子轨道(或 d 轨道上)，使 Ti^{4+}转变为 Ti^{3+}，伴随的光谱吸收能为 2.11eV(图 2-17)。电荷转移的方程为：

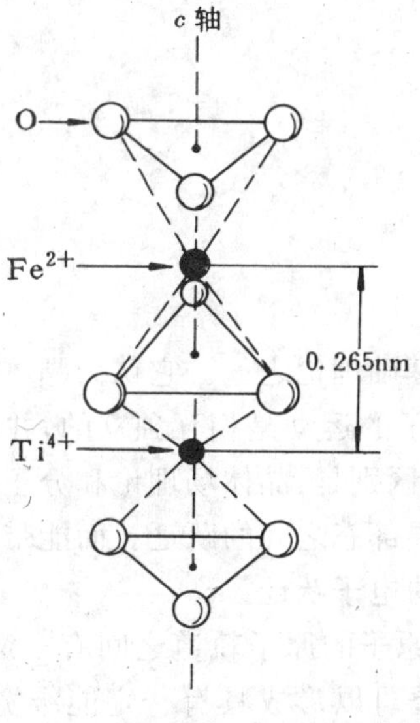

图 2-16 在蓝宝石中含有 Fe^{2+}与 Ti^{4+}的两个相邻八面体的格点图

(K. Nassau，1983)

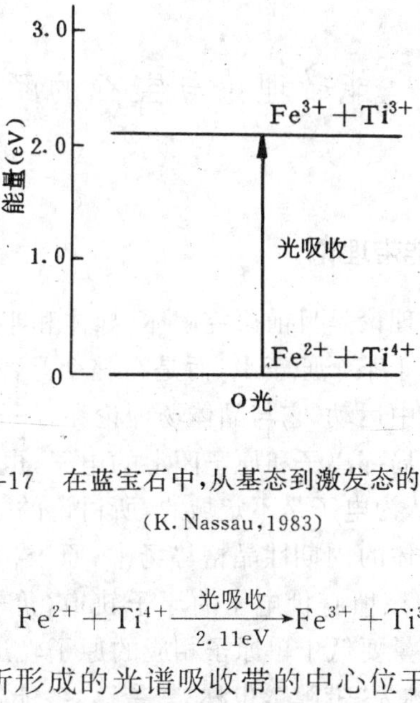

图 2-17 在蓝宝石中，从基态到激发态的跃迁图

(K. Nassau，1983)

$$Fe^{2+}+Ti^{4+}\xrightarrow[2.11eV]{光吸收}Fe^{3+}+Ti^{3+}$$

由此所形成的光谱吸收带的中心位于 588nm，其结果是刚玉在 c 轴方向只透过蓝色光，其他颜色的光被吸收。这种现象只适用于寻常光(垂直于 c 轴的偏振光 O 光)。

(2)二者在垂直于 c 轴方向上以棱相连接，此时两离子的距离比较大(0.297nm)，在此方向两离子的分子轨道的叠加程度变小，结果电荷转移吸收带略向红外光区位移，光谱吸收带中心均在 620nm 附近，在非常光(平行于光轴的偏振光)中，刚玉呈现蓝绿色。

Fe^{2+}与 Ti^{4+}所在八面体连接方式的不同造成了蓝宝石明显的二色性，其他具多色性的宝石多向色性形成机理与之类似。

由 Fe^{2+}—Ti^{4+}电荷转移而致色的宝石还有蓝晶石、蓝色坦桑石、褐色红柱石等。

表 2-10 列出了常见的由电荷转移而致色的宝石。

表 2-10　　　　　　　　　　　　　电荷转移致色的宝石材料

电荷转移	颜色及宝石材料
$O^{2-}—Fe^{3+}$	黄—褐色:金绿柱石、刚玉、黄晶、热处理后紫水晶、硼铝镁石
$O^{2-}—Fe^{4+}$	紫红色:紫水晶
$O^{2-}—Cr^{6+}$	黄—红色:铬铅石
$Fe^{2+}—Fe^{3+}$	紫色:"淡紫色"翡翠 蓝色:海蓝宝石、堇青石、天蓝石、蓝闪石、蓝晶石、蓝柱石
$Fe^{2+}—Ti^{4+}$	蓝色:刚玉、蓝晶石 褐色:镁电气石、钙铁榴石 黄—黑色:黑榴石
$Mn^{2+}—Ti^{4+}$	绿黄色:电气石
S_3^-	蓝色:青金石
有机化合物	黄—褐色:琥珀、硬树脂
卟　　啉	绿—粉色:蚝珍珠
类似红素	粉红—红色:贝壳珍珠
"生成团"	任何颜色:各种有机染料

第五节　能带理论与宝石的颜色

一、能带理论

能带理论是目前研究固体(导体和半导体等)物理的基础理论之一。它认为晶体中的电子不再束缚于某个原子上,而是在整个晶体中运动,每个电子的运动是相互独立的,并在晶格周期性势场中运动。它与晶体场理论和分子轨道理论的根本区别是:晶体场理论和分子轨道理论只适用于局部离子和原子团上的电子,电子是定域的,是局部态之间的跃迁。而能带理论则与此相反,认为电子是不定域的,所讨论的是非局部态之间的电子跃迁。

在晶体的周期性晶格势场中,原子相互紧密堆积,各原子的原子轨道之间有一定重叠,相邻原子的充填有价电子的原子轨道(价轨道)之间的重叠可以形成具有一定能级宽度的"能带",其能量要低于单原子相应的原子轨道能量,如"s 带","p 带"和"d 带"。这些能带之间可以有间隙,称为"带隙",也称"禁带"。各能带也可以相互重叠而没有间隙,形成一个由 s、p、d 带"混合"在一起的一个很宽的带,称为价带(又称满带),因为在基态条件下,价电子就分布在此带中运动。未充填电子的原子轨道也形成一个高位能量的带,称为导带,也称空带(类似于反键分子轨道)。那么在基态时,价带上最高能级的面(价带最外的面)称为费米面,该面的能量称费米能(E_f)。从费米面到导带最下部的面之间的距离称为带隙宽度(图 2-18),它所代表的能量差用 E_g 表示。矿物颜色完全取决于价带中电子从价带向导带跃迁时所吸收的辐射能。而这种电子跃迁所需的能量取决于带隙宽度(E_g)。自然金属元素矿物的带隙宽度很小(远小于可见光),有的趋近于零,故其电子极易发生跃迁,当然,跃迁到导带上的电子也极易返回到价带,返回时大多数电子的能量仍以光的形式释放,所以金属矿物大多有强烈的金属光泽和不透明性。至于金属矿物应具有什么颜色,这要取决于费米面以上的能带状态。

在矿物中有一类矿物的带隙较窄(如金属硫化物),它们的 $E_g<0.4eV$;中等带隙的矿物多

为半导体，它们的 E_g 在 2.0—3.0eV 之间，正好占据了可见光的能量范围，因此这一类半导体矿物多颜色鲜艳，如红色的辰砂、黄色的雌黄和自然硫等；还有一类矿物的带隙能较大，一般 $E_g > 3.5$eV，比可见光的能量要大，在可见光照射下，它们价带中的电子无法获得足以发生跃迁的能量，因而不会吸收可见光，故一般为无色透明的绝缘体。如金刚石、闪锌矿，它们的带隙能分别为 5.4eV 和 3.5eV。因此按带隙宽度（E_g 的大小）从小到大，矿物的颜色为黑—红—橙—黄—无色（图 2-18）。

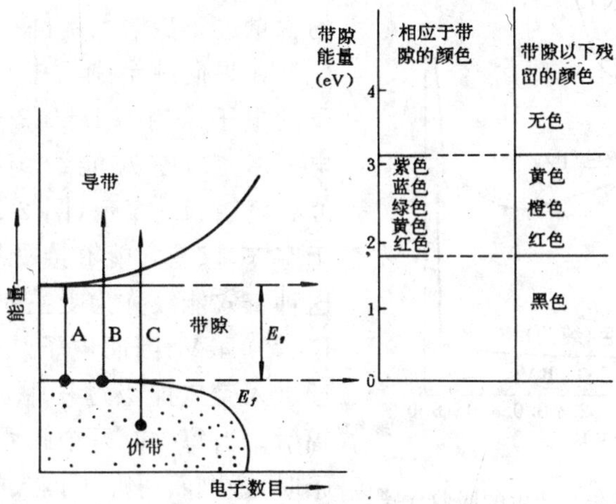

图 2-18　能隙材材中的光的吸收（左方）与颜色随着带隙能量大小而变的情况（右方）图

（K. Nassau，1983）

二、能带理论对部分宝石颜色的解释

1. 掺杂金刚石的颜色成因

前面已提到，纯金刚石晶体的带隙宽度较大，带隙能达 5.4eV，比可见光能量大，所以通常呈无色。但如果向纯金刚石晶体中掺入少量的杂质原子，如氮原子，以取代金刚石结构中的碳原子，取代量极少，每 100 000 个碳原子中仅有一个氮原子，因而使金刚石能带结构与形状无明显变化，也不破坏金刚石的晶体结构。这种杂质元素通常称为激活剂。氮激活剂的电子组构为 $1s^2 2s^2 2p^3$，比 4 价碳的组构 $1s^2 2s^2 2p^2$ 多了一个电子，该电子不能进入已填满价电子的价带，因而只能分布于带隙（禁带）之中，它的能级介于费米能（E_f）和导带最下部的能级之间（图 2-19）。图中的黑点表示价带外的多余电子，由于电子到导带的这种转移只有得到具有过剩电子的激活剂的施舍才能发生，于是在带隙中的氮能级便称为施主能级，其能量由距导带下边缘的距离给定，如图中所示的 E_d。氮能级实际上也是一个能带。能量大于 2.2eV 的任何光量子都能把多余电

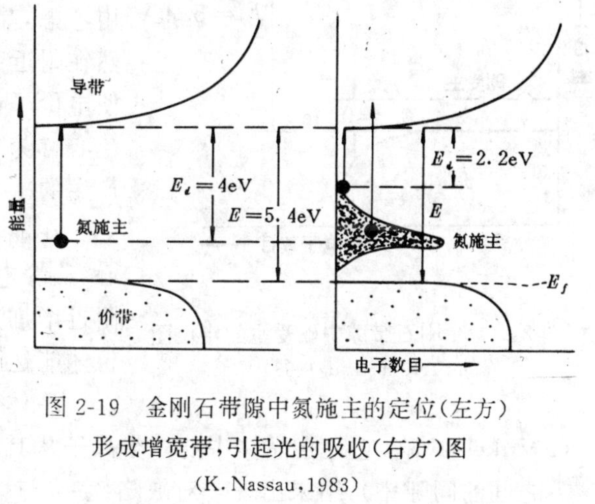

图 2-19　金刚石带隙中氮施主的定位（左方）形成增宽带，引起光的吸收（右方）图

（K. Nassau，1983）

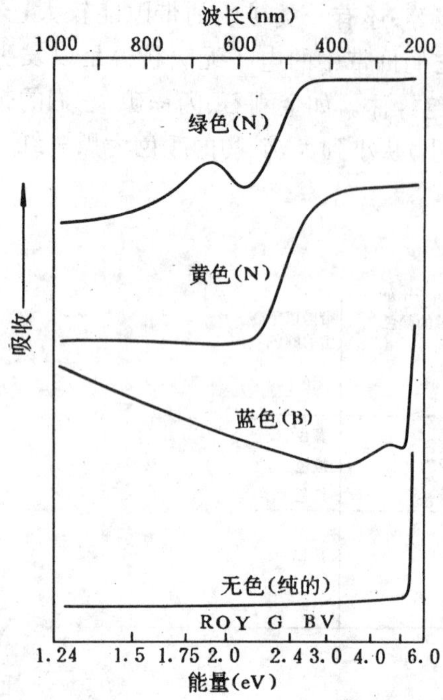

图 2-20　金刚石中氮与硼杂质产生的吸收光谱图
(K. Nassau,1983)

子激发到导带中,如图 2-19 中的箭头所示,并由此引起蓝光与紫光的吸收,从而使含氮金刚石晶体呈现黄色。自然界中大多数天然宝石级金刚石都有不同程度的黄色调,这与它们含微量氮杂质有关。当金刚石氮杂质的含量增加时,金刚石可以产生稀有的绿色,这时氮的含量为每 1 000 个碳原子中有一个氮原子,其吸收光谱见图 2-20。氮的含量进一步增大,可使金刚石变为黑色。

如果向纯金刚石中加入硼激活剂,由于硼原子的电子组构为 $1s^2 2s^2 2p^1$,从而使硼能级中形成电子空穴,空穴能级与费米能之间的差仅为 0.4eV,用 E_a 表示(图 2-21),图中的空心圆点表示空穴,该空穴能够接受从价带受激发来的电子,这种空穴能级称为受主能级。由于受主能级较低,仅为 0.4eV,因而电子从价带的各能级受激发跃迁进入空穴能级过程中,可以吸收各种能量的光辐射。当每 100 万个碳原子中有一个或几个硼原子时,金刚石可产生诱人的蓝色,其吸收光谱见图 2-20。蓝色金刚石在自然界极为罕见。

2. 色心致色

众所周知,宝石矿物晶体乃是原子、离子或分子有规则排列成空间格子状的结构。当宝石在形成过程中或在形成之后,由于种种物理-化学原因,而使晶体内部质点(阳离子或阴离子)发生部分缺失或不规则排列,产生晶体结构的缺陷(又称点阵缺陷)。

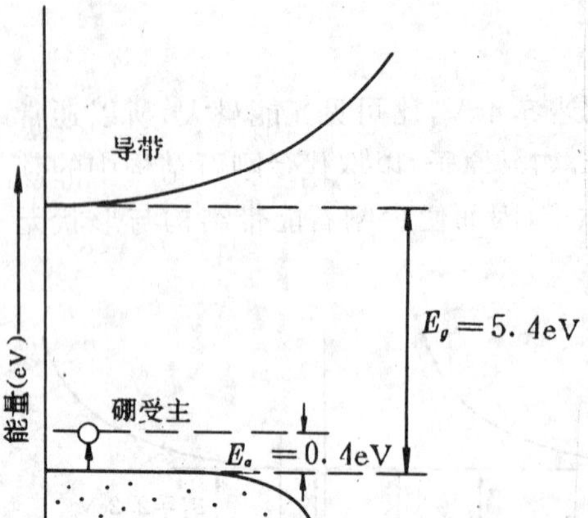

图 2-21　金刚石带隙中硼受主的定位图
(K. Nassau,1983)

所谓色心就是指能选择吸收可见光的晶体结构缺陷。最简单的色心是 F 心,或称为电子色心,系指在晶体结构中缺少部分阴离子,从而形成阴离子空位。从静电作用考虑,晶体本身是电中性,既然有一个阴离子空位,必然在附近有一个正电荷离子,就像有一个质子,这样才能使电价平衡。通常,阴离子空位陷阱俘获一个电子形成的色心称为 F 心,该电子是由过剩的金属原子受激电离而产生的。

在晶体结构中由于缺失阳离子所形成的色心叫 V 心。从静电作用的角度来讲,晶格中缺少一个阳离子等于附近增加一个负电荷,因此,必有一个阴离子位置成为空位才能达到静电平衡。

晶体缺陷由多种情况造成,一种是所谓夫伦克尔(Frenkel)缺陷,它是指晶体中的一个离子从其正常位置移到正常情况下没有离子的位置(质点之间的间隙中),结果出现一对缺陷:空位与填隙离子,如果填隙离子是阳离子,则空位就是

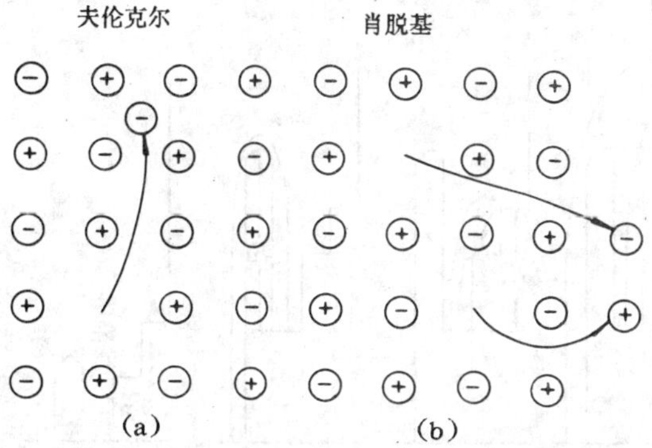

图 2-22　晶体中的夫伦克尔与肖脱基缺陷图

阳离子空位，填隙离子是阴离子，则空位就是阴离子空位(图 2-22(a))。另一种产生缺陷的过程是把相反电荷的一对离子移到晶体表面上，从而形成一个阴离子空位和一个阳离子空位，这种缺陷称为肖脱基(Schottky)缺陷(图 2-22(b))。上述两种缺陷都含有两个对应的变态状况，只有如此才能保持整个晶体呈电中性。这两种类型的缺陷几乎存在于所有的宝石晶体中，一般含量为 0.01%，在一般热力学条件下(除了绝对零度以外)，它们都是稳定的。

另外，还有一种产生缺陷的方法，就是不等价离子之间的类质同象置换，如烟晶中，Al^{3+} 取代 Si^{4+} 进入 Si^{4+} 的结点位置，要使晶体保持电中性，或者形成一个阴离子空位，或者有一个带 1 价正电荷的阳离子(H^+，Na^+)进入填隙。若是前者，就形成 F 心；若为后者，则形成 V 心。烟晶和紫晶均为 V 心，即由 H^+ 或 Na^+ 离子进入晶格填隙来补偿电价不足。用不等价阴离子的类质同象置换也可造成色心的产生，如磷灰石 $Ca_5[PO_4]_3(F,Cl,OH)$ 中，由于某种复杂的热力学条件和物理化学条件使氧离子 O^{2-}"混入"晶格中，置换了 F^-，或 Cl^-，或 OH^-，从而造成一个阴离子空位，或增加一个正电荷离子，实际磷灰石也是 V 心，即有附加的阳离子进入填隙。

有了晶格缺陷，不论是阴离子空位，还是阳离子空位，其本身并不能产生任何光的吸收而生色。对于 F 心来说，它必须在基态时俘获一个电子，该电子只能来自晶体中某些金属原子的电离。对于 V 心来说，它必须在基态时有一个俘获电子的静电势，这种静电势来自某些阴离子被还原。

从能带理论观点看，可以把阴离子空位看成是晶体价带与导带之间的空位陷井，其能级介于费米能和导带最下部能级之间(图 2-23)。当在价带中的电子受激发时，它可以达到很高的能级，进入导带，绝大多数电子随即又直接返回到价带中，并放出热能或荧光，但也有极少数电子在向价带返回时被空位陷阱(阴离子空位)俘获，从而形成色心，被俘电子吸收光能为 E_a 时，电子会被激发而发生向上的能级跃迁。但在大多数情况下，E_a 能级达不到导带最下部能级(E_b)，一旦光消失，电子又跃回到陷阱中，这就使宝石在一定光谱范围内稳定呈色。E_a 的不同，光谱吸收带也不同，宝石呈色也就不同。如果宝石所受附加能量(紫外辐照或加热等)达到或超过 E_b，则被俘获的电子重新进入导带，并可能返回到价带，从而使色心消失。因此 E_b 可以被看作色心陷阱的势垒，代表陷阱的深浅。图 2-24 直观地表示出色心的形成和消失过程。首先，宝石晶体已具有某种俘获电子的陷阱，其能级在 B 态。基态 A 的电子(在价带中)受高能辐照，吸收能量向上跃迁到 F 态，或者跃迁到更高的能级，随后电子返回被陷阱俘获于 B 态，形成 B 态色心(图 2-24(a))。被俘电子在光照时，会吸收不同色光而向上跃迁到不同的能级，如 C、D 能级，再反向跃迁回陷阱时，有时会发射出荧光(图 2-24(b))。如果把宝石加热，或用强辐射照射，使供给电子的能量超过 B—E 之间的势垒 E_b，那么电子会越过势垒，逃出陷阱，这种作用称为漂白。电子在越过势垒返回价带时，会发射出荧光，这样的发光为热致发光(图 2-24(c))。由此可见如果色心具有相当深的陷阱，那么就需要相当高的能量来漂白色心，这种能量通常大于紫外光的 5eV，此时宝石颜色在常温下对光是稳定的，但加热到几百摄氏度就会褪色。后面所讲的辐照致色，就是依据这个原理。也有一些色心具有很浅的陷阱，用紫外光就可以形成，但这

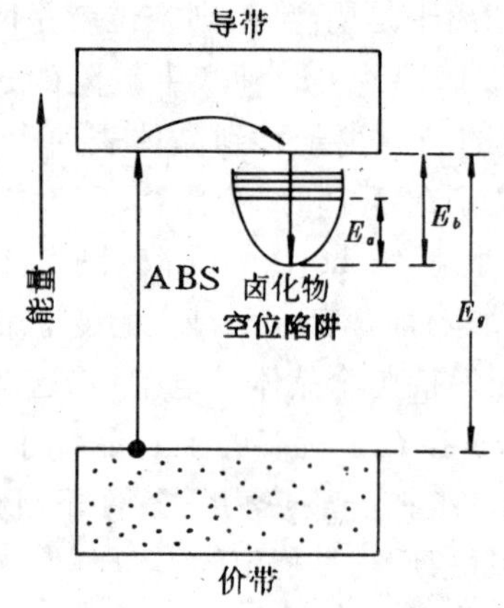

图 2-23　能带理论对色心的解释图
(K. Nassau,1983)

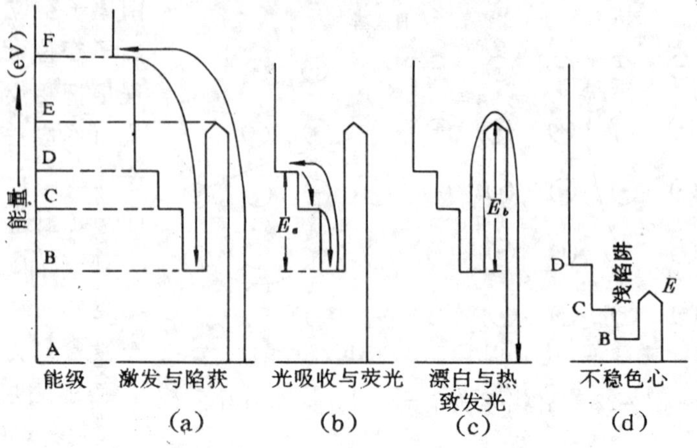

图 2-24　色心的形成与消失示意图

种宝石即使在日光下或在热水中也会褪色。表明它的势垒很低(图 2-24d),形成的色心不稳定。最稳定的色心在大约 700℃温度下也会被漂白。

综上所述,色心致色,必须具备两个基本条件:①要有晶体缺陷存在于宝石中,这些缺陷一般都是宝石生长过程中形成的,由于自然界中地质环境千变万化,各种热力学和物理化学条件及形成宝石的热液成分的变化,使宝石形成各种晶体缺陷,因此,绝大部分宝石具有晶体缺陷,有的多些,有的少些。此外,通过人工处理的手段,也可以使宝石产生缺陷。如在高温条件下,用某些金属熔盐来实现不等价类质同象置换,从而造成缺陷,或者用高能粒子轰击晶体内的离子,使其发生飘移,而产生缺陷(离子空位)。②要形成色心。晶体缺陷并不等于色心,F 色心必须是阴离子空位与其所俘获的电子构成的一种结构。如果是由阴离子缺失而造成的色心,就是 F 心;如果是由于阳离子缺失而相应产生电子空位,进而形成的色心,就是 V 心。无论哪种色心,都需要有被俘获的电子或空位,这些电子或空位一般由晶体中正常晶格位置上的离子电离形成的,而要使离子电离,必须克服电离能对电子的束缚,这就需要很高的能量。在自然界,有些宝石在形成之后,长期处于天然放射源的照射之下,部分离子发生电离,放出外层电子,被阴离子空位陷阱俘获形成色心。当然,这个过程是相当漫长的,有时可长达几百万年。天然的烟晶、各色萤石、紫晶、蓝色黄玉等都是这样形成的。根据自然界形成色心的原理,用人工辐射源也可以形成各种色心。目前辐照改色正是依据这一理论。后面将会详细介绍。

第三章　物理光学与宝石的颜色

前面第一章中已讲过，宝石的颜色是光与宝石相互作用而产生的视觉效应。那么光除了由于宝石内各种电子态的吸收而产生颜色外，还要受到宝石晶体的各种物理作用，如改变光的方向、光程差，分解和组合不同的色光(色散、干涉、衍射等)，在这类物理作用过程中，光照射到宝石上，光并没有量的损失(转化为热或其他能量)，但状态有一定改变。下面根据物理光学的某些原理来讨论一下宝石假色形成的机理。

第一节　色散与宝石的“火彩”

一、光的折射与折射率

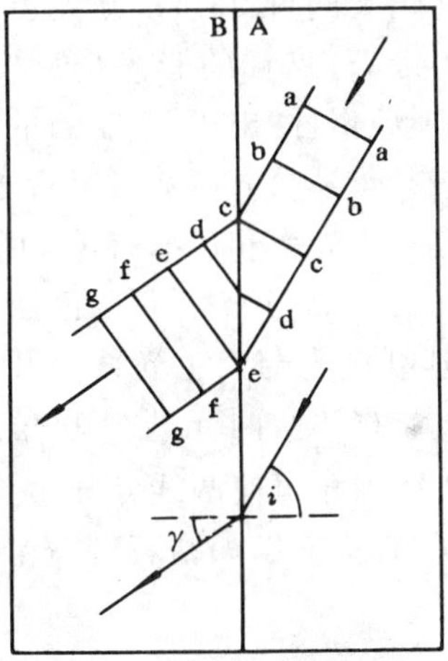

图 3-1　光线由真空 A 进入玻璃 B 时的折射示意图

在物理光学中，当光线从光疏介质向光密介质传播时，光速会发生变化，介质密度越高，光在其中传播的速度越慢。设光在真空中的速度为 c(常数)，光在一个光密介质(如宝石)中的速度为 v，那 c/v 值就称为折光率，通常用 n 表示。折光率可以理解为当光从真空中进入光密介质时，其光传播方向发生偏离原方向的程度。这可以从图 3-1 直观看到，设入射光线与两介质界面法线(虚线)的夹角(入射角)为 i，进入光密介质后，光线与法线的夹角(折射角)为 γ，那么就有：

$$\frac{c}{v}=n=\frac{\sin i}{\sin \gamma} \tag{3-1}$$

该关系式通常称为斯涅耳定律。从公式可以看出，当入射角 i 一定时，折射率 n 越大，折射角 r 就越小，即光线偏折程度就越大。不同性质的宝石有不同的折光率。对一种宝石而言，不同单色光的折射率也不同(图 3-2)，这就是为什么牛顿用棱镜可以产生光谱的原因。把这种由于不同单色光在传播介质(如宝石)中折射率不同而发生的偏转分离现象，称为色散。在宝石学中，常用紫色光和红色光的折射率之差来表示色散值。如钻石的色散值

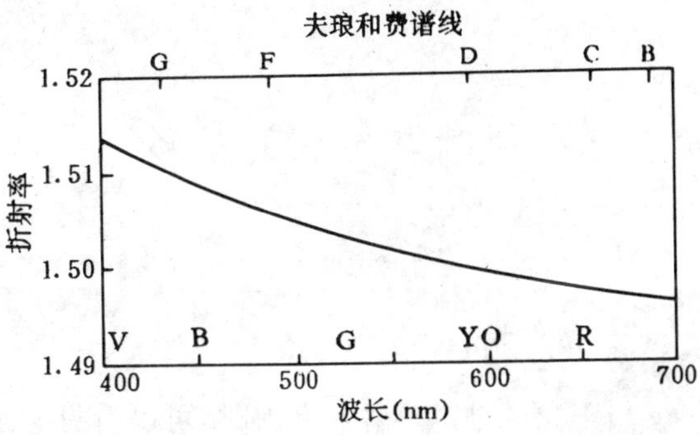

图 3-2　无色冕牌玻璃在可见区的色散曲线图

(K. Nassau，1983)

V. 紫色；Y. 黄色；B. 蓝色；

O. 橙色；G. 绿色；R. 红色

为 0.044，红宝石为 0.018。通常，宝石的折射率越大，它对白光的色散也越强，即色散值也越大。

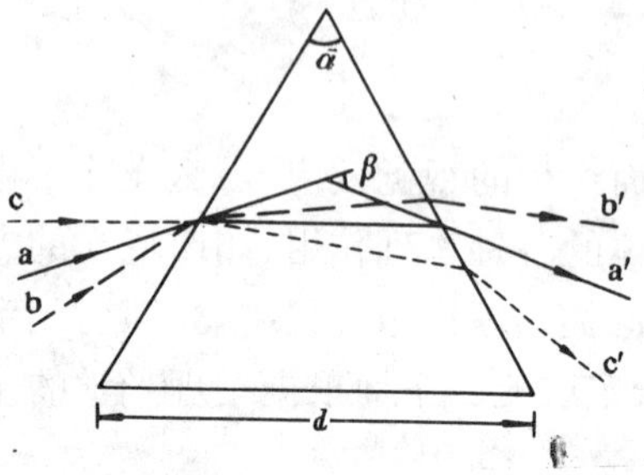

图 3-3　光束通过棱镜偏向，其中包括了对称的最小偏向光束 a 示意图

二、色散与宝石的“火彩”

在图 3-3 中，设三棱镜的顶角为 α，空气中入射光(a、b、c)与经棱镜折射后重新进入空气中的折射光(a′、b′、c′)的夹角为 β，对于 aa′光线有

$$折光率\ n=\frac{\sin(\alpha/2+\beta/2)}{\sin(\alpha/2)} \tag{3-2}$$

由公式(3-2)可以看出，当 α 固定时，不同折光率的单色光，它们的偏转角 β 也不相同。如当棱镜 $n=1.50$、$\alpha=60°$ 时，光线 aa′的偏转角最小，$\beta=37.2°$，而在 aa′两边与 aa′线差 15°的 bb′和 cc′的入射光偏转角均为 40°。不同颜色的光线有不同的折射率，因而有不同的偏转角(在入射角相同时)，这样就产生了色散光谱。

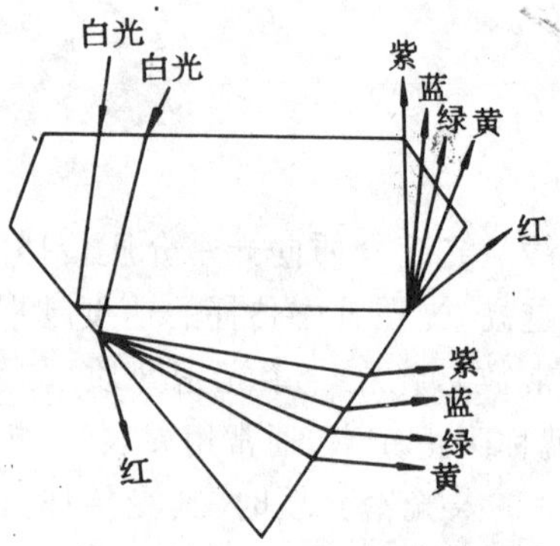

图 3-4　宝石的色散图

透明无色的宝石在被打磨成刻面型宝石时，实际上就相当于一个多面棱镜，由于面的分割作用及从不同面上透射出的色光不同(图 3-4)，则无色宝石好像变成闪耀彩光的宝石，这样的彩光俗称“火彩”，宝石产生“火彩”的现象俗称“出火”。宝石的色散值越大，越易产生“火彩”。从公式 3-2 可以看出，宝石“出火”，一方面与宝石折光率和色散有关，另一方面也与棱镜的顶角有关。如当一颗宝石色散为 0.01，棱顶角为 40°时，其红色光与紫色光线分开的角度仅为 0.5°；棱顶角为 60°时，两光线分开角为 0.9°，若宝石色散值为 0.04，则 40°棱顶角可使两光线分离为 2°，60°棱顶角可使两线分开 4.9°。所以，色散大的宝石，当其刻面款式的面角比例打磨适当时，可出现“强火彩”，如钻石、锆石、尖晶石等就是如此。

第二节　散射与宝石的星彩

一、散射光

当阳光透过窗户射入室内时，可以看见一道道光柱。仔细观察，可以看到在光路中存在无数做不规则运动的尖埃微粒，尘埃越密，光柱越明显。这种现象通常就称散射。散射后的光称为散射光。实际上散射是数目巨大的作随机分布的(或运动的)微细散射粒子对光波的作用所产生的一种宏观效应。英国科学家通过实验证实：比光波波长小的微粒所产生的散射强度与波长有关，波长短的蓝光比波长长的红光的散射要强得多。按瑞利的公式

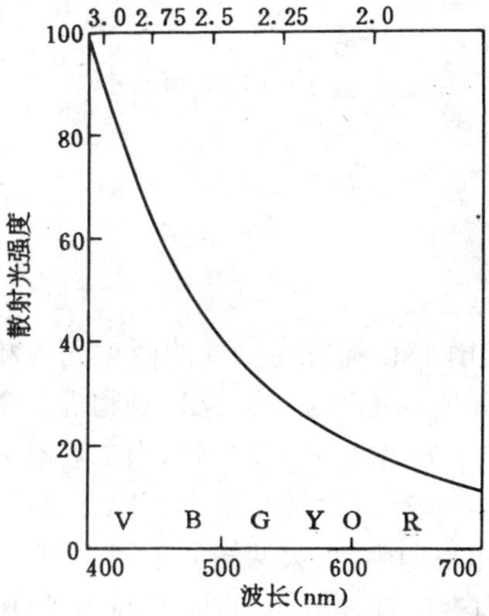

图 3-5　瑞利散射光强随 λ 而变化图

$$I_s/I_o=\text{常数}/\lambda^4$$

式中 I_s 为散射光强度，I_o 为入射光强度，λ 为光线波长，如果取可见光区紫光(400nm)的散射光强度为 100，则红光(700nm)的散射光强度仅为 10.7。这类散射统称为瑞利散射。图 3-5 显示出瑞利散射光强度随 λ 变化的曲线。一般来说，若介质中散射粒子的粒径从 300—1nm 左右，都可以发生很好的蓝色—紫色的散射，散射后使透射光减弱，即部分光线被吸收，称为消光，被吸收的部分(蓝光—紫光)从其他方向被散射出。

如果散射粒子接近光波长或大于光波长，此时所产生的散射称为米氏散射，米氏散射强度与波长关系比较小，大多数情况下它是呈白色散射光，如一般不透明的白色石英就呈米氏散射。只有当散射粒子大小在 λ—2λ 之间，且粒子大小分布均匀，呈圆球形时，散射光才呈各种颜色，主要是红色和绿色色带。目前很少见具这种结构的宝石，只有极少数具黄色、米黄色乳光的月光石可能有此结构。

二、散射与月光效应

天然宝石中，有些宝石品种，由于微细的固溶体结构、微包裹体(气液相或固体包体)结构或者由于均匀分布于宝石结构中的点缺陷(杂质原子、离子、空穴)，以及晶体位错、孔隙等，都可以产生散射光。当各种散射粒子(或缺陷)尺寸小于 300nm 时，就可以产生蓝色或青色散射光，而使透射光为黄色—红色，它与散射粒子密度及散射层厚度有关。具有这种散射特征的比较典型的宝石就是优质月光石，它的散射光是蓝色，其散射粒子为超微细的长石固溶体。当把月光石打磨成圆“馒头”状时，由于聚光作用，蓝色散射光可以集中于宝石顶部一小片区域内，会产生极强的亮度。

如果散射粒子粒径大于 700nm，则产生白色米氏散射。具有这种散射粒子的月光石(馒头型款式)也可以产生明亮的乳光，有些芙蓉石、刚玉、尖晶石、蛋白石等都可以产生同样的月光石效应。

三、散射与猫眼效应、星光效应

宝石中的猫眼效应和星光效应实际上都是米氏散射的结果，只是散射粒子不像在月光石中那样呈均匀随机分布，而是按一定方向有规律地分布，且散射粒子多为较大的针状包体($\geq 1\mu m$)。当散射粒子沿一个方向排列时，散射光经弧面宝石聚光而形成窄亮的猫眼光，有此种现象的宝石种类很多，如金绿猫眼、碧玺猫眼、绿柱石猫眼、石英猫眼、磷灰石猫眼、透辉石猫眼等。如果散射粒子沿两个方向(垂直)分布时，就形成所谓的四道星光宝石，如星光辉石、星光绿帘石等；如果散射粒子沿三个方向排列(夹角为 120°)，则可产生所谓六道星光宝石，最典型的是星光红宝石和星光蓝宝石。

不论是猫眼效应，还是星光效应，它们的散射粒子大多数为针状或管状包裹体(有气-液包裹体、也有固体包裹体)。如碧玺猫眼的散射粒子是针管状气-液包裹体，而星光红宝石和星光蓝宝石的散射粒子是精细的金红石(TiO_2)针状包裹体。

第三节　干涉、衍射与宝石的变彩

一、光的干涉

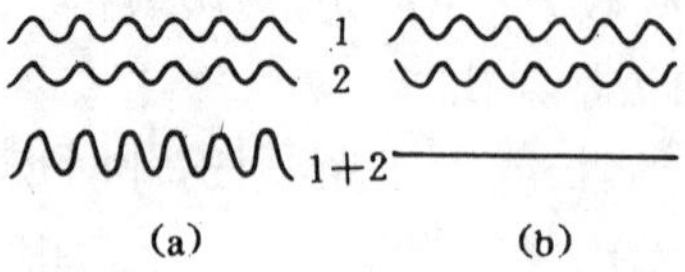

图 3-6　相干光波的干涉图

(a)光波 1 和 2 同相时产生相长增强

(b)两光波反相时产生相消删除

光的干涉是指波长相同、传播方向一致的两束光在相遇时所产生的一种明暗相间的干涉条纹现象。从物理光学中可知，如果两束单色相干光沿同一光路传播，当二者有完全同步的波峰时，就会产生光波相加，波振幅增加一倍(图 3-6(a))，这个过程称为相长增强，如果两光波不同步，其波相位正好差半个波长，则会出现光波相消，波振幅为零(图 3-6(b))，这个过程称为相消删除。

1. 光程和光程差

实验指出，单色光经过不同媒质时，频率不变，而速度要改变，设 c 和 v_1 为给定的单色光在真空和某种媒质中的光速，n_1 为该媒质对真空的绝对折射率，则　$v_1=c/n_1$。

设 λ 和 λ_1 分别为该单色光在真空和媒质中的光波长，则有 $c=v\cdot\lambda$，$v_1=v\cdot\lambda_1$，代入上式得

$$\lambda_1=\lambda/n_1 \tag{3-3}$$

由于 $n_1>1$，故光从光疏媒质进入光密媒质后，它的波长要变短。在折射率为 n_1 的媒质中，单色光的波动方程为

$$X=A\cos 2\pi(vt-\frac{\gamma}{\lambda_1})=A\cos 2\pi(vt-\frac{n_1\gamma}{\lambda}) \tag{3-4}$$

式中 γ 为光波所经过的几何路程，$2\pi(vt-\frac{n_1\gamma}{\lambda})$ 为光波的周相，A 为比例系数。由式(3-4)可知，在媒质中决定光波周期的，不是 r，而是 $n_1\gamma$，v 和 λ 对于单色光是常数。$n_1\gamma$ 被称为光程差。在任何一种均匀媒质中，给定的单色光波经过同一光程所需的时间是相同的，改变的周相也相同。由此可见，两条相干光线通过不同的媒质后，相遇于空间某一点所产生的干涉现象，应该决定于光程差 $n_1\gamma$，而不是几何路程差。如设有一折射率为 n_1 的均匀媒质，单色光源 S 从空气中($n=1$)发出一细窄光束，射到媒质 n_1 上(图 3-7)。从图中可看出这光束中的 a 和 b 两条线，分别在媒质 n_1 的上下两表面上折射和反射后的情形，光线 a 在 A 点折射后进入媒质中，再在 C 点被反射后传到 B 点，又在 B 点折射回到空气中，成为光线 a_1；光线 b 直接射到 B 点，反射后，成为 b_1。作直线 AD，并令 SA=SD，则 AD 为由 S 发出的光波的波阵面，设在此波阵面上各点的振动方程为

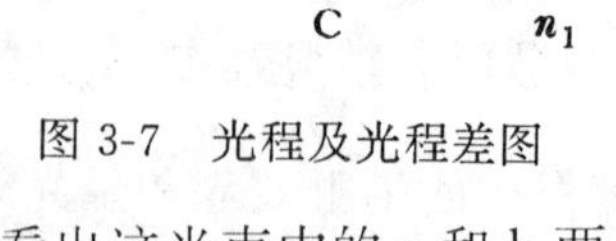

图 3-7　光程及光程差图

$$X=A\cos 2\pi vt \tag{3-5}$$

光线 a 由 A→C→B，在 B 点的振动可写为

$$X_a=A\cdot\cos 2\pi\left[vt-\frac{n_1(AC+CB)}{\lambda}\right] \tag{3-6}$$

式中 λ 为该单色光在真空中的波长，光线 b 从 D→B 被反射后，由于 $n_1>1$，故有 b_1 线半波损失，即周相有 π 角的变化，则 b 线在 B 点的振动方程为

$$X_b=A\cdot\cos2\pi(vt-\frac{DB}{\lambda}+\frac{1}{2}) \tag{3-7}$$

按照波动的干涉条件，显然，当

$$2\pi\left[\frac{n_1(AC+CB)}{\lambda}-\frac{CB}{\lambda}+\frac{1}{2}\right]=2k\pi$$

$$n_1(AC+CB)-DB=(k-\frac{1}{2})\lambda \qquad k=1,2\cdots\cdots \tag{3-8}$$

时，简化为两光波在 B 点永远相互加强，因而形成强反射，但当

$$n_1(AC+CB)-DB=k\lambda \qquad k=1,2\cdots\cdots \tag{3-9}$$

时，两光波在 B 点永远相互减弱，因而消除反射。

现设媒质 n_1 的厚度为 e，光线 a 与 b 为平行光，它们的入射角为 i，折射角为 γ，则由图 3-7 可得：

$$AC=CB=e/\cos\gamma,\ DB=AB\cdot\sin i=2e\text{tg}\gamma\cdot\sin i$$

设 a、b 光线的光程差为 P，则有：

$$\begin{aligned}P&=n_1(AC+CB)-(DB-\frac{1}{2}\lambda)\\&=2n_1e/\cos\gamma-2e\text{tg}\gamma\cdot\sin i+\frac{1}{2}\lambda\\&=2n_1e/\cos\gamma-2e\frac{\sin\gamma}{\cos\gamma}\cdot\sin i+\frac{1}{2}\lambda\\&=\frac{2e}{\cos\gamma}(n_1-\sin\gamma\cdot\sin i)+\frac{1}{2}\lambda\end{aligned} \tag{3-10}$$

而 $\sin i=n_1\sin\gamma$ $\qquad$ $\sin\gamma=\frac{\sin i}{n_1}$

$$\cos\gamma=\sqrt{1-\sin^2\gamma}=\sqrt{\frac{n_1^2-\sin^2 i}{n_1}}$$

代入(3-10)式，得

$$P=2e\sqrt{n_1^2-\sin^2 i}+\frac{1}{2}\lambda \tag{3-11}$$

发生光干涉的条件为

$$\left.\begin{aligned}&P=2e\sqrt{n_1^2-\sin^2 i}+\frac{1}{2}\lambda=k\lambda \qquad \text{反射强，明条纹}\\&P=2e\sqrt{n_1^2-\sin^2 i}+\frac{1}{2}\lambda=(2k+1)\frac{1}{2}\lambda \qquad (k=1,2,3\cdots)\ \text{消光，暗条纹}\end{aligned}\right\} \tag{3-12}$$

由(3-12)式可得

$$e=\frac{(k-\frac{1}{2})}{2\sqrt{n_1^2-\sin^2 i}}\lambda \tag{3-13}$$

表示折光率为 n_1 的薄片(膜)，它发生强反射(相长增强)时，它的厚度 e 和波长有密切关系，也就是说当厚度 e 固定，且入射角一定时，薄片只对某种波长的光发生强反射，对其他波长的光有不同程度的消弱作用，如果入射光线为白光，那么，就会出现彩色条纹(虹彩)。这种彩色

条纹也称为牛顿色(干涉色)。

当光线垂直于薄片(膜)照射时,入射角为零,则光程差为

$$p=2en_1+\frac{1}{2}\lambda$$

设 $R=2en_1$,称为矿物光程差。则有

$$R=(p-\frac{1}{2}\lambda)$$

当白光照明时,各色光有自己的光程差,因而有各自的反射强度(或消光程度),并有自己的明暗条带,它们叠加起来就形成所谓牛顿色。在同等光程差值下,各色光的干涉情况不同,它们叠加后产生的混合色彩见表 3-1。

表 3-1　牛顿干涉色和光程差

光程差(nm)	颜　色	光程差(nm)	颜　色
0	黑	1 150	蓝
50	铁灰	1 250	蓝绿
100	灰	1 350	绿
160	灰蓝	1 400	黄绿
260	白	1 450	黄
330	黄	1 500	玫瑰红
440	黄褐	1 550	胭脂红
500	橙红	1 650	紫灰
540	红	1 680	——第三序结束
560	——第一序结束	1 700	蓝灰
580	紫	1 750	蓝绿
680	蓝	1 800	绿褐
720	蓝绿	1 900	浅绿
750	绿	2 000	浅灰
840	黄绿	2 200	很浅的红紫
920	黄	2 240	——第四序结束
1 000	橙红	—2 500	绿
1 050	紫红	—2 700	粉红
1 100	紫	2 800	——第五序结束
1 120	——第二序结束		⋮

(K. Nassua,1983)

2. 由光干涉而产生的宝石变彩和晕彩

天然宝石中,有一种具有聚片双晶结构的拉长石,它的变彩效应是由于光的干涉而产生的,其原理类似于多层平行叠置的薄片(膜)所发生的反射光干涉色。当从一定方向观看这类宝石时(一般是垂直于其双晶面),可以看到鲜亮的虹彩闪光,其中钢蓝色最为常见,有时也可见到黄、绿、红、铜紫色等色调。拉长石的聚片双晶是由两种在成分上略有差异的类质同象系列的长石在低温下发生不混熔而形成的,每个长石单晶片的厚度很薄,接近光波波长。同时,两种长石相间排列,造成折光率的变化,使部分光在双晶面上被选择性地反射,从而产生干涉现象。

宝石中还有一种所谓晕彩现象，这实际上是由于宝石中的裂纹、解理或裂理中充填了空气或水分，构成一种类似于石英楔之类的结构，由于楔的厚度在一定方向上变化，因此产生干涉色条纹（虹彩）。这种现象有时也可以用于判断裂纹、解理面和裂理面的存在。

二、光的衍射和欧泊变彩

1. 光的衍射

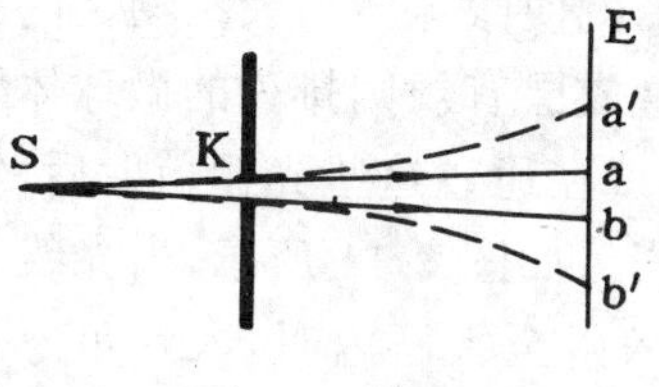

图 3-8　光的衍射现象的演示图

光的衍射现象是光波动性特征之一。如图 3-8 所示，自光源 S 发出的光线，穿过宽度可以调节的窄缝 K 后，在屏 E 上呈现出斑点 ab。在 S、K、E 三者的位置固定的情况下，ab 的宽度决定于缝 K 的宽度。如果缩小缝 K 的宽度，使穿过 K 的光束变得更窄，则屏 E 上的光斑也随之缩小。但是，当缝 K 的宽度缩小到某一固定值（约 10^{-4}m）后，若再继续缩小，则屏 E 上的光斑不但不缩小，反而会增大，如图 3-8 中 a′b′ 所示，这时光斑的全部亮度也发生变化，由原来的均匀分布变成一系列的明暗条纹（单色光源）或彩色条纹（光源为白光），条纹的边缘上也失去了明显的界限。这就是光的衍射现象。

对于光的衍射现象，须用惠更斯原理来解释；光通过媒质传播时，是介质小微粒（子波波源）发射光子波的结果，如图 3-9 所示。由点光源发出的光辐射到球面波阵前 A—A，在那里每个子波作为发射源，又发射出一系列新的光子波，在短暂的时间内，所有子波将传播一段相同周相的距离，它们包络成为一个新的球面波阵 B—B。子波的发射是沿球面半径方向进行的，由于相位关系，这些子波除了向前方传播外，其他方向均互相消弱，因而实际上只形成平面波。但当光通过窄缝时，由于缝边缘以下没有任何子波，相位关系在边缘附近被打破（图 3-10），在此边缘区域内，子波发射的光线将不再是平面波的一部分，其他方向光线未被消弱，而是发生干涉.结果就出现了衍射。

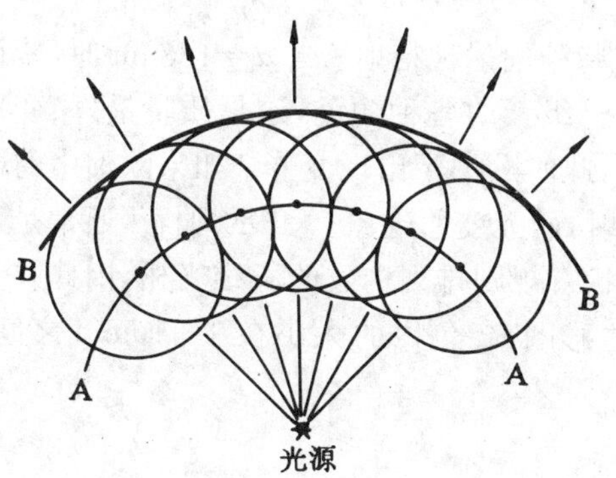

图 3-9　光子波与球面波阵图

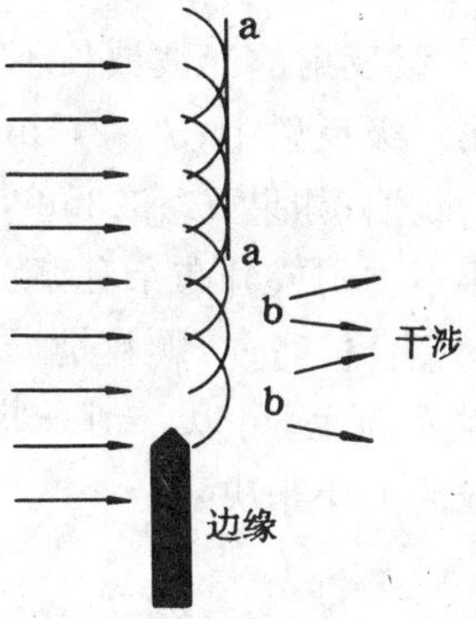

图 3-10　平行光接近边缘附近时的子波传播图

如果衍射的窄缝不是一条，而是许多条（每厘米上万条），那么就形成光栅衍射，每一条窄缝产生一组衍射光谱花纹，几条窄缝就会产生多组衍射花纹，它们叠加起来就形成了光栅光谱。同时，由于各窄缝距离很小，故它们透过的光线之间还会发生干涉条纹，叠加在衍射花纹上。因此，光栅衍射实际上是衍射与干涉的总效果。

2. 欧泊的变彩

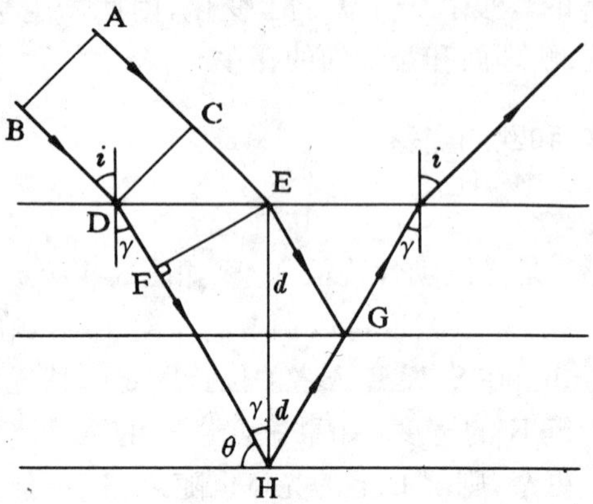

图 3-11　由层状光栅产生的衍射图

从宝石学中可知,欧泊是由一种大小相等的微球体呈层状有规则排列而成的。微球体本身是含极少量水的无定形二氧化硅(SiO_2),而微球体之间的胶结物是含水较多的无定形二氧化硅(SiO_2)。这样,就使微球体与胶结物之间存在小的折光率差。成层有规则排列的微球体构成了三维光栅,光线在通过这些光栅衍射后,发生干涉而产生变彩。如图 3-11 所示,当光线 A 和 B 从宝石界面入射至宝石内时,入射角为 i,折射角为 γ,光线 A 在 G 质点被反射,B 光线在 H 点被反射,且在 G 点两光线重合,然后以 i 角离开宝石。由于两光线受到同相质点(SiO_2 微球体)的反射,故两者都有半波损失,因而没有 $\lambda/2$ 的光程差。从波前 A-B 传播到 C-D,然后到 E-F,这样在折射率为 n 的媒质(欧泊)中,光线 A 和 B 的光程差为:$P=n(\mathrm{FH}+\mathrm{HG}-\mathrm{EG})$。由于光线传播的对称性,HG=EG,所以

$$P=n\mathrm{FH}=2nd\cos\gamma$$

两光线产生干涉加强的条件是:

$$P=2nd\cos\gamma=k\lambda \qquad k=1,2,3\cdots$$

而根据 $n=\sin i/\sin\gamma$ 经换算得

$$P=k\lambda=2d(n^2-\sin^2 i)^{\frac{1}{2}}$$

即

$$d=\frac{k\lambda}{2\sqrt{n^2-\sin^2 i}}$$

式中 d 通常取微球体的直径。当光线垂直入射($i=0°$)时,那么就有 $d=\frac{k}{2n}\lambda$,即微球体直径不同,第一级反射的光波波长不同。微球体太小,只有紫外辐射被衍射。当 $d=138$nm 时,紫色出现于第一级反射中;$d=241$nm,则出现一级红色到一级紫的各种颜色,这是质量最好、变彩最丰富的欧泊;如果 $d>333$nm,则衍射仅限于红外光,此时欧泊不出现变彩。如果欧泊中的微球体大小不均匀或分布杂乱,就会出现白色的米氏散射,而无变彩现象。天然欧泊石,通常是不同颗粒的集合体,每一颗粒是一个由均匀微球体呈层状有规则排列构成的三维光栅,因此在一个欧泊抛光面上,可以看到一些由小片颜色区组成的彩图,各色区的大小在 1—10mm 之间,这由颗粒的大小来决定。

第二篇　天然宝石人工改善技术方法和设备

第四章　天然宝石人工改善品

第一节　宝石人工改善品的工艺要求

通常，人们把经过人工改善的天然宝石统称为宝石人工改善品，简称宝石改善品。宝石人工改善品与天然宝石一样，有自身的特点和一定的评价标准。除了一般的物理和化学性质外，还有工艺性质，包括改善工艺性质和改善后所展露出的一些特性。这些性质的好坏集中体现在对宝石改善品的工艺要求上。不同类型的宝石改善品，工艺要求有一定差异，但也有共同的方面，对宝石改善品的工艺要求应有以下几方面。

一、美观

众所周知，美观是宝石的首要特性，也是宝石美学和商品价值的重要判别标志。天然宝石的美学价值有些是外在的，有些是潜在的。人工改善的目的就是尽可能保存宝石的外在美，并尽可能地把潜在美表现出来，如果没有达到这个目的，那么改善就失去了意义。当然，从目前宝石人工改善品的生产情况来看，似乎更多的是给宝石附加一些外在美，这没有什么不可以的，只是要注明，不应故意掩盖事实。但是，许多宝石改善品在改善过程中，多少会损失部分天然的美学特征，最后的改善品基本或大部分显露的是附加美。这种情况经常出现，如翡翠中的C货。严格地说，天然宝石的人工改善应该主要是挖掘美，而不应是创造美，这一点与宝石加工有些不同。

那么，要把宝石的潜在美显露出来，首先要求了解天然宝石有哪些潜在美，然后再选择可行的科学有效的技术方法和工艺来进行改善处理。

二、耐久

所谓耐久，是指宝石的稳定性，在通常的加工销售和佩带过程中不会发生明显的物理和化学性质变化。尤其是宝石改善品的颜色，应在相当长的一段时间内不发生明显变化(褪色、变色、色加深等)。一般宝石改善品都要在出售前作日照、温度变化等试验，以确定它的颜色是否稳定，这也是对消费者负责。另外，由于宝石饰品经常接触一些水、有机酸等化学物质，因此，要求改善品还要有稳定的化学性质，在日照、水泡、汗浸等条件下，不发生化学反应。是否能保持宝石的耐久性，主要是在改善处理过程中，不要改变宝石的晶格结构和主要化学成分，附加充填物的性质也要稳定。如市场上有些改色玛瑙制品，由于在改色过程中酸浸处理过度，破坏了玛瑙的结构，尽管染出的颜色很漂亮，但玛瑙的韧性大大降低，脆性增强，很容易断裂。这实际是降低了玛瑙的物理稳定性。还有些改色玛瑙所用的染色剂性质不稳定，经日晒或汗浸会发生褪色现象，这也是不允许的。

当然，耐久不等于永久，对于天然宝石人工改善品，不能要求它的性质永远不变。由于许多改善技术和工艺的局限性，改善品在短时间内是稳定的，但随着时间推移，可能会发生某种程度的变化（主要是颜色的变化）。那么，在多长时间内改善品性质不变，就可以认为其性质稳定呢？目前还没有统一的认识。从消费的观点看，高档宝石改善品稳定时间应长些，至少应在30—50a内无显著变化；低档宝石改善品可以短些，5—10a不变就可以被认为是稳定的。这牵涉到许多技术问题和商业方面的问题，此处不作讨论。总之，宝石的人工改善一方面应保持或加强天然宝石的稳定性；另一方面，改善中附加的美学特征也应有一定的稳定性，否则，宝石的改善是不成功的。

三、无害、无污染

（1）无害　无害是指对人体不产生伤害。宝石饰品主要佩带在人体上，常与人体皮肤接触。因此，无论什么宝石改善品首先都应是对人体安全的。否则，应绝对禁止使用。宝石人工改善品的处理技术方法有很多，包括化学的方法、辐照法等。在化学处理中，应严禁使用有毒的化学药品或容易引起人体皮肤过敏反应刺激性强的化学药品，如含放射性钴的盐类、氰化物、亚硝酸盐类及有毒的染料等。在辐照改色中，主要是防止宝石改善品中残留放射性，这些残留放射性的改善品会对人体造成很大的危害，如可以引起体内造血障碍、出血症候群及皮肤癌等严重疾病，特别是对加工研磨工人的危害更大，有放射性的粉尘吸入人体后，可以引起呼吸系统的各种病变。目前，国内尚无统一的限制残留放射性的安全标准，人们大多参照夜光表等标准来执行。在有残留放射性的宝石改善品中，有些在比较短的时间内可以迅速衰变到安全标准，有些需要较长的时间（几年至几十年）。对于前一种宝石改善品，可以划定一个消除残留放射性的时间期限，在期限满之前不允许出售；对于后一种宝石改善品，应禁止生产和销售，以免不明真相的消费者受害。

（2）无污染　无污染主要是针对一些化学染色改善品而言。由于珠宝和服装是相配套使用的，所以要求染色改善品中的染色剂要稳定，不会污染衣物和人的皮肤。

对于宝石人工改善品，无害和无污染往往被忽视，国外在这方面有严格的规定，但国内还没有统一的法规进行限制，随着我国珠宝业的发展和市场的完美，相信国家会制定有关的标准和法规。

第二节　天然宝石人工改善品的分类

天然宝石人工改善品的种类十分繁多，一方面是由于天然宝石的种类多种多样，另一方面是由于改善的技术方法很多。目前对宝石改善品的分类主要是从三个角度进行的；①根据改善品所采用的技术方法进行分类；②从改善品被改变的性质来分类；③根据宝石改善品在传统上和商业上的可接受性进行分类。

一、根据所采用的技术方法进行分类

1．热处理改善品

用热处理法改善宝石，是把天然宝石置于高温环境中，并在一定的气氛条件下进行处理，促使宝石内部的致色因素（致色离子含量、价态、晶格结构缺陷、包裹体、固溶体结构等）发生变化，从而使宝石的外观特征，如颜色、透明度、质地等发生变化，达到改善宝石的目的。这里所讲的热处理是指在加热过程中不加入任何其他化学药品的处理方法，处理过程中的气氛除外。如果根据处理气氛类型，又可进一步把热处理品划分为：氧化气氛热处理品，还原气氛热处理品和中性气氛热处理品。常见的处理品有：刚玉类宝石（红宝石、蓝宝石）、绿柱石类宝石（海蓝宝石、黄色绿柱石）、坦桑石、锆石、水晶类及许多玉石品种（如玛瑙）。

大部分热处理天然宝石改善品被人们接受为天然宝石，它们的价值不但不会因热处理而降低，相反，还会升值，甚至可与优质的同类天然宝石相媲美。

2. 辐照处理改善品

这类改善品是目前占比例较大的一类，它们都是用高能量粒子束（光子、电子、中子、质子、氘核）辐照宝石，使宝石中原子的价电子态、晶格结构等发生变化，产生色心，导致宝石外观特征变化，从而达到改善宝石的目的。

根据辐照粒子类型的不同，辐照处理改善品又可分为电磁波辐照（紫外线、X 射线、γ 射线）改善品、高能电子束辐照改善品和高能粒子辐照改善品 3 种。第一类属于较低能量辐照改善品（γ 射线除外），因此，改善品的某些性质（颜色）往往不稳定，有些在光照下就会变化。第二、三类属高能量辐照改善品，其改善效果较好，且大多数情况下比较稳定，但有时有残留放射性或辐照热损坏。

几乎所有的宝石经某种辐照都会不同程度地发生外观特征（颜色或透明度）的变化，这主要取决于宝石本身的化学成分、晶体结构、辐射源类型、辐照强度和辐照时间等。常见的辐照改善品有：烟水晶、紫水晶、蓝色黄玉、各色金刚石（黄、绿、黑、红、蓝等）、绿柱石类宝石、尖晶石等。

3. 化学处理改善品

是采用各种化学方法将宝石的颜色、透明度、净度等进行处理而得到的改善品。这类改善品的类型有很多，根据化学处理的方法及条件不同可分为以下几种：

（1）染色品　这种改善品是用有机染料浸泡或充填等方法处理过的宝石，有色染料通常是沿裂隙或微孔隙渗入宝石内部，附着或充填在孔隙和裂隙内。染色的宝石多为裂隙或孔隙比较发育的宝石，如玉髓、玛瑙、翡翠、软玉、松石、珊瑚等。若无孔隙和裂纹者，可用各种手段人工制造一些孔隙裂纹，如高温淬火法使石英产生裂纹和用强酸溶解一些玉石的胶结物制造孔隙等。

（2）着色品　此类改善品常用无机矿物盐类颜料浸泡或充填宝石而得到的。着色宝石颜料的溶剂多为水。颜料常在宝石内裂隙或孔隙中发生一定化学反应，或在裂隙孔隙中沉淀，或被宝石的某些成分结合。着色宝石材料也要具有一定的孔隙或裂隙。常见的着色品有玛瑙（蓝、绿、墨、红、黄色）、大理石、绿松石、石英、玉髓等。

（3）净化品　有些宝石的颜色较杂，且内部常见一些“脏点”。使用一些强酸强碱及其他化学性质活泼的化学药品浸泡这些宝石，可以除去某些不好的杂色和脏点，保留好的颜色，提高宝石透明度，净化质地。这类改善品称为褪色品。最常见的净化品就是 B 货翡翠，其他还有玉髓、珊瑚、青金石、松石等。

（4）漂白品　漂白宝石一般是采用氧化性气体（氯气、过氧化氢）、氨水、酸碱等有漂白作用的化学药品作用于宝石，使其褪去不纯颜色而增白得到的宝石改善品。常见的此类改善品有珊瑚、象牙、珍珠、硅化木、虎睛石等。

4. 其他处理改善品

(1)表面遮盖品　此类改善品就是在宝石表面涂上(或镀上)一层薄膜。其作用有3个:①掩盖宝石表面层的裂纹、毛面、坑点,减少光的漫反射,提高宝石的亮度;②有色涂层(镀膜)可以增加宝石的颜色,如翡翠C货中有一种俗称“穿衣服”的绿色树脂涂层,往往可以乱真。有些镀膜可以产生表面虹彩效果,如市面上常见的所谓“辉水晶”,就是在无色水晶饰品表面上镀了一层极薄的金属膜,白光通过此薄膜时可发生光的干涉现象;③保护宝石表面免受汗水的浸蚀。如珍珠、孔雀石、松石等表面常涂有一层蜡。

近年来有一种新的表面处理改善品出现,就是用人工合成晶体的工艺方法,在原天然宝石表面生长一层晶体,从而起到遮盖的作用,同时可以提高原石的颜色级别。

(2)注入品　注入品是把塑料、玻璃料、蜡、油等注入到宝石的孔隙或裂纹中,一方面是为了提高宝石的透明度,改变宝石颜色;另一方面也是为了改善宝石的质地结构,提高宝石的物理稳定性。注入品又可分为有色注入品和无色注入品,前者所用的注入材料有颜色,后者注入物为无色。

常见的注入品有:注油的祖母绿、红宝石、蓝宝石、绿松石、青金石、欧泊、翡翠、玉髓、珊瑚等。

(3)组合宝石　组合宝石就是把几种宝石或其他材料(玻璃)的片粘合在一起而得到的。根据组合宝石的类型及数目可分为二层石、三层石及多层石,组合宝石从本质上讲是一种仿宝石,其目的主要是为了仿制某些较贵重的宝石。所以把它归入仿造宝石更为恰当。

5. 综合处理改善品

实际上在宝石人工改善中,常常并不是只用一种方法,而是综合运用多种技术方法,这样的宝石改善品质量更优。常见的综合处理改善品有:

(1)辐照-加热改善品　先对宝石进行辐照处理,然后加热,消除不稳定色心,故称“固色”。如蓝色黄玉改善品就是用此方法得到的。

(2)扩散热处理改善品　也称熔盐扩散改善品,就是把宝石置于高温的熔融状无机盐中,让熔盐中的某些阳离子向宝石中扩散,最终得到理想的改善品。这实际上是化学处理与热处理的综合运用。这种改善品的改色部分仅在表面很薄的一层。

(3)炝色品　就是向高温下的宝石表面喷散颜料,使宝石着色而得到的改善品。这种着色只是浅表性的。

二、根据宝石改善品被改善的性质分类

根据宝石改善品被改善的性质进行分类,可分为两大类。具体如下:

- 宝石改善品
  - 改色宝石
    - 热处理改色宝石
    - 辐照改色宝石
    - 化学处理改色宝石
      - 染色品
      - 着色品
      - 漂白品
      - 净化品
    - 表面涂层改色宝石
  - 改性宝石
    - 注入品(稳定宝石结构,提高透明度)
    - 热处理改性宝石(提高或降低透明度,或消除包裹体)
    - 化学处理改性宝石(净化宝石质地,提高透明度)
    - 表面涂层改性宝石(改善宝石表面质量,提高宝石光泽度)

三、根据改善品在传统和商业上的可接受性进行分类

宝石改善品生产的历史悠久，至今其处理手段和类型名目繁多。但从市场贸易和消费者传统心理而言，只有少数宝石改善品已被公众接受，与同类天然宝石同等对待，大多数宝石改善品在传统和商业上并未被接受。近几年来，由于宝石改善品大量充斥市场，一些珠宝商无视珠宝市场的基本规则和有关法规，用经人工处理的宝石改善品假冒天然宝石，使许多消费者上当受骗，也同时使珠宝业的信誉蒙受巨大损害。为了尽快有效地扼制这种有损国际珠宝贸易和市场的情况继续漫延，一些国家珠宝行业协会及商会先后制定了对天然宝石和宝石改善品的定义、分类及区分准则和有关的法规。由于珠宝生产、贸易有国际性，因此，目前迫切需要一个国际上公认的包括天然宝石、宝石改善品的定义、分类及鉴定标准在内的一整套行业标准。近几年召开了多次国际珠宝会议，曾就此问题作了专门的讨论。如 1993 年由 ICA（国际彩色宝石协会）在香港组织的一次国际珠宝会议提出，彩色首饰宝石可分为天然的、优化的、充填的和其他处理的四大类型，分别用 N（Natural）、E（Enhancement）、F（Fill）和 T（Treat）简写代码表示，销售时必须用代码表明宝石类型。1994 年 ICA 在巴塞尔组织的一次国际珠宝会议上提出 N、O（Oily）、E、T 的分类方案。尽管这些方案还没有被 ICA 成员国接受为统一标准，但应该看到，统一标准的制定和实施是势在必行的，是世界珠宝贸易发展的必然趋势。由于各国存在生产水平、市场、技术、消费习惯、文化、法规等方面的差异，故制定一个为各国接受的统一方案将是十分复杂和困难的事。因而还有很多的工作需要做。

不论今后国际珠宝界的有关宝石改善品的定名、分类和区分标准如何制定，有一点似乎是明确的，就是在传统上和商业上可接受的宝石改善品，可称为优化的天然宝石。如无色油类浸透的祖母绿宝石。其他未被接受的宝石改善品不能标为天然宝石，只能标为宝石改善品或宝石人工处理品，如染色、涂色、镀膜的宝石。

第五章 宝石热处理技术及设备

第一节 热处理及其所引起宝石的变化

宝石的热处理就是把宝石放在加热炉中加热，通过不同条件的热处理来改善宝石的外观特征。当宝石受热时（尤其是高温热处理），宝石内部的化学成分和晶体结构可能会发生各种变化，不同种类的宝石，其内部变化不同。这些变化是：①化学的变化，如离子价态、络阴离子配位场等变化；②物理的变化，如熔蚀作用、破裂；③物理化学的变化，如固熔体分离等。通常的情况是既有物理变化，又有化学变化，最终反映到宝石外观特征上，就是颜色、透明度、净度等的变化。

对宝石进行加热处理，产生的结果并不都是可以预料的，这主要取决于宝石本身的性质和加热条件。宝石受热所发生的变化多种多样，有些是所期望的，有些则是不希望出现的。从目前宝石热处理的情况看，宝石经热处理可能出现以下几种变化：

1. 宝石氧化而发生颜色的变化

对于有机宝石，如琥珀、象牙、珊瑚、珍珠等，在空气中加热到一定温度，会慢慢变暗变黑，即所谓“老化”，实际上是宝石中的有机质被氧化的结果。继续升温，会使此类有机宝石“碳化”。因此，对有机宝石加热，常在较低的温度下进行，一般不超过150℃。

还有一种氧化作用，是指宝石中的低价态阳离子被氧化而转变成较高价的阳离子，比较典型的是Fe^{2+}离子被氧化成Fe^{3+}，如绿色海蓝宝石中的致色离子是Fe^{2+}离子，在空气（实为氧气参与作用）中加热处理，Fe^{2+}变为Fe^{3+}，从而变成蓝色的海蓝宝石。此外，象紫水晶加热变为深黄色水晶，无色蓝宝石加热变为蓝色蓝宝石，都是与Fe的氧化作用有关。另外，有些灰色、黄色的含铁石英质宝石材料，如玛瑙、玉髓、虎睛石等，在空气中加热产生深褐—红褐色，也是铁氧化作用的结果。

2. 宝石色心被破坏

色心实际上是一种束缚电子的空穴陷阱，它有深有浅，即束缚电子的能力有大有小，加热可使色心中的电子被激发逃离陷阱，结果使色心遭到破坏，宝石发生变色或褪色现象。如把烟色水晶加热到140—280℃范围，可使其变成绿色或黄绿色，进一步加热至380℃，则会使其完全褪色成无色（图5-1），但经辐照又可恢复烟色。又如红色和褐色锆石加热可变成无色锆石，紫水晶加热可变成黄色或无色。一般来说，在

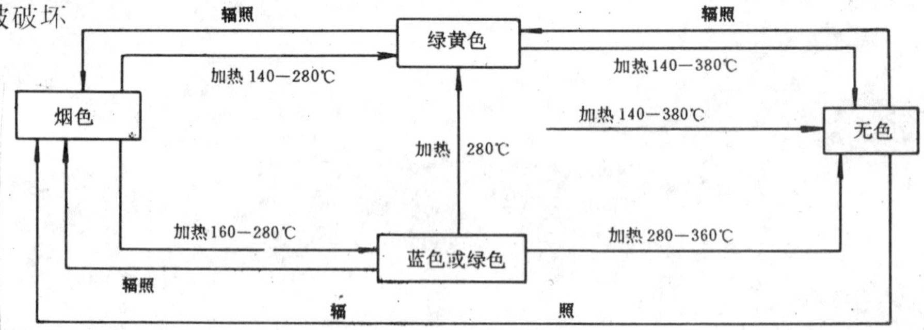

图5-1 烟水晶加热-辐射的颜色变化图

700℃以上，绝大多数宝石的色心会被破坏，而使宝石发生褪色，但经辐照处理后又往往可以恢复色心。

3. 引起宝石中的杂质扩散

有些宝石中的致色离子处于化合状态（包裹体），不能使宝石产生颜色，加热可以使致色离子向宝石内均匀扩散，进入晶格质点位置置换其他离子，或进入晶格缺陷（空位），从而产生颜色。如褐色红宝石变成红色，白色蓝宝石变成蓝色蓝宝石。当然，如果宝石中缺乏某种致色离子，也可以从外界通过高温热扩散作用使之进入宝石晶格中，产生颜色。

另外，在有些宝石中，杂质离子从一种聚合状态，经扩散又重新聚合成新的矿物包裹体，使宝石颜色发生变化。如有些蓝宝石中含有富钛的包裹体，从而使蓝宝石呈灰色或灰白色，经高温处理可以使富钛包裹体熔解，Ti 离子扩散，并与从外界扩散进来的氧离子结合，形成针状金红石包裹体，它们定向排列，对入射光线产生散射作用，使蓝宝石呈现星光。

4. 消除宝石中包裹体，提高宝石透明度和净度

要做到这一点，往往需要加热到很高的温度，常接近宝石的熔点，使宝石中的不纯包裹体杂质熔解消除。如刚玉类宝石中的丝状体或星状物可以通过把宝石加热至1900—2500℃消除掉。

5. 使一些含水的宝石发生脱水作用

在有些宝石中，常含有一些结构水，加热可以将其驱出宝石，从而破坏了宝石的结构，使宝石变色。如欧泊石被加热到300℃左右就会破坏它的变彩效应。类似的情况还有珍珠、孔雀石、绿松石等。

6. 使某些宝石发生结晶构型的变化

比较典型的是可以通过加热处理把低型锆石变成高型锆石。

7. 引起宝石内部产生裂纹

由于绝大多数宝石是热的不良导体，热膨胀系数比较小，因此受热后容易产生破裂，尤其是加热速度太快或冷却过程过快时，更易发生破裂。另外，有些宝石中含有大量气-液包裹体，高温下，这些包裹体会发生爆裂，从而产生裂纹。

8. 使某些宝石发生重组

如琥珀受热会软化、熔融，冷却后再生成透明度高、质地较净的琥珀。

宝石经热处理后发生的变化有些是暂时的，在一定条件下（如辐照）是可逆的；而有些是永久性的，是不可逆的，如对有些宝石加热至1000℃以上时，色心可能完全遭破坏，辐照也无法使其发生逆变化。

第二节　热处理的主要影响因素

对宝石进行热处理，会引起宝石产生各种变化。同一种宝石在不同的热处理条件下，所发生的变化是不相同的。如果对宝石的基本性质有充分了解，控制加热条件，就有可能让宝石向着人们期望的方向变化。反之，如果不对加热条件加以控制，那么就有可能出现不良的结果，轻者达不到改善宝石的预期目的，重者会毁掉宝石。

那么，在宝石热处理中，应考虑哪些主要影响因素呢？概括地讲有以下六种：

一、热处理温度

热处理温度包含最高温度和温度范围两方面的含义。通常热处理温度可分为四种类型：①100℃以下为低温热处理；②100—650℃之间为中温热处理；③650—1 000℃之间为高温热处理；④大于1 000℃以上为超高温热处理。

不同类型的宝石，在改善其颜色时，热处理温度最高值和温度范围是不同的，即使是同一种宝石，在不同温度范围内，它的颜色变化也会不相同。如有些紫水晶在400—450℃时，可变成浅黄色；在500—550℃时，会变成橙黄色；加热到600℃以上时，就变为无色或乳白色。另外，不同产地的同一种宝石，由于它们致色离子种类和含量的差异，也会需要不同的热处理温度范围和最高温度值。由此可见，确定一种宝石的热处理温度，应该根据宝石本身的性质而定，其温度范围和最高温度值可以通过谨慎的试验得到。

1. 低温热处理

一般来说，低温热处理用得比较少，只在一些特定的情况下使用，如人造蛋白石的固化，其温度低于100℃，通常在热水浴中进行。有些琥珀及其他有机宝石的人工改善，要经低温热处理，所用加热设备可用热水（油）浴、红外热烘箱、微波炉，甚至用试管在酒精灯上加热。低温热处理有时也用于消除宝石中某些较浅的不稳定色心。

2. 中温热处理

中温热处理在宝石改善中用得比较多，且往往与辐照结合使用，或与化学处理结合使用，其主要作用是消除不稳定色心，给宝石“固色”。一般经中温热处理改变的宝石颜色都是比较稳定的，不会因光照日晒而褪色，也不会随时间变化而发生显著变化。目前国际市场上出售的大部分海蓝宝石、坦桑石，一些金黄色的水晶和绿色水晶及部分黄玉和电气石，都是经过中温热处理的。当然，这些宝石的热处理温度具体数据极少公开发表。表5-1是威尔德(Wild)1932年公布的资料，其中一些数据不太可靠，仅供参考。

表5-1　　加热改变颜色的宝石

宝　　石	产生的颜色	温度(℃)
斯里兰卡蓝色蓝宝石	淡黄白色	400
斯里兰卡紫色蓝宝石	粉红色	450
贵黄玉(橙色)	粉红色	500
绿色绿柱石	蓝色(海蓝宝石)	420
黄色绿柱石	淡蓝白色	400
暗红色电气石	粉红色	550—600
蓝绿色电气石	较鲜亮的绿色	650
烟绿色电气石	较鲜亮的绿色	600—650
烟水晶	白色	275—300
烟黄色水晶	黄橙色	250—350
某些紫水晶	橙黄色	500—575
橙红色绿柱石	鲜亮的粉红色	400
褐色绿柱石	粉红色	400
蓝一绿色锆石	鲜亮的蓝色	380—500

(Wild，1932年)

3.高温和超高温热处理

高温和超高温热处理主要用于刚玉类宝石的改善处理，有时也用于天然锆石、金红石、尖晶石等的改善。并且也经常运用于优质天然宝石的改善。有时，高温处理与超高温处理被用于消除宝石内的生长应力，以防宝石在后期加工中发生破裂。另外，近几年，将高温、超高温热处理与化学处理结合，产生所谓的“扩散处理”技术，可以给一些质地优良、透明度高的无色宝石加色。如某些水足、底净、色好的C货翡翠就可能是用此方法获得的。有些红宝石和蓝宝石也可能用此方法处理过。

不过，大多数天然宝石在高温下加热处理都会发生不良的变化，如可能使宝石晶体内的微裂隙(俗称阴裂)扩展，使晶体中的气-液相包裹体爆裂产生大量裂纹，使结晶水失去而造成宝石泛白降低透明度。超高温甚至可能使宝石在局部发生熔解、熔融。所以对宝石做高温热处理应特别慎重，事前要严格检查宝石的质量，一定要作好预先处理，小心地控制温度。通常最好先用边角料或次级料反复做试验，有把握后，再进行正式试验。

二、升温或冷却的速度

把宝石放入加热炉内加热，是从室温开始升温。从室温升到最高温度，需要一定时间，这就有一个升温速度的问题。一般对宝石加热的速度要求很慢，原因主要是宝石的导热性差，如果升温太快，就可能造成宝石内外温差太大，引起宝石破裂产生裂纹。另外，宝石受热所产生的变化需要一个渐变过程，升温速度太快，会造成宝石各部位变化极不均衡，变化差异大，易产生色带、色斑等不良后果。尤其是高温和超高温热处理，升温速度更要慢且均匀，稍不注意就会造成无可挽回的经济损失。

同样，在宝石冷却过程中，冷却速度也不宜过快(除了使宝石裂化的试验)，否则同样造成不良后果。

当然，要求升温和冷却速度慢，并不是无限制地慢，还要考虑效率。升温和冷却速度一定要根据在不损坏宝石的前提下进行，另一方面还要考虑速度对宝石改善的效果和效率。对不同的宝石，它们的升温和冷却速度可能有一定差异。即使是同一种宝石，由于宝石品质、性质及改善目的不同，也要求有不同的升温和冷却速度。

由于升温和冷却速度对宝石有重要影响，因此，在对宝石进行热处理时，最好选用可以控制加温和降温速度的加热设备。目前许多生产企业或个体生产者对此重视不够，造成许多不必要的浪费和损失。

三、温度保持的时间

宝石在被加热到最高温度后，要在此温度停留一段时间。因为尽管炉温和宝石表面温度已达到所需的最高温度，但宝石内部的温度还没有达到最高温度，需保持最高温度一段时间，使整个宝石的温度达到均一。宝石达到均一温度(最高温度)的时间称为均温时间。在整个宝石温度均一后，常常还需要继续保持一段时间，以便宝石的变化充分，这段时间称为保温时间。

不同类型宝石，根据改善的目标、最高温度及宝石本身的性质，有不同的均温和保温时间，这要经过试验来确定。

宝石在经过均温和保温后，要进行冷却。通常情况下，是在空气中自然冷却，但有些经高温处理的宝石在冷却到一定温度范围时，会产生残余内应力。这种残余内应力对以后的加工和镶嵌不利，稍不小心，就会产生所谓“阴裂”，即残余内应力产生的裂纹。对此，在可能产生残余内应力的温度范围内，可降低冷却速度或在某一温度保持一段时间后再适当加快冷却速度，如用风冷的办法，以提高效率。有些情况下，也可以采用回火处理的办法来消除残余内应力，即对宝石再次加热，温度可低些，比如取原最高温度一半或三分之二。当然，这样做的前提是不产生不良后果，导致改善失败。

四、气氛

宝石热处理时的周围气氛是一个重要因素。不同的气氛往往会产生截然不同的热处理效果。根据气氛的性质及其对宝石的作用不同，可以把气氛分为三类：①氧化性气氛；②还原性气氛；③中性气氛。

1．热处理气氛的概念

在中温和低温热处理过程中，气氛对宝石的作用不明显，只有在高温和超高温时，气氛才显得十分重要。但是，气氛的作用是比较复杂的。大多数宝石中或多或少都含有氧离子，如果宝石在热处理时，加热环境的密封条件比较好，与外界物质交换可以忽略，那么，当宝石被加热一段时间后，宝石中氧化物（如 SiO_2、Fe_2O_3、TiO_2 等）与周围气氛中的氧将达到平衡，氧逸度保持不变，这就是所谓的平衡氧分压，用 p_{O_2}表示。如果向加热炉内通入过量的氧气（或富含氧气的空气），那么，平衡将被打破，在高温条件下，极少量的氧原子会渗入宝石晶体内，占据阴离子空位，并使阳离子氧化，价态升高，如 $Fe^{2+} \longrightarrow Fe^{3+}$。可以称此时的气氛为氧化性气氛；如果通入加热环境的不是氧气（或空气），而是氢气，那么在一定温度下会有 $H_2+O_2 \longrightarrow H_2O$ 的化学反应进行，这就造成周围气氛中的氧气减少，氧分压降低，当达到很高温度时，宝石中的少数氧离子会逸出晶体，与H_2反应，生成H_2O，或者生成氧分子，转移电荷，使宝石中的阳离子还原，价态降低，如 $Fe^{3+} \longrightarrow Fe^{2+}$。这样的气氛就是还原性气氛。

2．产生气氛的方法

造成氧化性气氛的最简单的方法，就是不密封加热环境，让空气能自由进出。很多宝石热处理在普通的炭火炉、马福炉中进行，就是处于这样的氧化性气氛中。如一些红宝石、蓝宝石的加热处理就是如此。当然如果氧化作用对宝石改善至关重要，那么用可控制气氛的加热炉进行宝石热处理，效果会更好，且容易控制宝石的颜色变化程度和方向。

还原性气氛也有比较简单的生成方法，如用木炭包裹宝石，再用胶泥封口，放入明火的燃煤炉中烧，这样在宝石周围发生如下化学反应：

$$2C+O_2 \longrightarrow 2CO$$

$$2CO+O_2 \longrightarrow CO_2$$

造成一个缺氧的还原性气氛环境，达到还原宝石中阳离子的目的。此外，还有一些制造还原性气氛的途径。如使用天然气、丙烷、汽油等作燃料，对燃烧所需的氧气加以控制，使燃料处于不完全燃烧状态，生成大量 CO 气体，那么燃烧炉内的宝石就获得一个还原性气氛。

中性气氛在宝石的热处理中不常用，只在一些特殊的场合下偶尔采用。

目前，珠宝市场上出售的大多数宝石热处理改善品，是采用一些“土”办法获得的，尤其是在泰国、斯里兰卡和马达加斯加，有许多简易的加热炉，用来处理红宝石、蓝宝石、翡翠等，改色效果很好。不过，这类“土”办法所造成的浪费和损失也比较大。如果有条件的话，应尽可能采用一些比较先进的有调控装置的加热设备。

五、热处理中的气氛压力

气氛压力对宝石热处理的影响不如上面几个因素那么明显，不过，对于有些宝石的热处理，压力也很重要。适当施加压力，一方面可以加强氧化或还原作用，提高宝石热处理效果，另一方面也可以防止宝石中某些组分发生分解反应。这一点对石榴石类宝石的改色非常重要，大多数天然石榴石类宝石晶体存在不同程度的非同成分熔化。另外，在比较高的气氛压力下，还可以使致色离子的扩散速度加快，扩散深度加大。一定的压力还可以防止宝石产生爆裂，减少残余内应力等。

目前，在宝石热处理中很少考虑气氛的压力，一则是因为现在所用的加热炉无法施加压力，且大部分宝石热处理可以不考虑压力变化。另一个原因是带加压装置的热处理生产设备投资太大，成本比较高。但随着对宝石热处理的要求越来越高，控制气氛压力会逐渐得到重视。

六、添加剂

在有些宝石的热处理中，除了改变环境气氛用的添加物（如木炭）外，有时还要添加一些其他材料，如有些宝石晶体中缺少某种致色所必需的杂质离子，此时可以在宝石周围添加一些富含该致色杂质离子的盐类，让它们与宝石接触，在高温或超高温条件下，使杂质离子从外界向宝石内扩散。这样就可以使无色宝石变为有色宝石或改变宝石的颜色。目前用这种热扩散法来改变刚玉的颜色已取得成功。

另外，在化学热处理中，颜料、各种酸、碱溶液和溶剂等添加剂都是经常使用的。

无论哪种添加剂，其目的都是从外界补充宝石本身所缺少的各种致色离子、生色团等。

上面讨论了六种影响宝石热处理的因素。那么，针对这些影响因素，人们总是希望能确定宝石热处理的具体条件，以尽量减少改善处理的失败。但在实际试验中，精确地控制热处理条件是难以做到的。因为要控制加热条件，必须对加热炉配套一些复杂的控制装置，如控温装置、控压装置、气氛控制装置等。这牵涉到很多复杂的炉体设计和计算问题。因此，目前人们只能凭经验人为地调节加热条件，只是粗略地估计。另一方面，前面已谈到，由于天然宝石生长环境千差万别，造成其性质变化也比较大，因此，实际上也很难对某种宝石给出一个“放之四海而皆准”的标准热处理条件。正因为如此，就给天然宝石的人工改善增加了难度，也增加了宝石改色的神秘性，让许多人无法捉摸。这样说，并不是指宝石热处理的条件不可确定，而是为了说明热处理条件的给出只能有一个大致的范围，且有很强的局限性，即在此地宝石适用的条件，不一定适用于另一地的同类宝石。某一产地宝石热处理的条件，只能根据宝石的性质反复试验去确定。

第三节　热处理设备及其配套装置

宝石的热处理，需要一定的热处理设备，其中热处理炉（也称加热炉）是最重要的热处理设备。这些热处理炉有许多类型，若按热能的来源分类，可将其分为电阻炉、燃料炉两大类；若按炉膛的介质类型分类，则有自然介质（空气）炉、可控气氛炉、真空炉和盐浴炉；若按工作温度分类，则可分为中低温炉（≤650℃）、高温炉（650—1 000℃）和超高温炉（>1 000℃）。不同宝石的热处理，根据需要可选用不同的热处理炉。

一、筑炉材料

不管是电阻炉还是燃料炉，在其结构中都必须有筑炉材料起耐火、承载和保温节能的作用。筑炉材料主要包括耐火材料和保温材料。

1. 耐火材料

一般凡是能抵抗高温和高温下产生的物理、化学作用的材料均可作耐火材料。耐火材料的性能好坏可以从它的物理和工作性能来判别。其中物理性能包括材料的体积密度、相对密度、气孔率、吸水率、透气性、耐压强度、热膨胀性、导热性、热容量等；工作性能包括材料的耐火度、荷重软化点及在高温下的化学稳定性和体积稳定性、耐热冲击的能力等。工作性能由材料的物理和化学性能决定，其具体指标都是在特定的实验条件下测出来的。因此，表 5-2 所给的耐火度与实际情况可能会有一定差异，不过，它们仍可作为判断耐火材料性能的重要依据。

表 5-2　　热处理炉用的耐火材料及耐火度

材料		耐火度(℃)	适用的炉内气氛	备注
玻璃类	耐火玻璃	500	各种气氛	
	Vycor 玻璃	1 100	各种气氛	
	石英玻璃	1 200	氧化性、自然空气、中性	
氧化物类	瓷器皿	1 100—1 300	各种气氛	
	耐火粘土砖	1 200—1 500	各种气氛	
	高铝耐火砖	1 600	各种气氛	
	莫来石($3Al_2O_3 \cdot 2SiO_2$)	1 700	除还原气氛外的各种气氛	
	夕线石($Al_2O_3 \cdot SiO_2$)	1 700	除还原气氛外的各种气氛	
	锆　石	1 750	除还原气氛外的各种气氛	
	尖晶石	1 800—1 900	各种气氛	耐热冲击差
	氧化铝	1 850—1 900	各种气氛	
	氧化镁	2 300	氧化性	耐热冲击差
	氧化钍(经稳定处理)	2 700	氧化性、中性	耐热冲击差
金属类	铁、镍	1 100	中性、还原性	
	铂	1500	各种气氛	
	铑	1 800	各种气氛	
	钽、铱	2 000—2 100	各种气氛	
	钼	2 100	中性、还原性	
	钨	3 000	中性、还原性	
其他	碳化硅	1 500	中性、氧化性	
	氮化硅	2 900	中性、氧化性	
	碳、石墨	3 000	中性、氧化性	

从表 5-2 中可以看出，不同类型的耐火材料，它们的耐火度有很大差异，要求的工作气氛也不相同。当然还有其他的一些差异。因此，如果自制加热炉，则要根据将要加热处理的宝石

性质和加热处理的工艺要求，选用适当的耐火材料作炉壁，宝石加热的最高温度一定要比耐火材料的耐火度低100℃左右或更低才行。此外还要适当考虑炉内耐火材料适应的气氛和其他工作性能（如耐热冲击性）。通常情况下，宝石一次热处理量并不很大（几克至几千克），因此，可以把耐火材料做成盘、坩埚、管、筒（一端封口）和岩心管状，也可以制成耐火砖，再砌成箱形、井状、桶状、槽状等。如果是用工业用或实验室用热处理炉，那么一定要搞清加热炉内的耐火材料的类型及其性能，看是否适合于宝石热处理。若不合适，则要改造后才用。

2.保温材料

在制造高温—超高温加热炉时，一般均要在耐火材料层外面再包一层保温材料层，其作用是减少热量散失、节省热能、缩短加热时间，并使炉膛内温度达到极限值。

保温材料的主要特点是体积密度小、导热系数小（0.85×10^{-3}W/m·K）、比热小等。表5-3给出了常用的保温材料及性能。保温材料也有一定的适用范围，应根据具体需要来选用。

表5-3 保温材料的技术性能

名　　称	容重（kg/m³）	最高使用温度（℃）	导热系数（W/m·K）
硅藻土粉	680	900	0.38×10^{-3}
硅藻土砖	500	900	0.40×10^{-3}
硅藻土砖	600	900	0.53×10^{-3}
硅藻土砖	700	950	0.72×10^{-3}
膨胀蛭石	250	1 100	0.26×10^{-3}
膨胀蛭石	<200	1 100	$<0.25\times10^{-3}$
矿 渣 棉	200	700	0.22×10^{-3}
矿 渣 棉	300	700	0.25×10^{-3}
石 棉 板	900	500	0.59×10^{-3}
硅酸铝耐火纤维	105	1 300	0.46×10^{-3}（1 200℃），0.31×10^{-3}（900℃） 0.30×10^{-3}（600℃）
	168	1 300	0.65×10^{-3}（1 200℃），0.44×10^{-3}（900℃） 0.34×10^{-3}（700℃），0.24×10^{-3}（500℃）
	210	1 300	0.86×10^{-3}（1 200℃），0.53×10^{-3}（900℃） 0.39×10^{-3}（700℃），0.30×10^{-3}（500℃）

（臧尔寿，1983）

二、加热炉的温度测量与控制装置

在进行宝石热处理时，人们常常希望了解炉内的温度状况，并对其加以控制。这就需要在热处理炉中配装测温和控温仪表。常用的测温仪表可分为一次仪表（如热电偶、辐射高温计）和二次仪表（如毫伏计、电子电位差计），此外，还有光学高温计、水银温度计等。下面简单介绍一下这几种测温仪表。

1.热电偶

热电偶是温度测量中使用最广泛的感温元件，它具有结构简单、使用方便、测量精度高、测量范围广等优点，主要用来和毫安计、电子电位差计等二次仪表配合使用，以测量0—1 600℃范围内的温度。

热电偶的测量原理是：当两根成分不同的导线连接在一起组成闭合回路时，若两接点的温度不同，回路中就会产生电动势，称为热电势。热电势的大小只与导体的材料性质和两接点的温度差有关。当导体材料一定时，两接点的温差愈大，热电势就愈大。因此，可以通过测量热电势的大小来达到测量温度的目的。图 5-2 为热电偶示意图。组成热电偶的两根成分不同的导线 A 和 B 称为热电极。两导线一个焊接端是工作端，称热端，放入炉腔的介质中；另一端称参考端，也称冷端，与电流表连接。当工作端与参考端温度不同时，热电偶产生的热电势便可由表按温度标度指示或记录，热电偶的结构见图 5-3。两根热电极上套有绝缘管，以防短路，并装在用耐热钢或陶瓷制的保护管内，以防止有害物质的侵蚀。常用的热电偶及特性见表 5-4。热电偶在工作时，其参考端应被放在一个盛有冰或零度水的水槽中。但实际应用中常将其接入有参考端温度自动补偿机构的仪表上，如电子电位差计。

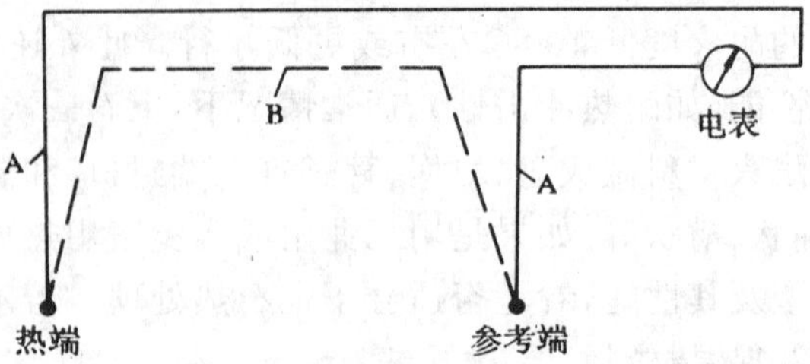

图 5-2 热电偶示意图

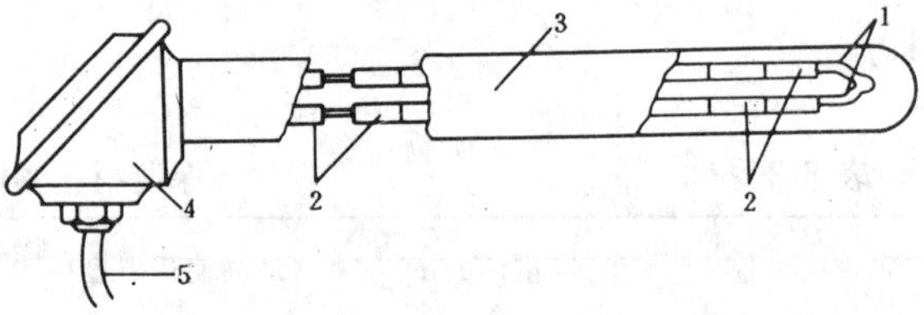

图 5-3 热电偶结构图

（刘增沛等，1984）

1. 热电极；2. 绝缘套管；3. 保护套；4. 接线盒；5. 补偿导线

表 5-4 常用热电偶特性

热电偶名称	型 号	分度号	热电极材料			100℃时热电势①(MV)	使用温度(℃)②		允许误差(℃)
			极性	识 别	化学成分(%)		长 期	短期	
铂铑-铂	WRLB	LB-3	+	较 硬	Pt 90, Rh 10	0.634	0—1 300	1 600	$t \leqslant 600$℃时，允许误差为±3℃；$t > 600$℃时，允许误差为±0.5%t
			－	柔 软	Pt 100				
镍铬-镍硅（镍铬-镍铝）	WREU	EU-2	+	不亲磁	Cr 9—10, Mn 0.3 Si 0.6, Co 0.4—0.7 Ni 余	4.10	0—900	1 200	$t \leqslant 400$℃时，允许误差为±4℃；$t > 400$℃时，允许误差为±0.75%t
			－	稍亲磁	Si 2—3; Mn 0.6 Co 0.4—0.7 Ni 余				
镍铬-考铜	WREA	EA-2	+	色较暗	Ni 90 Cr 9.7 Si 0.3	0—600	0—600	800	$t \leqslant 400$℃时，允许误差为±4℃；$t > 400$℃时，允许误差为±1%t
			－	银白色	Cu 56 Ni 44				

①100℃时热电势，指参考端为 0℃、工作端为 100℃时的热电势。（刘增沛等，1984）

②t 为热电偶工作端温度值，以下同。

有关热电偶的使用和安装有专业文献和教科书可以查阅，这里不再作介绍。

2. 辐射高温计

这是一种非接触式高温仪表，多用于超高温或无法用热电偶测温的地方。受热物体不断向周围放射热能（热辐射），受热物体的温度越高，其热辐射能力就越强，即物体热辐射能力的强弱与本身的温度之间存在对应关系。辐射高温计就是据此进行测温的。

辐射高温计主要由辐射感温器和显示仪表两部分组成。其结构如图 5-4。感温器包括物镜、补偿光栏、热电堆等，显示仪表常用毫伏计或电子电位差计。测温时，先通过目镜对准被测物体，该物体辐射的热能由物镜聚集在热电堆（由 8 对细的热电偶组成）的工作端上，热电堆把辐射能转变为电信号，电导线输入显示仪表内，最后以温度值显示出来。

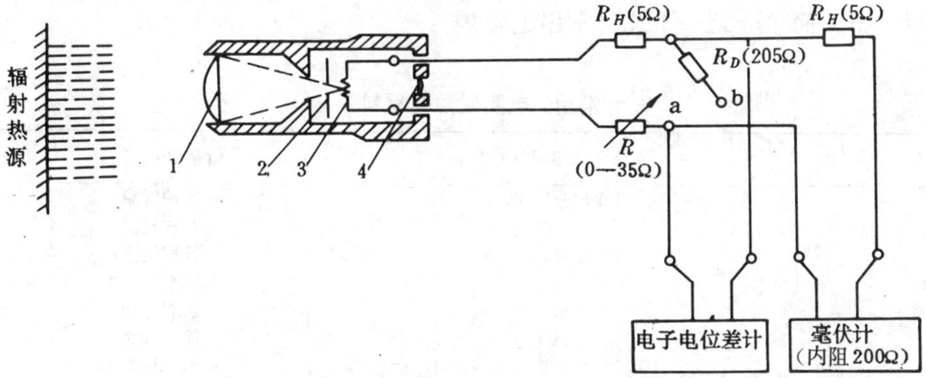

图 5-4　WFT-202 型辐射高温计结构原理示意图

（刘增沛等，1984）

1. 物镜；2. 补偿光栏；3. 热电堆；4. 目镜

3. 玻璃管水银温度计

通常用于测量 500℃以下的温度，但玻璃管不能承受太大的热冲击，故使用不如热电偶广泛。只在中、低温热处理时用。

4. 加热炉温度自动控制系统

主要用于电阻炉的炉温控制。就是根据实际炉温和给定炉温的偏差，自动接通和断开炉子的电源，使炉温稳定在给定温度范围之内。这对宝石热处理中的恒温十分重要。

常见的炉温控制系统见图 5-5。

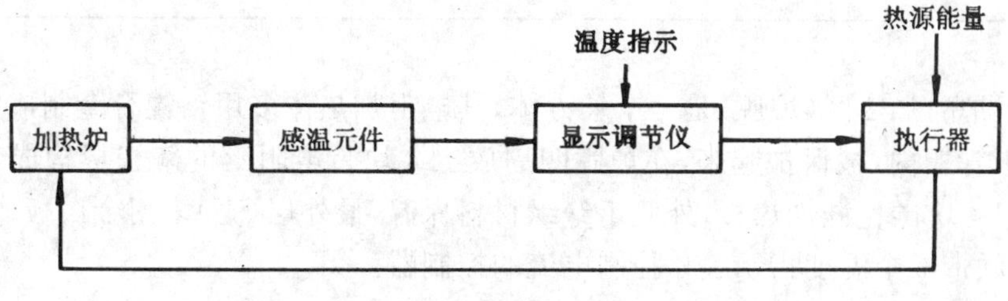

图 5-5　炉温自动控制系统示意图

感温元件把炉内温度信号传给显示调节仪，当温度偏离给定温度时，仪表调节机构能对执行器发出一调节规律信号，执行器据此信号，按某一规律来改变热源的功率，以实现温度的控制。

三、常用热处理炉

1. 电阻炉

电阻炉是用电阻发热体(如电阻丝或碳化砖棒)供热的热处理炉。应用较多的有：箱式电阻炉、井式电阻炉、碳管炉等。

在电阻炉中，电阻发热体产生的热量取决于电流(电压)、电阻和传热的方式。常用的电阻发热体材料见表5-5。有些电阻发热体需要特殊的保护性气氛，如碳化砖需要在氧化性气氛中使用，钨丝则要在中性气氛中使用。有关电阻炉的温度测量和控制装置可参阅一些有关热处理设备的文献。下面简单介绍一下几种常用电阻炉。

表5-5　　常用的电阻发热体材料

材　　料	最大有效温度(℃)	所需环境气氛
镍铬合金	1 100—1 300	各种气氛
铂	1 400	各种气氛
铂-铷合金	1 500—1 700	各种气氛
碳化硅(棒)	1 500	氧化性、中性
钼	1 800	还原性、中性
氧化锆	2 800	各种气氛
钨	2 800	中性、还原性
石　墨	3 000	中性、还原性

(1)箱式电阻炉　有时也称马福炉。按工作温度可分为高温、中温和低温3种。我国制造的箱式电阻炉已经系列化，可用于宝石热处理的箱式电阻炉主要是功率比较小的一类(表5-6)。

表5-6　　国产箱式电阻炉

技术规格		额定功率(kW)	额定电压(V)	相　数	最高工作温度(℃)	炉膛尺寸(mm^3)
高温式	RJX-14-13	14	380	3	1 300	520×220×200
	RJX-25-13	25	380	3	1 300	600×300×280
中温式	RJX-15-9	15	380/220	3	950	650×300×250

箱式电阻炉的加热区(炉膛)是一个长方体，其电阻加热体多用铬镍合金制成螺旋线圈状、并放在陶瓷板管槽内，被保护起来，在炉膛四周放上4块带电阻丝的陶瓷板构成炉膛加热区，高温炉有时用4块碳化硅加热板，外侧用绝缘材料保温，最外层(壳)多用金属板作外壳。测温用热电偶，并联带一个温度指示表和控制电流的控制器。

在宝石热处理中，一般用高温箱式电阻炉对宝石作高—超高温处理。中温炉用于对宝石作中温处理和部分高温处理，而用低温炉作低温和部分中温处理(＜300℃)。

箱式电阻炉的最大优点是结构简单，操作简便，成本低，因而应用广泛。现在许多宝石热处理就是用这种炉子进行的。但这种电阻炉也存在热效率低、热损失大、升温慢、炉温不均、对宝石＞1 300℃超高温热处理无能为力等缺点。

(2)井式电阻炉　也称管炉，它的加热区呈管状(井状)，样品一般是直立向下放入炉内。井式电阻炉的电阻丝多用铂-铑合金，可获得1 700℃左右的高温。电阻丝保护管(套管)用氧化铝制作，它有螺旋状的槽，电阻丝就缠绕在其中。其外侧也有绝热材料保温。外壳多用钢壳或铝壳。样品就放在套管之内(图5-6)。

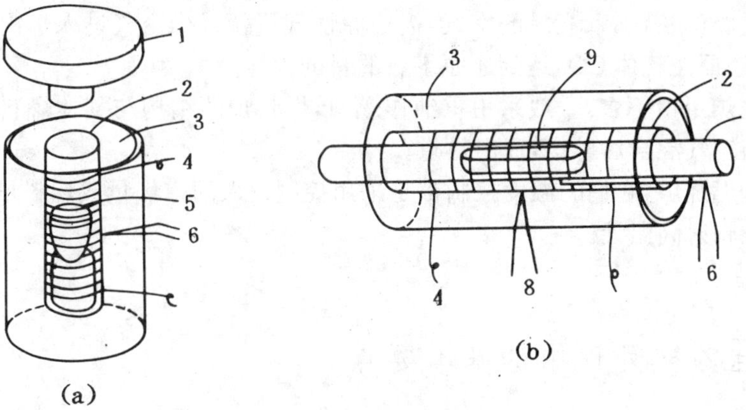

图5-6　井式炉(a)和管式炉(b)结构示意图

(K. Nassau，1984)

1. 盖；2. 套管；3. 绝缘层；4. 电流；5. 坩埚；6. 热电偶；7. 内管；8. 控制热电偶；9. 样盒

井式(管式)电阻炉多用于宝石的高温和超高温热处理。它的工作温度较高，操作简单，但处理样品量较少，炉膛内的温度也不均，成本也较高。从经济方面考虑，多用于高档宝石的高温和超高温热处理。

(3)碳管电阻炉　也称石墨炉。它的电阻发热体是用石墨制成的。其结构类似于管炉，只是套管被石墨线圈管代替了。它的绝热材料也是石墨粉。并要在炉内使用保护性气氛(还原性气氛或中性气氛)，以防止石墨电阻丝和绝热层氧化。碳管电阻炉的最高温度可以达到2 800℃，足以熔化绝大部分宝石。在如此高温下，保护性气氛(氢、氮)常会与碳化合生成有毒气体，因此，在使用碳管电阻炉时要有比较好的通风条件，另外，由于碳有很强的还原性，所以该类电阻炉适合于还原气氛下的宝石高温和超高温处理。

2. 燃料炉

燃料炉也是宝石热处理中常用的热处理设备。若按燃料种类可分为气体燃料炉、液体燃料炉和固体燃料炉三种。使用各种气体燃料炉，可以获得很高的温度(＞1 500℃)，常用的气体燃料有：煤气、丙烷、氢气＋氧气、乙炔。它们燃烧的焰火可达到的温度见表5-7。

表5-7　气体燃料燃烧所达到的最高温度值

气体混合	温度(℃)
煤气＋空气	1 800
氢气＋空气	2 000
煤气＋氧气	2 300
氢气＋氧气	2 500
乙炔＋氧气	3 000

燃气炉的结构比较简单，有燃气喷嘴和燃气加压装置、空气（氧气）喷入及调节装置，还有燃烧室。为使燃烧室温度均匀，喷嘴都沿切线方向环布。炉体也由耐火材料砌成炉膛和外层的绝热层及外壳（钢体）组成。调节炉温可用调节燃气喷出量来控制。

固体燃料炉主要是煤炉，多采用底燃室式炉。煤通过燃烧放出热量加温样品室，使宝石受热发生变化。泰国等国家民间所采用的大多数为此类燃料炉。宝石盛放在一坩埚内，放在焰火中烧，需氧化性气氛就通入充足的空气，需还原性气氛就减少空气进入炉内的量，使燃烧不充分，产生大量还原性气体CO，达到还原宝石的目的。

液体燃烧炉用得不多，一般采用重油作燃料，燃料炉的结构与气体燃料炉类似，就是把油喷入燃烧室与空气混合后燃烧，放出热量。

不论哪种燃烧炉，它们的温度控制都是采用控制进入的空气量或燃料量来完成。测温也都是用热电偶或辐射高温计。

第四节　宝石热处理中的基本要点

一、热处理实验

无论怎样对宝石进行改善处理，实验都必须搞清改善的目的和可能性。因为天然宝石是贵重商品，处理不当会造成很大的经济损失。因此，要杜绝那种“行不行，先烧烧”的盲目做法。宝石热处理的主要目的是改变宝石中阳离子的价态和消除不稳定色心。前者多用高温和超高温热处理方法，后者多用中温热处理。那么，一种宝石是否有必要进行热处理，首先要查清它的主要致色因素，用热处理方法是否可以改变这些因素。如果可以，那么要确定大致的热处理条件。在这样的前提下，制定一个实验方案，就可以做到尽量减少盲目性，减小风险，并取得事半功倍的效果。

二、实验中的几个问题

1. 样品的选择和准备

热处理的宝石样品一般是用成品或半成品，因为毛料（原石）通常粒度较大，表面凹凸不平，且有较多的裂纹或“外皮”。直接用毛料进行热处理会产生以下不良后果：①由于块较大，那么热处理的效率就会降低，加热时间长，改色很难深入到宝石内部，且如果无用的外皮太厚的话，那么，它会起隔热作用，阻止热量传入内部，从而造成很大的热能损耗；②由于毛料形态不规则，表面粗糙不平，受热就不易均匀，使宝石中的温度分布也不均匀，则不利于宝石内部的变化；③已有的裂纹在受热后，可能会扩展到宝石内部，从而损毁整个宝石。因此，宝石样品应尽可能没有裂纹，若有的话，应设法切除。由此可见，用半成品和成品宝石作实验样品是为了避免上述可能出现的不良后果。当然，对有些宝石原料，如砂矿中磨圆度很好的毛料，也可以直接进行热处理，然后再加工成成品。

另外，如果对一种宝石的颜色成因不明，一时又查不出，那就不妨试着加热处理一下，不过，最好是先用边角余料试一下。如果有效果，且试验条件基本掌握了，那么就可以大量试验。

2.热处理设备的选择

热处理设备是进行宝石热处理的基本工具，可简可繁。简单的热处理实验，有时可在化学实验室，用酒精灯作热源，把宝石样品放入试管中或坩埚内，移至酒精灯焰火上烧就行。这样的试验简便快捷，且可以直接观察宝石的外观变化情况，因此经常使用。但要注意，此方法的缺点也很明显，如受热不均，温度不能太高，一次试验样量少，另外，只能在空气中使用，无法控制温度和气氛等。

至于用一些“土”办法，如在煤炉中烧，也常用，但此法无法控温、损失大。如果有条件的话，还是用带调控装置的加热设备较好。低温热处理可以用各种烘箱进行，如鼓风式热烘干燥箱、红外热烘干箱、红外烤箱等。它们的温度范围为0—300℃，且可以调温和恒温。部分中温热处理(<300℃)也可用这种设备。中温热处理和高温热处理可以用马福炉进行，这种电阻炉在一般实验室是常用的通用型加热设备，它也可以调温控温，只是精度差一些。至于超高温实验，可以用碳管炉，如果没有，就用燃料炉代替。

3.注意事项

(1)如果采用电阻炉，要注意用电安全，燃料炉要注意通风条件好；

(2)有些具有色心的宝石，加热时要特别小心，温度不要太高(<700℃)，如果没有把握，就用有调控温度的设备；

(3)有些宝石热处理需要很长的时间，恒温期间应随时注意温度和设备情况，不要随便离开。

第六章　宝石辐照处理技术及设备

第一节　辐射及辐射源

一、辐射和辐照的概念

辐射是指波动(机械波或电磁波)或大量微观粒子(如质子、α 粒子等)从它们的发射源出发,在空间或媒质中向各方向传播的过程,但有时也指波动能或大量微观粒子本身。本书中所用的"辐射"概念系指后一种涵义。辐照是指辐射对物质体(如宝石)的作用过程,由辐照所引起的物质体的物理和化学反应,称为辐照效应。

辐射通常指电离辐射,因为辐射在与物质作用过程中,可以直接或间接地通过能量转换而使被辐照物质发生电离效应。常见的电离辐射有四类:①重带电粒子:②高能电子;③电磁辐射;④中子(表 6-1、6-2)。

表 6-1　　某些常见的电离辐射及其特性

名　称	符　号	电　荷	静止质量*
电磁辐射	γ 或 X	0	0
电　子	e 或 β	−1	0.00548597
正电子	e^+ 或 β^+	+1	0.00548597
μ 介子	$\mu^\pm$	+1、−1	0.113432
π 介子	$\pi^\pm$	+1、−1	0.149848
质　子	p	+1	1.0072766
中　子	n	0	1.0086654
氘　核	d(D)	+1	2.0135536
α 粒子	α	+2	4.0015064
裂变碎片	FP	20—22	～95—139

*　原子质量单位

表 6-2　　能量为 1MeV 的电离辐射的射程*

辐射类型	射　程 (cm)	
	水　中	空气中
β 或 e	0.5	400
X 或 γ	10**	7 000**
中　子	1.5**	大**
质　子	0.002	2.25
α 粒子	0.0005	0.5
FP(100MeV)	0.01	2.5

*(近似值)。**　为半减弱厚度,即射线强度降低一半时吸收物质的厚度。

1. 重带电粒子

常见的重带电粒子有：质子、氘核、α粒子、裂变碎片等，它们带有不同数量的正电荷，质量比电子大得多。这里以α粒子为例，简单介绍一下重带电粒子的特点。

α粒子是放射性元素放射出来的高速飞行的氦原子核（$^{4}_{2}He$），它带有两个正电荷，质量接近4。α射线在通过物质时主要与处于粒子径迹附近的原子或原子中的电子发生碰撞，引起激发与电离而损失能量，需要通过多次碰撞，它的速度才会逐渐减慢，但方向基本不改变。α粒子损失的能量使得其径迹附近形成大量的激发原子或离子，例如^{210}Po衰变产生的一个能量为5.6MeV的α粒子通过3.8cm空气层被阻停时总共产生约150 000个离子对和更多的激发分子。放射性同位素发射的α粒子能量是单一的，范围在4—10MeV之间，通常在空气中能穿行2—8cm，一定能量的α粒子在同一物质中穿过的最大距离（即射程）大体上是相同的。

2. 高能电子

高能电子包括放射性元素核转变时释放出来的β射线（电子或正电子）及电子加速器产生的能量接近单一的电子束。β射线的能量不是单一的；而是具有从零到某一最大值之间的连续分布（图6-1）。一般放射性核素的β射线能量为0.015—2MeV，电子加速器所产生的电子能量一般为0.2—10MeV之间。

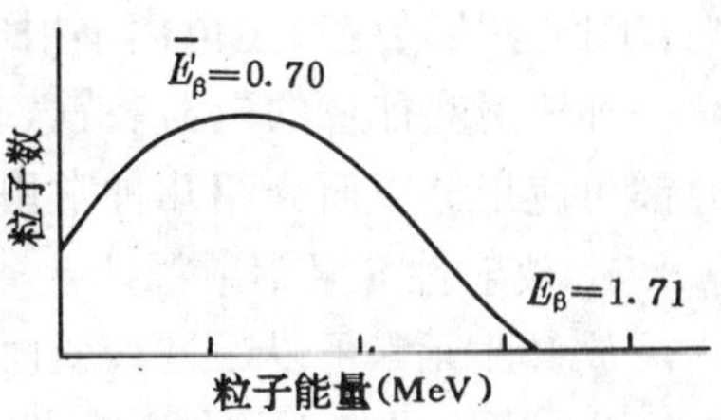

图6-1 ^{32}P的β粒子能谱图

（李承华，1988）

高能电子在通过物质时，主要与电子相碰撞而损失能量，从而引起物质中原子或离子的激发与电离，但由于电子质量小（1/1840），在与介质中的电子碰撞时不仅会失去较多的能量，而且运动方向会发生大角度偏转。另外，由于电子质量小，与具有同样能量的重带电粒子相比，其运动速度快得多，因此，高能电子穿透物质的能力较强，射程也较大。

3. 电磁辐射

γ射线与X射线本质上与可见光、电磁波一样，都是电磁辐射（图6-2），但它们在来源及能量分布上有所不同。

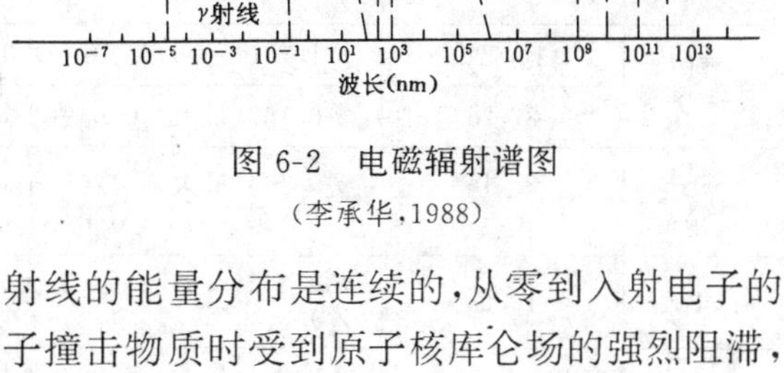

图6-2 电磁辐射谱图

（李承华，1988）

X射线可分为特征X射线与连续X射线两种。当原子的内层轨道电子被其他高能粒子碰撞而脱离原子轨道后所留下的空穴由外层电子填补时，外层电子多余的能量即以电磁辐射形式释放出来，这种辐射具有特定的波长，波长的大小与组成物质的原子内部电子构型有直接的关系，因此，这种辐射就称为特征X射线（也称为荧光X射线），特征X射线的能量可以从轻元素的几eV到超铀元素的0.1MeV。连续X射线的能量分布是连续的，从零到入射电子的最大能量之间，它是由于高能带电粒子特别是电子撞击物质时受到原子核库仑场的强烈阻滞，而将部分能量转换成电磁辐射。

γ射线是放射性核素衰变过程中产生的波长极短的电磁辐射，能量一般在0.04—4MeV之间。有的放射性核素发射出单一能量的γ射线，有的则发射出两种或两种以上的单一能量γ射线。如^{137}Cs只发射能量为0.66MeV的γ射线，而^{60}Co发射能量分别为1.17MeV和

1.33MeV 的两种 γ 射线。

电磁辐射既不带电，也没有静止质量，它在物质中的穿透能力比电子强得多（表 6-2）。另外，有时紫外射线也可用于辐照物质。

4. 中子

中子是质量约为一个原子质量单位的不带电粒子。它在自由状态下很不稳定，能以 11.7min 的半衰期自发地衰变成为一个质子和一个电子，中子的主要来源有核辐射源、重核裂变及轻核聚变等。根据中子的能量大小，可以将其分为：热中子（0.025eV）、慢中子（0.03—100eV）、中能中子（100—10keV）、快中子（10keV—10MeV）及高能中子（>10MeV）。

二、辐射源

辐射源是能够产生电离辐射的物质或装置。按辐射产生的机制不同，可将辐射源划分为两类：①通过核转变产生电离辐射的装置或物质，如核反应堆和放射性元素；②用电磁场把带电粒子加速至高能量的电器装置，或可产生电离辐射的装置。目前在宝石辐照处理中，两类辐射源都可应用。下面介绍几种常用的辐射源。

1. 放射性元素辐射源

放射性元素可以通过衰变而放射出 γ 射线及 β 射线，在宝石辐照处理中，通常主要是利用 γ 射线。可以做辐射源的放射性元素有很多（表 6-3），但目前在宝石改善研究和处理上用得最多的 γ 射线源是 ^{60}Co，个别也用 ^{137}Cs。

表 6-3 较常见的核素辐射源

同位素	半衰期	辐射类型与能量（MeV）
^{210}Po	138d	α 5.3（100%） γ 0.8（0.0012%）
^{220}Ra	1620a	α 4.777（94.3%），α 4.589（5.7%） γ 0.188（～4%） 存在子体辐射
^{222}Rn	3.8d	α 5.4p 存在子体辐射
^{3}H	12.26a	β 0.018（最大），0.0055（平均）
^{22}Na	2.6a	β^{+} 0.55（最大） γ 1.28
^{64}Cu	12.8h	β 0.66（最大），β 0.58（最大） γ 1.34
^{32}P ^{35}S	14.22d	β 1.71（最大），0.70（平均）
	87.2d	β 0.167（最大），0.049（平均）
^{90}Sr+ ^{90}Y	28.1a （^{90}Y，64h）	β 0.544（最大），0.205（平均），β（来自 ^{90}Sr） 2.25（最大），0.93（平均）
^{85}Kr	10.6a	β 0.672（<99.3%）（最大），β 0.15（≥0.7%）（最大） γ 0.514（≥0.7%）
^{60}Co	5.27a	β 0.314（最大），0.093（平均） γ 1.332，γ 1.173
^{137}Cs	30a	β 1.18（最大）（8%）} 0.21（平均） β 0.52（最大）（92%）} γ 0.6616（82%）

（李承华，1988）

众所周知，放射性元素都不断地发生衰变，一般可以用半衰期($T_{1/2}$)来表示放射性元素的衰变特征，它是指所给定的放射性元素数量变为初始值一半时所需要的时间。任何一种放射性元素在一个短的时间间隔(dt)内衰变掉的放射性元素的数量(dN)称为衰变率，也称为放射性活度，它表示某一时刻辐射源放射性的强弱，与所存在的放射性元素的数量 N 成正比：

$$-\frac{dN}{dt}=\lambda N=A$$

其中，λ 为衰变常数，A 为放射性活度，则半衰期 $T_{1/2}$ 与衰变常数的关系如下：

$$T_{1/2}=0.693/\lambda=0.693N/A$$

放射性活度的单位是 s^{-1}，此单位的专名为贝可勒尔，简称贝可，符号为 Bq。1Bq 表示放射性元素在 1s 内发生一次衰变。放射性元素的另一个常用单位是居里，符号为 Ci，它与 Bq 的换算如下：

$$1Ci=3.7\times10^{10}s^{-1}=3.7\times10^{10}Bq$$

$$1Bq=1s^{-1}=2.7\times10^{-11}Ci$$

另外，放射性元素辐射源的强弱也可以用辐射功率表示，它与放射性活度(A)的关系如下：

$$P=5.93\times10^{-3}E\cdot A$$

式中，P 为辐射功率(W)，E 是每次衰变所释放出的可能被利用的粒子总能量。

现以 ^{60}Co 辐射源为例说明一下放射性元素辐射源的特点。^{60}Co 是目前使用最广泛的 γ 辐射源，其衰变图见图 6-3。它的特点有以下几个方面：

(1)每次衰变可发射出两个能量相近的单一能量的 γ 射线，γ 射线穿透能力很强。可以很均匀地辐照宝石成品或半成品；

(2)半衰期较长(5.27a)，每年的放射性活度下降 12.6%，因此，可以较稳定地长时间辐照处理宝石；

(3)^{60}Co 的来源充足，易于获取，因而成本较低；

(4)^{60}Co 辐射源为金属固体，因而可根据需要制成各种形状(棒、片、管)，所制造的装置也比较简单，操作与维修方便。

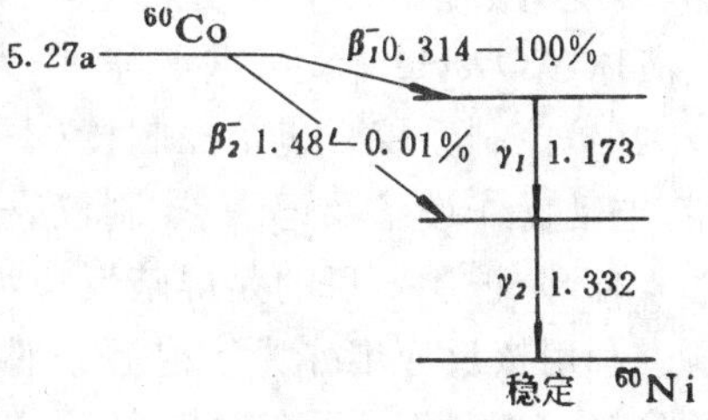

图 6-3 ^{60}Co 的衰变图

自然界的钴全部是稳定的 ^{59}Co，^{60}Co 是核反应堆中生产的一种产物，制备 ^{60}Co 的核反应为：

$$^{59}Co+n+\gamma\longrightarrow{}^{60}Co^{*}$$

$$T_{1/2}=10min$$

$$^{60}Co$$

式中的 $^{60}Co^{*}$ 是一种过渡的中间产物，99%以上的 $^{60}Co^{*}$ 以 10min 的半衰期通过同质异能跃迁转变为 ^{60}Co。通常把金属钴(^{59}Co)制成棒状、管状、颗粒状及其他所需形状，置于反应堆活性区辐照，使其经核反应转变为 ^{60}Co，然后将其从反应堆中取出，在热室中装入不锈钢筒内，双层严密焊封，就得到了棒状标准元件。用户可根据需要，组合成各种形状。目前国际市场上 ^{60}Co 的年供应量达到数百万居里。在应用中所采用的辐射源的比活度为 50—100Ci・g^{-1}。

除了用 ^{60}Co 作为 γ 射线源外，有时也使用 ^{137}Cs 作为辐射源。^{137}Cs 是一种重要的核裂变产物，它的裂变产额高、半衰期长、辐射功率较低，所发射的 γ 光子的能量也比 ^{60}Co 低，为

0.66MeV。

2. 核反应堆

核反应堆是一种进行可控链式核裂变反应的设备，它可以发射出强大的中子束和γ射线。

核反应堆通常用^{235}U或^{239}Pu作燃料，其核裂变反应如下：

$$^{235}U+n \longrightarrow {}^{236}U \longrightarrow 轻 F_1+重 F_2+2.5n+能量$$

从式中可以看出，核裂变反应可生成大量的轻裂片（原子量在90—102之间）和重裂片（原子量在132—143之间），并放出大量的β、γ射线和中子及巨大的能量。裂变时放出的中子被其他铀元素吸收又可引起更多的裂变反应，这样就构成了链式裂变反应。

核反应堆的种类很多，构造也不相同，图6-4是一种热中子裂变反应堆，其组成部分主要有如下几部分。

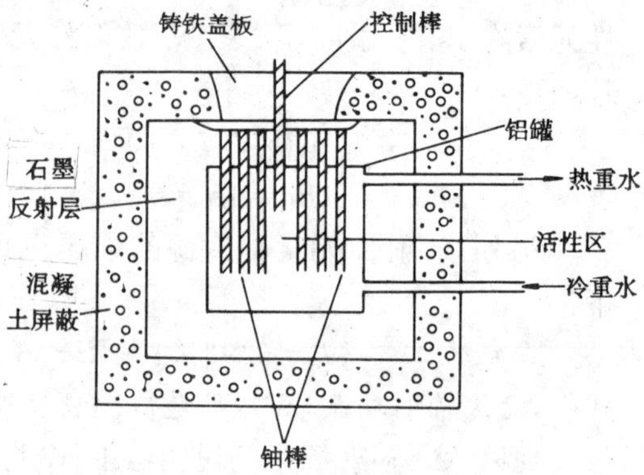

图6-4 反应堆结构示意图

（李承华，1988）

（1）活性区 活性区是核反应堆的核心，其内放置了核燃料和慢化剂（重水）。

（2）反射层 包围在活性区周围，由石墨块构成，目的是将逸出活性区的中子反射回去，减少中子损失。

（3）冷却系统 裂变产生的大量能量集中于堆芯，转变为热能，为了导出热量，一般采用低温气体或液体（CO_2、He、轻水、重水等）作为载热剂。

（4）控制系统 包括控制棒（石墨棒）、中子探测器、电动操作设备及记录、控制仪表等使反应堆正常运转的装置。

（5）防护层 目的是屏蔽反应堆中的中子与γ射线，使工作人员免于受到危害。

利用核反应堆作为辐射源来对宝石进行辐照处理，目前用得较少，因为反应堆中放出的粒子除γ、β射线外，还有大量中子，因而使宝石样品所受的辐照剂量太大，易产生缺陷凝聚，且会在样品中诱生放射性而污染宝石。

3. 电子加速器

电子加速器是用电磁场使电子获得高能量的装置。常用电子加速器的主要性能见表6-4。

表6-4 各类电子加速器的性能

加速器	电压(MV)	电流(mA)	功率(kW)
电子静电加速器	1.0—3.0	0.2—1.0	0.2—3
高压倍加器型	0.5—3.0	1—10	1—15
共振变压器型	1.0—2.0	～6.6	6—12
高频高压发生器型	0.75—3.0	10—50	1—150
微波电子直线加速器	4—10	0.2—0.35（平均）	1—30
绝缘磁芯变压器型	0.3—3.0	20—200	20—150
油浸变压器型	0.30—0.60	100—200	30—60

（李承华，1988）

（1）电子静电加速器 电子静电加速器是利用静电场产生电子，再由加速管加速而产生高速电子的电子加速装置，其结构如图 6-5 所示，接地的喷电电源电压达数万伏特负高压，使与其相连的喷电针排的针尖附近形成了强电场，并产生电晕放电，电子随即被喷射到输电带上。输电带在主马达的带动下高速转动，把负电荷带到高压电极内侧，与高压电极相连的刮电针排针尖在输电带上负电荷作用下，也形成负电荷集中，并转给高压电极，负电荷不断被送到高压电极上，使负电压不断上升，可达 10^7V，此高压通过一系列的分压片（加速电极片），均匀地被加到高真空的加速管上，电子枪在高压电极处于负高压时，其内的钨丝或钽丝产生的电子，在加速电场作用下，向加速管另一端加速运动，再通过磁场（扫描线圈）扩大辐照面积，最后照射到样品上。这种加速器一般加速能量为 1—3MeV，电子束流强度为 0.1—1mA，能量比较单一，在很大范围内可平滑调节。但由于高压电极的最高电压常有漏电或击穿现象，且输电带的转速和载荷量受限制，所以这种电子加速器功率较低，目前已很少使用了。

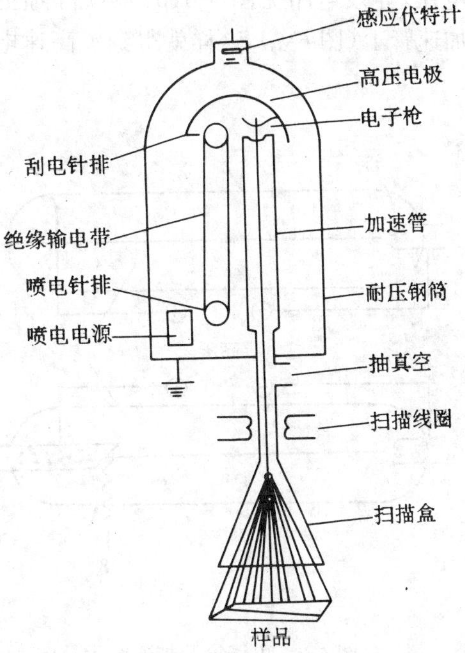

图 6-5　电子静电加速器示意图

（李承华，1988）

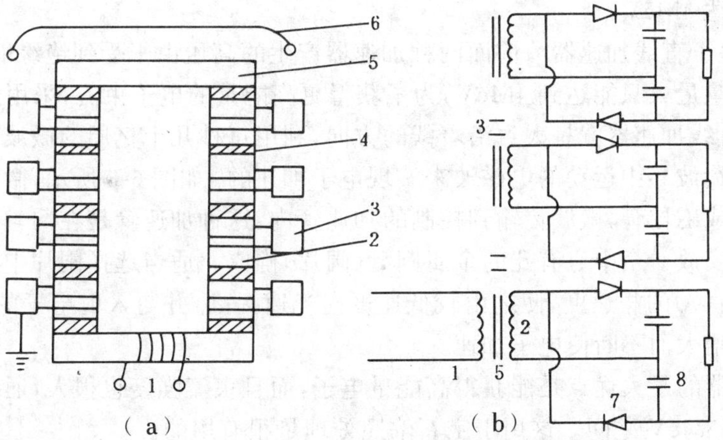

图 6-6　绝缘磁芯变压器(a)及等效电路(b)图

（李承华，1988）

1. 初级绕组；2. 次级绕组；3. 整流回路；4. 绝缘片；5. 磁芯；6. 高压电极；7. 整流器；8. 电容器

（2）绝缘磁芯变压直线加速器　这是一种新型的低压大功率加速器，用来加速电子可以得到数十甚至数百 kw 的束流功率。这种加速器的变压器部分实际上是由一个电源变压器和一系列整流回路构成，不过是用许多彼此绝缘的线圈代替标准的简单次级线圈，磁铁芯也被分成若干节，各节之间用绝缘材料隔开。如图 6-6(a)所示，次级绕组就绕在每节磁铁芯上，初级线圈用交流电激励时，所有二级绕组上都产生感应电压，每个次级绕组连接着一整套整流回路，把次级绕组上感应的交流电压分别整流，再把整流后的各分直流电压串联起来，就得到了直流高电压，等效电路见图 3-6(b)，然后再把变压器产生的直流高电压用高压电缆连接到电子枪和加速管上(图 6-7)，这样就得到了高速电子流。

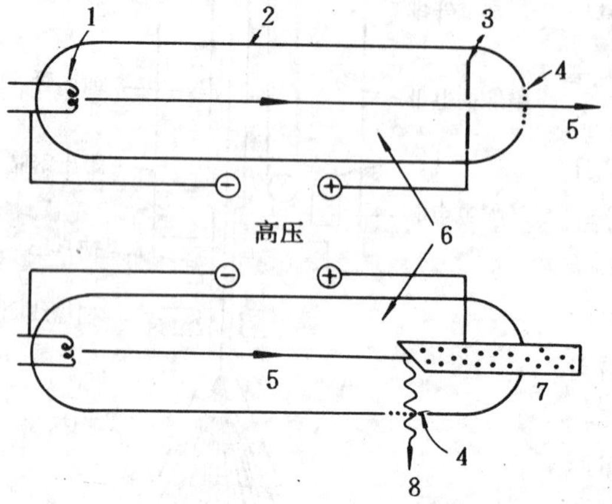

图 6-7　电子枪及加速管示意图

(K. Nassau，1984)

1. 高压电极；2. 玻璃管；3. 阳极；4. 发射窗口；5. 电子；6. 真空；7. 冷却水；8. X 射线

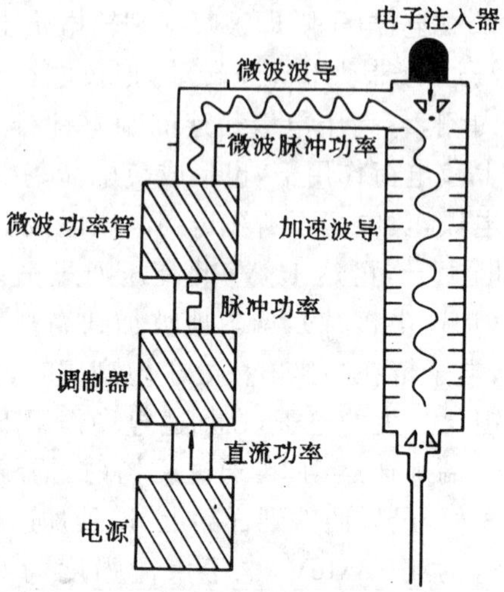

图 6-8　电子直线加速器略图

(李承华，1988)

这种电子加速器的特点是功率大，没有转动部件，工作稳定可靠，维修简单。其产生的电子束能量最大可达 4MeV。

(3)微波电子直线加速器　前面两种加速器产生的高压由于受到绝缘能力的限制，一般使用的电子束能量最大只能达到 4MeV，为了获得更高能量的电子束流，采用运动电场来加速电子。微波电子直线加速器就是大致沿着线的方向，利用每秒几十亿周的微波电子源产生的超高频电磁场在盘荷波导中运动的电磁波来实现电子加速的。如图 6-8 所示，微波功率源可以采用大功率调速管或磁控管，微波传输到控制的加速管内。这种加速管是在均匀圆柱形金属管内部每隔一定距离安放一个中心有孔的金属圆盘(阑片)构成。适当选择阑片中心孔的大小以调节运动电磁波(行波)的相速度，使之由较低速度向光速提高，并与入射电子的速度同步，随着电磁波相速度的增大而不断使电子加速。

这种加速器的最大优点是能获得高能量电子，而且束流强度也很大，通常所产生的电子能量在 4MeV—15MeV 之间。这用于宝石辐照处理是很有用的。

(4)X 射线管　X 射线管的简单结构如图 6-9 所示，玻璃管内抽成真空，阴极(钨丝)在外加高压下产生电子，这些电子在外加电场作用下射向阳极(金属靶)。金属靶通常用铜、钼、钨和铁等金属制成。加速电子打在金属靶上，而产生 X 射线，即特征 X 射线，不同的金属靶，产生的特征 X 射线能量不同。通常在 X 射线管的两极间加上 50—250kV 的恒定或脉冲电压。

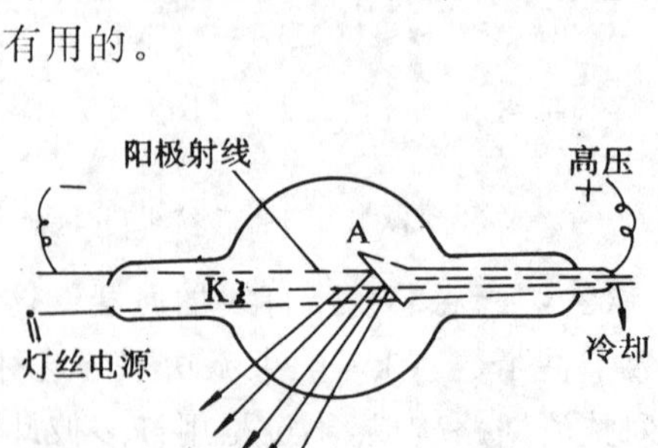

图 6-9　X 射线管示意图

第二节 辐照处理引起的宝石变化

用辐照处理宝石时，可以引起宝石的性质发生一定程度的变化，特别是颜色的变化。宝石性质的变化一方面取决于宝石本身的化学成分和晶体结构，另一方面取决于辐射类型、辐射能量大小、辐照时间及辐照方式等因素，这在后面将要讨论。这里先介绍一下宝石在辐照处理中的变化及其原理。

一、辐照使宝石颜色变化

如前所述，辐射粒子照射到宝石上时，高能粒子会与宝石中的原子或离子发生相互作用，而使宝石的离子电荷或晶体结构发生变化。从而使宝石颜色发生变化(表 6-5)。从目前的研究和应用来看，辐照使宝石致色的主要原理是，辐照使宝石晶体内产生各种色心，而使宝石产生颜色或改变颜色。这些由辐照产生的晶体缺陷色心，可分为两大类：电荷缺陷色心和离子缺陷色心。

表 6-5 辐照引起宝石的颜色变化表

宝石材料	颜色变化
绿柱石(海蓝宝石)	无色变为黄色；蓝变绿；淡蓝变为深蓝[a]
刚玉	无色变为黄色[b]；粉红色变为黄色[b](帕得马刚玉色)
金刚石	无色或淡色变为蓝、绿、黑、黄、棕、粉红或红色
珍珠	暗黑色变为灰、棕、“蓝”或“黑色”
水晶	无色、黄色或淡绿变为烟色、紫色、双色(紫—黄色)
锂辉石、紫锂辉石	变为黄色或绿色[a]
黄玉	无色变为黄色[b]、橙色[b]、棕色或蓝色
碧玺	无色或浅色变为黄、棕、粉红、红或绿红色[b]，蓝变紫色[b]
锆石	无色变为棕色到红色

a. 表示暴露于光下，颜色减弱 b. 见光，颜色可能会减弱；若有两个不同色心，有一个减弱，另一个不减弱。 (K. Nassau, 1984)

1. 辐照产生的电荷缺陷色心

宝石晶体中的电荷缺陷色心是指晶格点阵上的离子仅在带电性质上发生变化而形成的色心，而该晶格位上的离子既不增加也不减少。一般来说，在宝石晶体受到辐照时，辐射粒子与晶格位上离子的外层电子发生相互作用，把辐射能量传给了电子，电子在吸收一定能量后，就会克服离子的束缚而逃逸出去，这就是离子的电离或激发，从而形成了电荷缺陷色心。这种色心又可分为空位色心和电子色心。为了说明这两个概念，可以假设宝石晶体中由两种原子构成晶体点阵，一种是 A 原子，另一种是 B 原子，两者在未经辐照前电荷是处于平衡的，如图 6-10 所示，A 原子外层有 2 个电子，其中之一在辐照时吸收能量摆脱 A 原子逃逸出来，使 A 原子电离形成 A^+，而 B 原子有能力俘获这个电

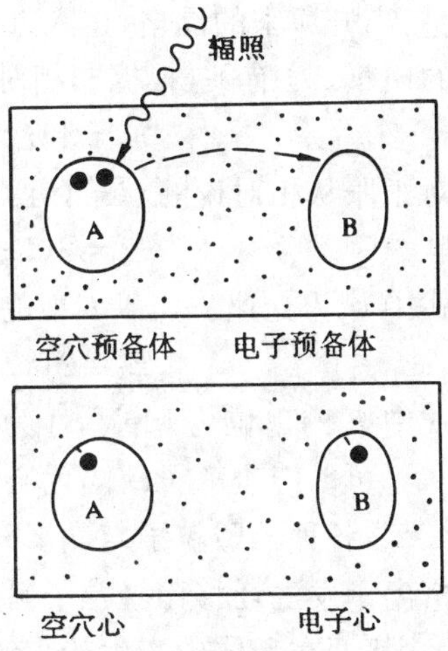

图 6-10 电荷缺陷色心的形成示意图

子，形成 B^- 离子：

$$A \xrightarrow{\text{辐照}} A^+ + e^-$$

$$B + e^- \longrightarrow B^-$$

如果 A^+ 是吸收光的基体，那么它就是空位色心，如果 B^- 为吸收光的基体，那么它就是电子色心。A、B 原子本身是不会吸收光产生颜色的，只有 A^+ 和 B^- 色心才能产生颜色。那么在宝石晶体中，到底是哪种色心为主导，或两者同样起作用，可以用核磁共振技术或 X 射线技术来研究确定，一般来说带电粒子（如 α 粒子、β 粒子）在与晶体格位上的离子或原子发生作用时，晶体所吸收的能量与入射带电粒子的电荷和速度有很大关系，带电粒子的电荷数越多，静电相互作用越强，传递的能量就越多；带电粒子的速度越大，粒子从离子束缚电子近旁掠过的时间越短，传递给电子的能量就越少。对于同一种宝石，如果能量相同，电子的穿透深度要比带电重粒子大得多。

用中子辐照宝石也可以产生电荷缺陷色心。中子本身不带电，它并不像带电粒子那样直接引起晶体中原子或离子的电离和激发，而是通过与原子核相互作用，产生了新的带电粒子或其他高能辐射，这些新的带电粒子或辐射将引起原子或离子的电离和激发，从而形成电荷缺陷色心。这种过程是一种间接的电离过程。

γ 射线和 X 射线的波长短、能量大，具有很强的穿透能力。用 γ 射线或 X 射线辐照宝石晶体，同样可以产生电荷缺陷色心，不过其过程更为复杂，光子不仅与电子相互作用，而且还与原子核发生作用，产生光子吸收，弹性散射或非弹性散射。

2. 辐照产生的离子缺陷色心

晶体中的离子缺陷是指正常晶格位的离子在位置上发生了变化，形成诸如负离子空位、正离子空位、空位聚集、填隙离子等缺陷。由此类缺陷所形成的色心就是离子缺陷色心。辐照处理可以形成离子缺陷色心。

在辐照宝石过程中，当辐射粒子进入宝石与晶体中的离子或原子彼此趋近到一定程度时，粒子与离子或原子发生显著的弹性碰撞，在碰撞过程中，彼此间发生能量转移，从而使碰撞粒子的运动状态发生显著的变化。为了在宝石晶体中获得离子缺陷，辐照粒子在与晶体离子碰撞过程中必须给予晶格离子或原子以足够的动能 E_k，使晶格离子能够克服其周围离子形成的势垒，离开原来的晶格，进入近邻的填隙位置。E_k 与入射辐射粒子的质量 M_1，能量 E 及晶格离子的质量 M_2 有关，根据非相对论正碰撞公式，给予的动能应为

$$E_k = 4M_1 \cdot M_2 \cdot E/(M_1 + M_2)^2;$$

对于服从相对论的粒子（近光速运动），上式改为：

$$E_k = 2(E + 2M_1C^2)E/M_2C^2;$$

式中 C 为光速。如果入射的粒子为电子，将电子质量和光速的数值代入上式可得：

$$E_k = 2147.7E(E + 1.022)/A$$

式中 E 的单位为 MeV，A 为晶格离子的原子量。

可以产生离子缺陷色心的辐射源有很多，常用的有 γ 射线、电子束、热中子、原子束和离子束等，各种辐照粒子与晶格离子之间的迁移能量如表 6-6 所示。从表中可以看出，重粒子使晶格离子发生迁移比轻粒子更为有效。但能量太大的重粒子在碰撞中转移给晶格离子的能量太大，从而在晶体中产生严重的凝聚缺陷。

3. 宝石辐照致色的逆过程

辐照处理宝石，可以使宝石内部产生色心而致色或改色。这种过程实际上是宝石晶体中

表 6-6　　各种辐照粒子和晶格离子间的能量迁移

粒子	能量 (MeV)	E_k(eV)			
		K	Cl	Mg	O
^{60}Co-γ射线	1.17	110	123	178	268
Cs-γ射线	0.66	41	46	67	101
电子	1	110	121	179	269
	2	330	368	537	805
	14	11,500	12000	19000	28000
	30	51,000	56500	83000	125000
光子	2	195000	261000	307000	443000
中子	2	195000	261000	307200	443000
α粒子	6	2.0×10^6	2.2×10^6	2.9×10^6	3.8×10^6

（高秀清等，1992）

不同类型缺陷（陷阱）俘获电子或空位的过程。不同种类宝石或不同产地的同一种宝石，含有不同类型的陷阱（组合），因而在经辐照后，可形成不同类型的色心，这些色心有不同的陷获能（即陷阱势垒 E_b 不同，图 2-24）。当改变宝石晶体的温度状态或用光照射宝石时，色心致色的宝石会发生漂白作用，如辐照形成烟晶加热至 400℃时褪色变成无色水晶，辐照形成的棕色黄玉经光照或加热可变成无色黄玉。由于不同宝石的色心有一定差异，因此，所需漂白的温度或光照强度及时间也不相同。另外，不同宝石的缺陷组合也常常不同，在辐照过程中，由于辐射源类型、能量、作用、时间等不同，可在宝石中形成不同类型的色心组合，宝石的颜色实际上是多种色心的综合表现。加热和光照过程中往往使陷获能较小的色心首先被漂白，随着温度的增高或光的强度加大，陷获能较大的色心被漂白。这样，宝石的颜色就会随加热温度的不同而变化。一般宝石色心越稳定，其颜色就越稳定，漂白温度就越高。在宝石改善中，常常采用一定的加热温度来固化宝石颜色，消除不稳定颜色。经漂白的宝石在适当辐照条件下又可以恢复色心，使颜色复原。因此辐照改色与加热（或光照）漂白是可逆的过程。

二、辐照处理所诱发的放射性

放射性是指放射性原子核由于处于不稳定状态，向另一种核素转变并放出辐射和能量的过程。常见的天然放射性元素有^{236}Ra、^{238}U、^{239}Pu、^{232}Th 等。它们通过放射出中子、α粒子、β射线、γ射线及大量能量而发生蜕变，形成其他稳定核素或元素。除了天然放射性核素外，通过高能辐照，可使一些稳定元素发生核反应而产生放射性，这就是辐照诱生的放射性。能诱生放射性的辐照粒子主要是中子束、10MeV 以上的高能电子束、质子束及α粒子束。通常宝石辐照处理中，诱生放射性的主要是中子辐照。在进行中子辐照时，由于中子可以直接与原子核发生相互作用，并转递能量给原子核，从而使其发生核反应。在宝石中，中子可诱发的核反应有多种形式，其中最主要的是稳定元素受中子辐照后，吸收中子，变成放射性核素，这种核素可自行衰变而放射出γ射线或β射线。如

$$^{45}_{21}Sc + ^{1}_{0}n \longrightarrow ^{46}_{21}Sc$$

$$^{59}_{27}Co + ^{1}_{0}n \longrightarrow ^{60}_{27}Co$$

$$^{63}_{29}Cu + ^{1}_{0}n \longrightarrow ^{64}_{29}Cu$$

$^{46}_{21}Sc$、$^{60}_{27}Co$ 和 $^{64}_{29}Cu$ 等都是放射性核素，它们可以放射出不同能量的 β 射线或 γ 射线。上述的核反应有时也称中子活化反应，反应生成的放射性核素称为人造放射性核素。其放射性大小与元素类型有关。

由于天然宝石或多或少都含有微量的杂质元素，如 Fe、Cr、Ni、Mn、Cu、Ca、Na、K、Co、Sc、Cs、Ta、Th、Sr 等，这些元素在受到中子辐照时，常常被激活，而变成放射性核素（表 6-7）。因此，用中子束或超高能电子束（>10MeV）辐照宝石进行改色，往往会同时诱生放射性，其强度与激活杂质含量、辐照的总剂量有关。

不论哪种辐照诱生的放射性核素，都会发生放射性衰变。当然，不同核素，衰变的速度和半衰期是不同的（表 6-7）。对于宝石辐照处理诱生放射性的检测和安全标准等问题将在后面讨论。

表 6-7　　辐照宝石诱生的长寿命放射性核素

放射性核素	半衰期	能量(keV)	美国豁免限值(nCi/g)
^{53}Cr	27.79d	320	20.0
^{141}Ce	32.50d	77	0.09
^{59}Fe	45.1d	1 099.2	0.6[124]
^{124}Sb	60.20d	1852	0.2
^{95}Zr	64.02d	733	0.6
^{46}Sc	83.81d	889.26	0.4
^{182}Ta	115.0d	1 121.3	0.4
^{65}Zn	243.80d	1 115.5	1
^{54}Mn	312.20d	836	1
^{134}Cs	2.065a	604.6	0.09
^{60}Co	5.271a	1 332.4	0.5
^{40}K天然	1.28Ga	157	0.3
^{238}U 天然	4.47Ga	1 796	0.167
^{232}Th 天然	14.06Ga	2 470	0.055

（高秀清等，1992）

三、辐照处理对宝石的损坏

前面已经提到，宝石受到辐照，其晶格上的离子会发生移动，而产生离子空位，即点缺陷。但当辐射能量过大，辐照作用较长时，晶体内可产生空位聚集区，其范围可达 30—50nm，这种缺陷的产生对于形成色心是十分不利的，它可使宝石呈现灰暗的颜色或黑色。另外，由于辐照首先集中在宝石的表面，所以高能的辐射粒子作用对象主要是宝石表层的原子或离子，当吸收的能量足够大时，表层原子或离子可脱离晶体表面而逃逸到空气中，这就是所谓辐照气化效应。由于辐照的不均匀性及宝石棱、面、点的表面离子逃逸能不同，因而辐照气化作用使宝石表面遭到破坏。

除了上述的辐照损坏外，辐照在宝石内部还可在极短的时间内产生局部高温，这种高温可使宝石发生碎裂，在辐照处理时要特别注意。

第三节 辐照处理的主要影响因素和辐照装置

一、影响宝石辐照改色的因素

1. 宝石本身的成分和晶体结构

天然宝石一般都含微量的杂质元素，它们常以类质同象替换主要离子而占据晶体格位，由于杂质元素和主要离子半径、电价等有一定的差异，因此，常常使宝石晶体结构发生位错，形成点缺陷。不同的宝石，杂质元素及含量不同，形成的点缺陷也就不同。另外，天然宝石的结晶条件十分复杂多变，也容易产生各种晶体缺陷，这为辐照产生电荷缺陷色心提供了基本的条件。当然，宝石晶体中天然缺陷的类型、分布均匀性、密度及方向性等都对辐照处理结果有重要的影响。不同的宝石，其天然缺陷类型、分布均匀程度、密度等都不相同，在同等辐照条件下，就可以产生不同的改色效果，这就是为什么同一产地的水晶，经辐照有的变成墨晶，有的变成烟晶，而有的变化不明显的原因。

2. 辐射类型

如表 6-8 所示，不同辐射类型的粒子质量和能量是不同的，因而它们对宝石的作用就有一定差异，一般来说，重带电粒子（质子、α粒子）的辐射能量比较大，辐照效应比较强烈，但穿透宝石的能力较小，往往只能对宝石浅表层起作用，所产生的颜色也不太均匀；高速电子或 β 射线的质量很小，若能量比较高的话，其穿透宝石的能力较强，因此 β 射线辐照产生的宝石颜色层比较深，但也不太均匀；电磁辐射（X 射线、γ 射线）的穿透能力极强，辐照产生的颜色一般都比较均匀，但辐射能量相对较低；中子束质量中等，能量大，穿透能力也比较强，其辐照使宝石产生的颜色一般比较均匀，但中子辐照易诱生放射性。不论哪种辐射类型，在宝石辐照改色上都有利有弊。故选择辐射类型时，应适当考虑它们本身的特点及宝石样品的形状。

表 6-8 宝石致色的辐射源特征表

辐射类型		产生能量范围(eV)	颜色均匀程度	所需电能量	诱生放射性	局部温度
电磁波	光	2—3	多色	低	无	无
	紫外线	5	多色	低	无	无
	X 射线	10 000	不好	中等	无	无
	γ 射线	1 000 000	好	不需	无	无
中子		1 000 000	好	很高	有	无
负电粒子	β 射线	1 000 000	不好	高	无	很强
	高能电子	1 000 0000	不好	高	有	很强
正电粒子	质子 α 射线、 氘粒子等	1 000 000	不好	高	有	局部

（K. Nassau，1984）

3. 辐照功率和宝石吸收剂量

辐照功率(辐射源强度)对宝石的辐照效应影响很大,功率越强,辐照效应就越强烈,反之亦然。辐照功率与辐照效应、实现某种辐照处理所需要最低吸收剂量及处理能力有关,它们的关系如下:

$$P=Q\cdot D/3600\cdot\varepsilon$$

式中 P 为辐照功率(kW),Q 为处理能力($kg\cdot h^{-1}$),D 是最低吸收剂量(kGy),ε 是辐照效率。ε 是辐照一定时间间隔内,宝石产生改色效应所吸收的能量(E_0)与辐射源发射的总能量(E_s)之比值为

$$\varepsilon=E_0/E_s$$

辐照效率与辐射的穿透能力,辐射源与宝石样品之间的几何位置,宝石的大小、成分、形状等有关。

另外,宝石辐照改色效果的好坏还与宝石吸收剂量不均匀度(u)有关,它是宝石最大吸收剂量(D_{max})与最小吸收剂量(D_{min})的比值。即

$$u=D_{max}/D_{min}$$

u 的大小可反映宝石中吸收剂量分布的不均匀程度,u 值越大越不均匀。u 与辐射的穿透能力,辐射源与宝石之间的几何排布,宝石的成分、形状、大小等有关。

二、辐照装置

辐照装置主要包括以下几个组成部分:辐射源、宝石样品进出传输系统、安全防护系统、控制系统、样品辐照室及其他一些辅助设施(如通风、贮存)。而辐照装置的核心部分是辐射源和样品进出传输系统。

辐照装置的设计是十分重要的前期工作,它的好坏直接关系到宝石改色的效果、成本,还关系到操作人员的安全与环境保护,因此要求辐照装置应高效、可控、可靠、简便和安全。

1. 辐射源的选择

目前可供选择的辐射源主要有四种:γ射线源、电子束源、X射线源及中子束源。选择辐射源时应考虑以下几个因素:①为达到宝石改色目的所需要的总能量;②这些能量的传递速率(单位时间内传递的能量);③辐射剂量在空间分布的均匀性;④被辐照宝石的化学成分(杂质含量)、形状、块度(粒度)大小及一次装样的量(体积);⑤辐射源本身的特点,如辐照粒子的质量、能量大小、穿透能力、在宝石中的剂量分布、辐射源的可控制性和使用成本等。

宝石的辐照处理一般要求辐射源的功率是可控的,辐照粒子穿透力强,剂量分布均匀,尽量没有或有少量的放射性残余,辐照效率高,而成本尽可能低。

辐照效率和辐射剂量不均匀度都取决于辐射源与宝石样品之间的几何排布,以及宝石样品包的大小、密度。但二者又是矛盾的。提高辐照效率有多种方法,如增大宝石样(或样品包)的辐照面积,增加样品包的厚度,多道传送,提高样品包内的密度,减少辐射源与宝石样品间的距离,但这些措施均会提高剂量不均匀度(u),而降低 u 值却需要减少样品包体积。因此,只有在水平方向或垂直方向上增加宝石样品包的层次,增加辐照通道,才能解决这一矛盾,实现高效率下的均匀辐照。当然这仅是相对意义上的最佳措施。选择适当的 u 值,可以避免过量的辐照,使宝石被损坏或改色不合要求,也可以避免辐照剂量不够,达不到预期改色的效果。

辐射源都有一定的形状和体积,在辐射源体积大小与辐射源到辐照位置(宝石)的距离相比要小得多时,可视其为点源,此外还有线源(棒形、管形等)和面源(板状)。一般来说,面源的

辐射剂量分布比点源和线源要均匀，宝石辐照处理中，常用面源，有时也用线源，很少用点源。在辐照装置中，以放射性核素为辐射源时，一般采用面源（板源），有时也用线源（棒源），而以电子加速器为辐射源时，多为线源，核反应堆的中子束则是点源型的辐射源。

2. 辐射源的排布及其与宝石样品包的几何配置

影响宝石辐照改色效果的最重要的因素之一，就是宝石中辐射剂量的分布，通常宝石中的辐射剂量分布可以分为平行射束方向的深部剂量分布（纵向剂量分布）和垂直于射束方向的横向剂量分布。深度剂量分布受宝石样品包密度、厚度及辐射类型、能量的制约，一般可以采用两面或多面辐照的方法或多通道照射系统来改进深度剂量分布。即在宝石样品包两侧设置辐照源（板源），或在样品包四周环绕多个辐射源（棒源），或在样品包之间设置辐射源来提高深部剂量分布。

至于横向剂量分布则主要取决于辐射源与宝石样品包之间的几何配置，通常采用下列方法进行改进：①在低剂量区附近增加辐射源的辐射强度，扩大源板面积，这种技术称为源增强。对于放射性核素辐照装置，在低剂量区增加放射性活度；对电子加速器辐射装置，则在低剂量区附近加放射板或使扫描速度变慢；X 光机则可改变束流强度分布，提高低剂量区的光子通量。②调整辐射源排列，使低剂量区附近的辐射源的放射性活度增加，这种技术叫源重叠，此技术只适用于放射性核素辐射装置。如用多个棒状线源围成一个管状空腔，把样品放入空腔内。③让样品包以均匀速度或间歇运动的方式沿一个方向或两个方向通过辐射源的有效辐照区，这种技术称为样品重叠法。

3. 辐照装置类型

（1）静止辐照装置　这是一种比较简单的辐照装置，辐射源是固定的板源或棒源，多为放射性核素辐照装置。根据板源数和样品几何位置可分为单板双位静止辐照装置（图 6-11）和双板三位静止辐照装置（图 6-12）。

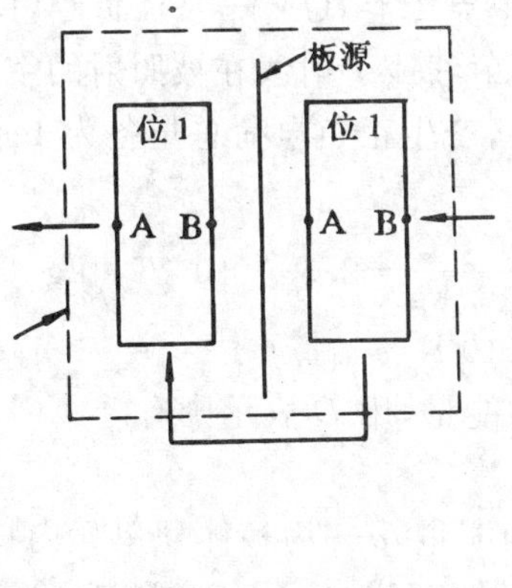

图 6-11　单板双位静止辐照装置图

（李承华，1988）

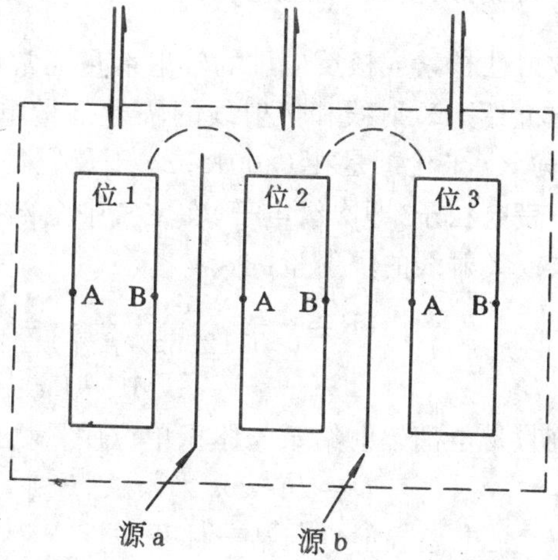

图 6-12　双板三位静止辐照装置图

（李承华，1988）

（2）单向多道辐照装置　这种装置采用样品重叠技术，辐射源是静止不动的，而样品被传送系统带动作平行于板源面的单向水平运动，为充分利用辐射源，还可采用单板双道单向运送样品的装置（图 6-13）。

（3）帘式扫描辐照装置　此类装置一般是电子加速器或 X 光机辐照装置，其辐射源为线

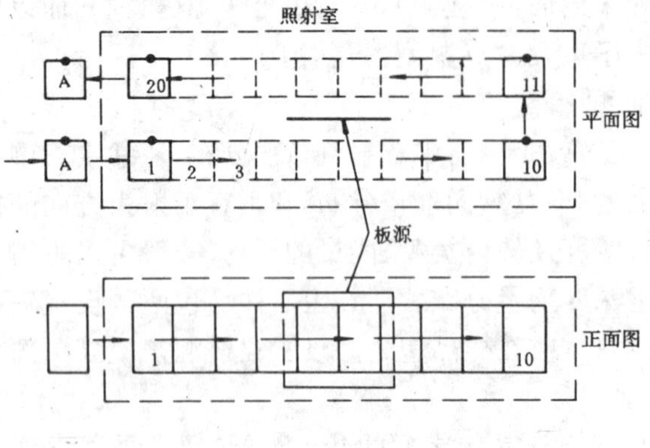

图 6-13 单板双道单向辐照装置图
（李承华，1988）

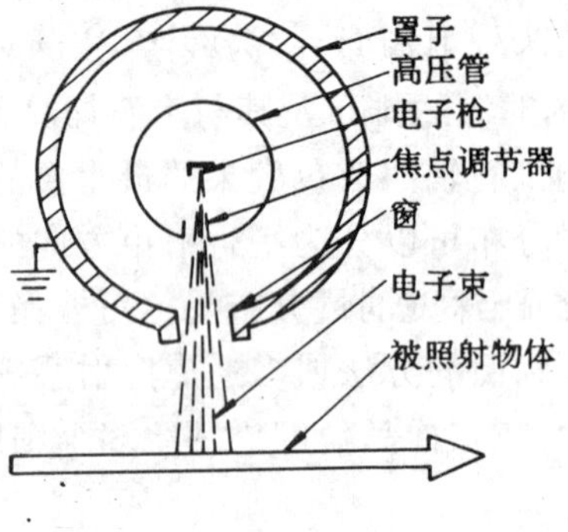

图 6-14 帘式加速器示意图
（李承华，1988）

源，在装置中是固定的，而宝石样品包被传递系统带动沿垂直于线源方向作水平运动，以实现扫描辐照，当然通过控制辐射粒子束流的强度和样品运动速度来改进剂量分布。帘式扫描装置（图 6-14）也可分为单向单道加速器辐照装置、双向多道加速器辐照装置等。

第四节 辐照量与监测

一、辐射剂量和吸收剂量

放射性核素或核反应堆的辐射剂量通常用 Ci（居里）和 Bq（贝克）作为专用单位，这在前面已作过介绍。X 射线和 γ 射线的辐射剂量单位为每千克库仑（$C \cdot kg^{-1}$），而专用单位是伦琴（简写为 R），1 伦琴是在 0.001293g 干燥空气中，由 X 射线或 γ 射线在被照射的空气体内释放的所有带电粒子（即次级电子）在空气中全部被阻停时，产生正负电荷总量各为 1esu 的离子的 X 射线或 γ 射线的辐射量：

$$1R=\frac{1esu}{0.001293g(空气)}=\frac{3.336\times10^{-10}C}{1.293\times10^{-6}kg}=2.58\times10^{-4}C\cdot kg^{-1}$$

因此

$$1C\cdot kg^{-1}=3.87\times10^{3}R$$

吸收剂量是电离辐射给某一体积单位质量物质的平均能量，用 D 表示则有

$$D=d\overline{E}/dm$$

式中 $d\overline{E}$ 是电离辐射授与某一体积单元内物质的平均能量，dm 为核体积单元内物质的质量。吸收剂量单位 $J\cdot kg^{-1}$，单位专名是戈瑞（Gy），而专用单位是拉德（rad），它们的关系

$$1J\cdot kg^{-1}=1Gy=100rad$$

辐照改色宝石中，辐射剂量大小及宝石吸收剂量的大小直接关系到宝石改色的效果好坏。因此，准确测量辐射剂量和吸收剂量既是为了预先估计辐照效果的要求，也是适当调节辐射剂量和辐照方式的需要。测量辐射剂量和吸收剂量的方法有很多，常用的有量热法、电离室法、液体化学剂量计法、固态计量法、测量输入功率法等。这些方法的详细介绍可以参阅有关辐射技术方向的文献和专著，如李士骏等编著的《电离辐射剂量学》（1981）、高钧成译的《辐射量与单

位》(1982)。

二、辐射监测

众所周知,辐射对于人体常常可造成严重伤害。在从事宝石辐照改色时尤其要注意这一点,只要按照有关辐射防护安全的规章和规定,采取适当防护措施,辐射的危害是可以减少和防止的。

1. 剂量当量

为了反映人体(或生物体)对辐射剂量的最大允许吸收量,国际辐射单位与测量委员会(ICRP)提出了一个新的专用于辐射防护的量——剂量当量,以代替过去通用的生物当量(伦琴)。剂量当量的专用单位是雷姆(rem),其对应的吸收剂量单位是拉德(rad),而与戈瑞(Gy)对应的剂量当量的单位是希沃特,简称希,符号为 S_V,$1S_V=100rem$。

这里要注意的是,剂量当量与吸收剂量有相同的量纲,但概念有很大的差异,剂量当量主要用于辐射防护。

人类生活在一个辐射世界中,每个人不可避免地要承受来自宇宙射线和周围环境(大地、大气、水体)中微量放射性元素产生的自然辐射作用(表 6-9),以及空气、水源、食物中含有的微量放射性元素进入人体时所引起的辐射作用。这些自然辐照的剂量当量在通常情况下对人体是安全的,不会引起人体器官的病变或伤害。ICRP 在 1977 年规定的人体剂量当量限值是 $5rem \cdot a^{-1}$,另外规定,人眼晶体所受的剂量当量不得超过 $150mS_V$(15rem),其他器官或组织不得超过 $500mS_V$(50rem)。一般来说,人体受到的年剂量当量应低于下列限值:

表 6-9 自然辐射照射的剂量当量率

自然辐射源	剂量当量率($10^{-5}S_V \cdot a^{-1}$)		
	性腺	骨细胞	骨髓
体外辐射源			
宇宙射线	50	50	50
地壳中放射性核素辐射 大气中放射性核素辐射	47	47	47
建筑材料	3.0	3.0	3.0
体内辐射源			
^{40}K	20	15	15
^{14}C	0.7	1.6	1.6
^{220}Rn	3	3	3
^{220}Ra,^{228}Ra,^{210}Pb	1.6	17.6	2
合计	125	137	122

(李承华,1988)

全身　　$5mS_V$(0.5rem)

任何单组织或器官　　$50mS_V$(5rem)

2. 辐射剂量的监测

辐射剂量监测的目的是:①检查辐照处理环境中卫生防护标准及有关规定、组织的执行情况,以利于评价防护效果和及早发现异常情况,保证工作人员和公众的安全;②检查经辐照处理后的宝石样品放射性活度是否符合卫生防护标准。辐射剂量监测的特点是辐射水平很低,要求测量仪器灵敏度很高,通常测量的辐射量率范围在 1—1 000$mR \cdot h^{-1}$之间。

辐射剂量监测可分为三类:监测工作场所或环境的辐射程度(辐射量率),测量个人已经或可能承受辐射剂量和测量辐照产品的放射性活度(辐射量)。测量辐射剂量的辐射剂量计应具备下列特点:①量程合适,精度高,性能稳定;②仪器对相等的辐射剂量产生的响应与辐射能量无关;③温度和湿度等环境影响小;④反应速度快,重现性好,结果可靠;⑤携带方便,体型小,轻便。

(1)辐射环境监测　环境监测主要是测量辐照处理工作场所的辐射场,监督屏蔽装置是否可靠、工作场所或环境是否安全,通常使用的仪器是一些便携式直接读数的测量辐射量率(单位时间辐射剂量)或吸收剂量率的仪器。表 6-10 列出了常用辐射量巡测计的特性,即量程、用途和特点。

表 6-10　　某些巡测计的特性

巡测计	探测辐射	量程	用途	说明
盖革计数器	α β γ X	0.04mR・h^{-1} —500mR・h^{-1}	1. 低剂量率巡测 2. 场所巡测 3. 个人辐射监测	1. 测量的辐射依赖于计数管的种类 2. 对能量有依赖 3. 不适用于强辐射场 4. 对微波场灵敏 5. 可配以计数率计,并可听脉冲声 6. 响应快速 7. 坚固可靠
电离室	α β γ X 中子	3mR・h^{-1} —10000mR・h^{-1}	1. 中等及高剂量率巡测 2. 场所监测	1. 测量剂量范围宽 2. 对低能量有依赖 3. 某些型号仪器可用于射频场 4. 有的仪器响应慢
闪烁计数器	α β γ X 中子	0.025mR・h^{-1} 200mR・h^{-1} 或 8×10^5 计数 min^{-1}	低水平巡测	1. 灵敏度高 2. 响应快,可测高计数率 3. 微波场与磁场对其有影响 4. 可配以计数率计,并可听脉冲声 5. 测量的辐射取决于仪器与闪烁体 6. 快中子探测器不要求剂量率
正比计数器	α β γ X 中子	直接到 5×10^5 计数 min^{-1} 慢中子 2×10^4 中子 1mGy・h^{-1}	1. 低水平污染巡测 2. 中子巡测	1. 主要用于测 α 或中子 2. 可以区别 α 与 β 粒子 3. 可以区别中子与 γ 粒子 4. 维护可能是一个问题
BF_3 计数管	中子	小于 1×10^5 计数 min^{-1}		1. 灵敏度较低 2. 体积大 3. 带有各种慢化剂

(李承华,1988)

(2)个人剂量监测　个人剂量监测是为了了解在较强辐射场下测量工作人员所受的剂量,以防止过量辐照造成的危害。目前常用的个人剂量计有剂量胶片、袖珍电离室、荧光玻璃(辐射光致发光)剂量计与热释光剂量计 4 种。胶片剂量计应用最早,但它的准确度较差,近年来荧光玻璃和热释光剂量计发展很快,在某些方面正在取代胶片剂量计,表 6-11 列出了这 4 种剂量计的探测范围、量程、最低探测能量和使用优缺点。

(3)辐照处理宝石的放射性活度监测　在辐照宝石进行改色时,若使用的辐射源是高能电子加速器(辐射能量>10MeV)或核反应堆,那么在辐照生色的同时,也诱生不同量的放射性。这种放射性活度的大小除与宝石中所含杂质元素类型及其浓度有关外,还与辐照的方式和

表 6-11　　某些个人剂量监测仪器

剂量计	探测的辐射	量程	最低探测能量	优点	可能的缺点
胶片	γ β 热中子 快中子	10^4—10^2Sv	20keV(X) 200keV(β)	1. 价格低 2. 可测积分剂量 3. 提供永久记录，必要时可核对 4. 不受射频或磁场的影响	1. 中等程度的方向依赖 2. 对低能 X 射线能量依赖性强 3. 加热、紧压，某些蒸气会产生虚假读数
袖珍电离室	γ β+γ 热中子 快中子+γ	0.001—2000R	30keV(γ) 20keV (快中子)	1. 读数快速，较准确 2. 小型，方向依赖性小 3. 对 50keV—2MeV 能量的辐射响应相当均匀 4. 可长期反复使用，容易维护	1. 响应不能长期保存，难以核对 2. 需要经常充电、读数记录 3. 有时会产生偶然放电（如震动、漏电）
热释光剂量计(TLD)	γ β 热中子 快中子	10^3Gy	20keV	1. 量程范围内可进行长时间测量 2. 体积小，方向依赖性小 3. 能量依赖性小，可重复使用，便宜 4. 可给出长时间辐照的积分剂量	1. TLD 元件市场供应品种少 2. 读数后响应即消灭，无法核对 3. 剂量范围取决于读数仪器的灵敏度 4. 可测量的辐射取决于热释光材料的种类
荧光玻璃	γ β 热中子 快中子	10^{-4}—10^4Gy	40keV	1. 量程范围内可进行长时间测量 2. 体积小，方向依赖性小 3. 可重复使用 4. 可给出长时间或多次监测的积分剂量	1. 目前主要在民防或部队使用 2. 市场供应的仪器有限 3. 荧光玻璃品种很少 4. 一次短时间辐照后光致发光立即开始积累

（李承华，1988）

辐射剂量及宝石吸收剂量有关。如黄玉宝石的主要成分为硅和铝的氧化物，杂质元素有 Ta、Sc、Cr、Sr、Fe、Mn、Cs、Co 等，这些元素经热中子辐照之后，被活化成带有放射性的核素，它们可以放出不同辐射强度的 γ 射线。不同放射性核素半衰期是不同的，短者仅几分钟，长者可达几年，甚至更长。黄玉宝石的放射性活度是被活化的多种放射性杂质核素放射性的综合反映。因此其放射性产生和衰变过程是十分复杂的。对于天然黄玉来说，不同产地的黄玉所含杂质元素的组合不同，含量也不同，即使是同一产地的不同黄玉样品，其微量元素组成和含量也不一定相同。因此，在同等辐照条件下，不同的黄玉样品中所诱生的放射性活度也不相同。

为了监测辐照处理宝石的放射性残余对人体是否安全，国际原子能委员会在“放射性物质安全运输和使用”规程中规定了放射性豁免值。放射性豁免值是针对人体的最高辐照剂量当量或放射性活度而制定的。规程明确规定“不需要进行监测的照射水平”就是豁免剂量。在各类辐射防护规程中，都有各自的豁免值，但关于辐照处理过的宝石的残余放射性豁免值，目前国际上尚无统一标准。国内有人建议采用我国国家技术监督局发布的中华人民共和国国家标准“对辐射源和实践豁免管理的基本标准”文件中有关规定，把 74Bq/g 作为宝石放射性比活度豁免值，低于该值的宝石即为非放射性宝石。

世界许多国家和地区对辐照宝石放射性比活度豁免值都采用 74Bq/g。如法国、意大利、日本、香港、台湾等。英国采用 2.7Ci/g（相当于 100Bq/g）。美国的标准为 1Ci/g（37Bq/g）。NRC1990 年 9 月 25 日发布了“关于中子辐照宝石进口资格管理的规定”，规定指明，对进口的辐照宝石（主要指蓝黄玉）海关检验的比活度限值为 15Bq/g。如此严格的规定，主要是防止有效放射性残余的宝石在运输、加工和佩戴中给人造成危害。

对辐照处理的宝石进行残余放射性活度监测，主要采用仪表分类筛选与仪器测量相结合，进行严格管理，以保证安全。探测放射性的仪器种类有多种，前面所提到的对个人剂量监测所用的 4 种剂量计均可使用，另外，盖革计数器也是常用的探测仪器。

第七章　宝石的化学处理

第一节　概　述

大多数天然宝石都有着这样或那样的缺陷与不足，从而影响宝石美学价值和商品价值，尤其是宝石的颜色方面，往往存在某种不足，如颜色太浅或太深，色彩不艳丽、不美观，存在杂色或色斑、色带等。因此，人们总是想方设法改变宝石的颜色缺陷和不足，以期获得更加美丽的宝石。

前面已阐述过，宝石的颜色与其化学成分有密切的关系，如红玛瑙中的 Fe^{3+}、翡翠中的 Cr^{3+} 离子等。在宝石改善中，除了利用宝石本身的化学成分和晶体结构，采用热处理或辐照处理等物理方法来改善宝石的颜色外，人们还常用各种化学处理方法来改善宝石。化学处理的最大特点就是用化学反应、化学扩散和沉淀技术，把某种致色元素渗入到宝石晶格之中，或把某种着色剂和覆盖物沉淀于宝石的裂隙、孔隙之中和表面上。使宝石外观发生改变，以达到改善宝石的目的。因此，不论哪种化学处理方法，都需要加入一定量的外来物质。正因为如此，绝大多数经化学处理的宝石改善品未得到珠宝界及广大消费者的认可。原因不外三个：①许多宝石改善品生产者、经销商有意隐瞒和掩盖化学处理的事实，以化学改善品冒充天然宝石，使消费者上当受骗，以牟取暴利。②化学处理的宝石改善品由于人为地加入外来物质，在一定程度上改变了宝石天然的美质和属性，新的外观实际上是人造性质的，从而给消费者以“假”的印象，因此，这类改善品绝对不能与天然品相提并论，其价值要低得多；③有很大一部分化学处理方法改色或加色的宝石，改善后的颜色往往不稳定，它们在光照或汗液侵蚀下，会发生褪色或变暗，变黄等。

宝石化学处理的方法有很多，有传统的方法，也有比较现代化的方法。前者如玛瑙染色的化学方法，后者如热扩散处理。根据目前宝石市场上所见化学处理改善品中，化学处理的方式与条件的不同，可大致分为三类：①热扩散处理；②净化与漂白处理；③化学沉淀法。下面分别介绍这 3 种化学处理方法在宝石改善中的应用。

第二节　热扩散处理

热扩散处理就是在高温或超高温条件下，通过某种元素在宝石中以扩散的方式来改变宝石内致色元素的种类、含量和元素间的比例，从而达到改变宝石外观特征（如颜色、透明度等）的一种化学处理方法，也称热化学处理方法。通常把用加热扩散处理方法在宝石表层所形成的颜色层称为扩散渗层（简称渗层）。

热扩散处理方法主要用于对宝石单晶体进行改善，目前多用于对刚玉类宝石改色或提高透明度。其目的是将致色元素扩散到已加工或琢磨的宝石表层中，改变宝石的颜色状态和提高透明度。使用不同致色元素的氧化物作渗剂，可以产生不同颜色的渗层，如铁或钛氧化物渗剂使刚玉产生蓝色；氧化铬渗剂使刚玉产生红色或粉红色；使用氧化镍渗剂产生黄色。热扩散处理有时也被用于多晶体宝石（矿物集合体）的改色，如翡翠的改色。

热扩散处理技术应用于宝石改善的历史不长，大约始于70年代初，但大量商业性应用则只是近十几年的事，且主要是用来处理那些正规热处理方法效果不佳的刚玉类宝石，近来处理工艺已比较成熟，不断有热扩散的红、蓝宝石改善品涌入市场。据有关报道，泰国曼谷是世界上热扩散处理宝石的主要生产地，印度与马达加斯加也有少量生产。我国部分研究单位针对山东蓝宝石色深、透明度差的特点，运用热扩散技术对其进行了改善处理，已取得良好的效果，但目前尚未实现商业性生产。

一、热扩散处理的原理

哪种宝石用什么类型的致色渗剂改善？在什么条件下才能形成有效的热扩散渗层？热扩散过程的机理如何？渗层厚度及扩散速度又受什么因素影响？这些都是宝石热扩散处理中要解决的基本问题。对这些问题，目前研究得极少。这里仅作一般性的讨论。

1. 渗入元素与宝石中主要成分元素的类质同象置换条件

现已知道，许多宝石（不是所有宝石）的颜色与宝石中所含的致色杂质元素有关。这些杂质元素的生色机理在第一篇第二章中已作过详细介绍。从中可以看出，致色元素在宝石晶体中并不是混乱堆积的，而是以类质同象混入物进入晶体格点位置置换同类型的主要成分元素原子或离子。这种类质同象置换一般只引起晶格参数的微小改变，置换后的晶体场配位类型、化学键类型、晶体正负电荷的平衡基本保持不变或相近。人们常把含有类质同象混入物的晶体称为固溶体。

研究宝石晶体的类质同象置换的条件，可以确定在使用热扩散法改变宝石颜色时，选用什么致色元素渗剂及扩散的难易程度如何。那么，影响致色杂质元素与宝石晶体中主要成分元素类质同象置换能力的因素有哪些呢？从目前的研究看，主要有下面几个因素：

（1）原子或离子半径的大小　在致色元素原子（渗入元素原子）与宝石晶体主要成分元素原子组成置换式固溶体时，两种原子的半径之差越大，则使晶体晶格点阵的畸变就越大，在其他因素相同的条件下，这种固溶体的固溶度就越小，也就是说越不易形成固溶体。索波列夫曾指出，在其他条件相同的情况下，结晶格架中的类质同象置换能力随着离子半径差别的增大而减少，若以 γ_1 代表较大离子半径，γ_2 代表较小离子半径，则：①当 $\frac{\gamma_1-\gamma_2}{\gamma_2}<10\%—15\%$ 时，可形成完全类质同象，即完全固溶体；②当 $\frac{\gamma_1-\gamma_2}{\gamma_2}=10\%—25\%$ 时，高温下形成完全类质同象，而温度下降时，固溶体分离，只有部分类质同象存在；③当 $\frac{\gamma_1-\gamma_2}{\gamma_2}>25\%—40\%$ 时，即使在高温下也只能形成不完全类质同象，而低温下不能形成类质同象。

以上只是在同价离子之间的类质同象置换的必要条件。在异价离子之间，类质同象置换能力主要取决于正负电荷的平衡，离子半径大小是次要的。因此，对于异价类质同象置换，离子半径之差的限制比较宽，当 $\frac{\gamma_1-\gamma_2}{\gamma_2}$ 达 40%—50%时，仍可形成类质同象。如绿柱石中致色离子 Fe^{2+} 置换 Al^{3+}，它们的 $\frac{\gamma_1-\gamma_2}{\gamma_2}=45\%$。蓝宝石中，$Fe^{3+}+Ti^{4+}$ 对 2 个 Al^{3+} 的置换也是如此。

（2）原子或离子配位数、配位多面体　在宝石晶体结构中，阳离子配位数多为 6 和 4，由此形成的配位多面体也不同，如八面体、四面体和正方体等。有的宝石中只有一种配位多面体，而有的宝石有两种或两种以上的配位多面体，同一种配位体在不同的宝石中，大小不一样，对称性也不一样，这就使得在类质同象置换中渗入元素的离子与主要成分离子的离子类型和配位数要相同，如绿柱石中，Fe^{2+} 主要进入铝氧八面体中置换 Al^{3+}，而不是铍氧组成的四面体，这样才能产生蓝色绿柱石（海蓝宝石）。那么，渗入元素离子优先进入哪一种配位多面体呢？这主要取决于该元素离子在配位多面体中的晶体场稳定能大小，一般来说离子的晶体场稳定能越大，离子越倾向于进入该配位多面体。如果宝石中配位体有八面体和四面体两种，金属离子将优先进入晶体场稳定能大的配位体晶体场中，两种配位体的晶体场稳定能相差越大，离子的偏向趋势就越大。表 7-1 给出了氧化物宝石结构中不同离子在八面体和四面体配位中晶体场稳定能和八面体择位能。对于硅酸盐类宝石，基本与氧化物类似，但有时情况比较复杂。

表 7-1　　氧化物类宝石晶体结构的八面体和四面体配位中晶体场稳定能

3d 电子数	离子	晶体场稳定能 CFSE(kcal/mol)		八面体择位能 OSPE(kcal/mol)
		八面体配位	四面体配位	
1	Ti^{3+}	20.9	14.0	6.9
2	V^{3+}	38.3	25.5	12.8
3	Cr^{3+}	53.7	16.0	37.7
4	Cr^{2+}	24.0	7.0	17.0
4	Mn^{3+}	32.4	9.6	22.8
5	Mn^{2+},Fe^{3+}	0	0	0
6	Fe^{2+}	11.9	7.9	4.0
6	Co^{3+}	45.0	26.0	19.0
7	Co^{2+}	22.2	14.8	7.4
8	Ni^{2+}	29.2	8.6	20.6
9	Cu^{2+}	21.6	6.4	15.2
10	Zn^{2+}	0	0	0

1kcal＝4186.8J　　（潘兆橹，1985）

（3）离子电价平衡　在宝石中发生类质同象置换前后，要求正负离子的电荷必须保持平衡，即宝石整体必须呈电中性，否则将引起晶体结构的破坏，这对于异价电荷离子类质同象置换特别重要。宝石中电价补偿方式多种多样，概括起来有如下几种：①一个较高价阳离子被几个较低价阳离子置换，或反之，如霞石中两个 Na^{+} 被一个 Ca^{2+} 置换，这种置换方式在宝石中不多见；②一个较高价阳离子和一个较低价的阳离子同时置换两个中等电价的阳离子，如蓝宝石中，$Ti^{4+}+Fe^{2+}$ 置换两个八面体配位的 Al^{3+}；③较高价阳离子置换较低价阳离子时，过剩的正电荷被较高价阴离子置换较低价阴离子时多余的负电荷补偿，如电气石中，$Mn^{2+}+O^{2-}$ 置换两个（$Li^{+}+F^{-}$）组，Mn^{2+} 置换 Li^{+} 剩余的一个正电荷由 O^{2-} 置换 F^{-} 而多出的一个负电荷所补偿，使宝石仍保持电中性；①较低价的阳离子置换较高价阳离子时，所亏损的正电荷为附加低价阳离子补偿，如紫晶中 $Fe^{3+}+Na^{+}$ 置换一个 Si^{4+}。

2. 渗剂及其作用

对宝石进行热扩散处理时，需要把欲处理的宝石放入含有致色元素的渗剂中进行热处理。这些渗剂（或称扩散介质）可以是固态、液态或气态物质。其中固态和液态比较常用。热扩散处理用的渗剂通常由三部分组成：①欲渗入元素的氧化物。它主要提供扩散（内扩散）的致色元素离子，有时也用致色元素的其他无机盐类；②活化剂。一般由卤化物或氟化物组成，它们的作用是在高温下与渗入元素的氧化物反应，生成渗入元素的活性离子或离子团，以利于致色离子向宝石晶体内渗透。另一方面，活化剂还可与宝石表层面的原子发生某种作用，使宝石表面原子活性加强，表面能加大，从而加强宝石表面对渗入元素的吸附能力和界面反应；③氧化铝粉或高岭土粉。它主要是充填剂，可以防止在高温条件下，渗剂发生烧结作用。对于不同种类的宝石，在进行热扩散处理时所选用的渗剂类型和配方是不同的，必须通过一定的试验来确定。

在选择渗剂时，一方面要考虑宝石的种类、成分、致色机理，另一方面还要考虑处理的温度范围、活化剂的熔点及渗剂与宝石作用的氧化还原条件等。如海蓝宝石的试验温度一般不宜超过700—800℃，否则会破坏晶体的结构，因此，通常选用熔点不超过800℃的卤化物或氢氧化物作为活化剂，另外，若处理中需氧化条件，则可以适量加一些强氧化剂，如氧气、或通过电解法产生初生态的氧、氟、氯原子等；若需要还原条件，则可适当通入还原性气体(H_2)或加入适量还原剂(如碳粉、铵盐等)；如果在渗剂发生化学反应时产生有害的氧化性物质，则应加入一定量的脱氧剂，如活泼金属的粉末、木炭等。总之，渗剂的选择要视情况而定，对于一般高温热扩散处理(<1 000℃)，可选用氯化物和氢氧化物作活化剂，并适当选择氧化-还原剂，对超高温的热扩散处理(>1 000℃)，可选用氟化物或含氟铝酸盐作为活化剂，用金属粉作还原剂。

3. 热扩散处理的一般过程

热扩散处理是宝石与周围介质(渗剂)之间在一定条件下进行的物质交换与输运过程，一般可以将其分为4个分过程：

(1)渗剂介质中发生各种化学反应　渗剂由多种化合物混合而成，在高温条件下，可以发生多种化学反应，如化学置换反应、氧化或还原反应、渗剂的热熔解反应等，这些反应都是为渗入元素离子活化，并与宝石表面发生吸附和界面反应创造条件，同时，也为宝石内的内扩散作用创造合适的氧化-还原条件。如对海蓝宝石进行热扩散处理中，渗剂有如下反应：

热　分　解：$NH_3Cl \rightleftharpoons N_2 + H_2 + HCl$

置换反应：$FeO_3 + 6HCl \rightleftharpoons 2FeCl_3 + 3H_2O$

还原反应：$2FeCl_3 + H_2 \rightleftharpoons 2FeCl_2 + 2HCl$

热熔解反应：$FeCl_2 \rightleftharpoons Fe^{2+} + 2Cl^-$

在高温下，渗剂反应的结果是形成大量活性Fe^{2+}离子及大量对宝石表面有很强腐蚀性的HCl或Cl^-和强还原剂H_2。当然，在实际热扩散处理中，渗剂的化学反应并非像上面列出的那么简单，有些反应的中间过程和生成物是非常复杂的。

(2)宝石界面附近的外扩散作用　热扩散作用基本上都是在流体介质中进行的，即使所用的渗剂是固体粉末或颗粒状介质，也必须通过高温化学反应使其变为流体介质，然后才能与宝石表面发生作用。当渗剂与宝石表面发生界面反应时，反应的生成物首先聚集在贴近宝石表面的附近，此处反应物的浓度降低，同时，由于渗入元素离子进入宝石内，宝石表面附近的渗入元素浓度也略有降低，这样，就造成垂直于宝石界面的浓度差，使渗剂介质流体中发生双向扩散作用，反应物向宝石表面扩散，生成物向外扩散，这种双扩散作用因为发生在宝石外的渗剂介质中，故又称为外扩散。正因为存在外扩散作用，宝石表面的界面反应才得以不断进行，渗剂与宝石之间的物质输运才得以实现。如果由于某种原因(如粘度过大，渗剂化学反应受到抑制等)，外扩散作用受阻，那么整个热扩散处理的效果就不会好。

(3)界面吸附与界面反应　渗剂中的活化剂部分在高温条件下对宝石表面有强烈的腐蚀作用，可使宝石表面原子脱离晶格，从而在宝石表面形成大量缺陷和活性点，与此同时，由于宝石处于高温或超高温的作用下，宝石晶格扩张、晶胞参数增大，原子(尤其是表面原子)或空位在晶体内部发生流动，或者在宝石表面上流动，有些宝石表面原子在活性剂作用下脱离宝石表面晶格位，渗入到周围介质之中，使宝石表面层产生空位和电荷不平衡。渗剂中经化学反应生成的渗入元素离子趁机与宝石表面空位结合，在表面与宝石的表面原子形成吸附键，并不断在高温驱动下向宝石内部迁移。渗入元素在宝石界面附近与宝石的某种原子或离子所发生的交换反应称为界面反应。这种界面反应的实际过程是十分复杂的，目前对其进行的机理和过程研究不多，了解得也不太多。但可以肯定渗剂和宝石表面之间发生的吸附反应和界面反应是整个扩散作用的重要一环。深入研究宝石表面吸附作用和界面反应的过程，对于进一步了解热扩散过程机理有重要的意义。

(4)内扩散过程　宝石表面的吸附作用和界面反应的结果使渗入元素在宝石表层的浓度增高，于是在宝石表层与内部之间出现了渗入元素浓度差，这促使渗入元素的离子进一步从表层向宝石内部扩散，当然这种扩散的速度是极为缓慢的。为了与上述介质中的外扩散区别，人们把宝石内部的元素扩散称为内扩散。内扩散作用实际上是置换反应的表现形式之一。

渗入元素的内扩散作用方式有两种：①置换式扩散；②空位式扩散。天然宝石晶体结构中，常有大量的空位、缺陷(阳离子空位或阴离子空位)，而且随着温度的升高及活性剂对宝石表面的腐蚀作用，宝石表面层的原子动能增大，有些挣脱晶格势垒的束缚，进入周围介质，使得宝石表层的空位大大增多，当渗入元素的离子吸附于宝石表面时，首先趋向于占据宝石表面的空位，然后向深部邻近的空位迁移，而空位则向相反的方向迁移，这就是所谓的空位式扩散作用(图 7-1(a))。置换式扩散作用是渗入元素离子与表面活性原子(离子)发生置换反应(界面反应)而进入宝石表层，然后通过进一步的置换反应而向宝石内部迁移(图 7-1(b))。一般来说，空位式扩散作用所需要的能量较小，因而最容易发生，而置换式扩散所需能量较高，故不如空位式扩散作用强烈。实际过程中，这两种方式的扩散可能同时进行或交替进行。

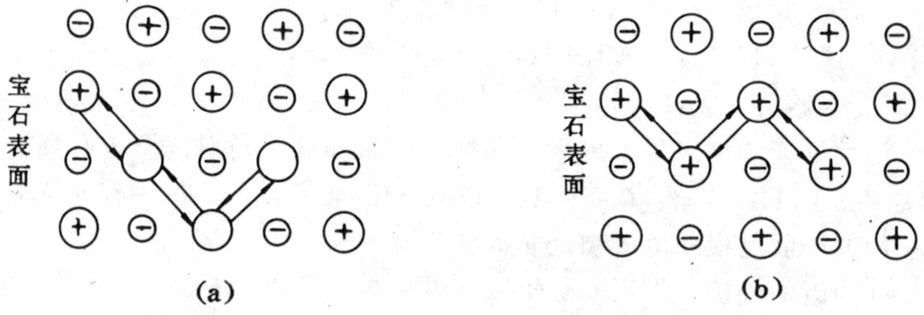

图 7-1　内扩散方式示意图

(a)空位式扩散；(b)置换式扩散

二、影响热扩散处理的主要因素

1.温度因素

温度对于渗剂的化学反应和界面反应速度的影响是很大的，它是通过对化学反应速度常数 K 的影响而起作用的，反应速度常数 K 与温度 T 之间有下列关系：

$$K=Z\cdot\exp(-E_a/RT) \tag{7-1}$$

将上式两边取对数得：　$\ln K=-\dfrac{E_a}{RT}+\ln Z$

式中 T——绝对温度，K；E_a——激活能，J/md；R——气体常数；Z——频率因子，它的量纲与

K 相同。

式(7-1)就是 Arrhenius 公式,式中的 E_a 和 Z 合称为反应的动力学参数,只要知道了 E_a 和 Z,根据式(7-1),就不难计算出指定温度下的反应速度常数 K。

从式(7-1)可以看出,渗剂化学反应速度常数与反应的温度呈指数增长关系,即温度越高,渗剂的化学反应速度就越快,产生的活性渗入元素离子(或原子)就越多。Arrhenius 认为,在系统中能参加反应的只是那些能量$\geqslant E_a$的离子或原子,在通常情况下这些活化离子与非活化离子在数量上保持着平衡,温度的作用只是使这个平衡向增多活化离子数量的方向移动而已,而正是由于这种平衡的移动、活化离子增多,使反应速度常数 K 增大。反应产生的活性渗入元素离子数量也就增多,使渗入扩散作用得到加强。

另外,温度对宝石的内扩散作用影响也很大,它是通过对扩散系数的影响而起作用的。宝石内扩散系数 D 与温度 T 之间存在下面的关系:

$$D=D_0\cdot\exp(-Q/RT) \tag{7-2}$$

取对数得: $\ln D=-\dfrac{Q}{2.303RT}+\ln D_0$

式中 D_0——扩散常数,R——气体常数,Q——扩散激活能,T——绝对温度。

式(7-2)中的扩散常数与宝石的结构有关,它主要随宝石的缺陷、位错等数目增多而增大。从式(7-2)可以看出,扩散系数随温度升高而急剧增大,这是因为随着温度升高,宝石晶格点上原子热动能增大,尤其是宝石表面原子的动能比较大,这些具有高动能的原子在一定情况下可以克服晶格势能,而向附近迁移,表面原子甚至会脱离晶体而进入介质。另外,宝石中空位浓度也会随温度的增加而大量增加,这十分有利于渗入元素的内扩散作用。上述的两方面因素使整个内扩散速度加快。

因此,温度条件是宝石热扩散处理的基本条件之一,而且对大多数宝石来说,热扩散处理的有效温度是很高的,往往都大于 800℃,有时需要达到近 2 000℃。但这并不是说温度越高越好,因为必须要考虑最高的温度限度不能破坏宝石的晶体结构。实验中常发现,过高的温度使宝石表面发生熔蚀或非晶态化,从而损坏了宝石的外观,且难以恢复。所以,在热扩散处理中,温度范围的选取既要考虑尽可能使扩散速度加快,又要注意不能损坏宝石。

2. 扩散时间

热扩散处理的时间对于宝石内扩散所形成的渗层厚度有重要的影响,根据某些实验证实,渗层厚度 δ 与扩散时间 t 有如下关系:

$$\delta=\boldsymbol{k}\sqrt{D_0 t} \qquad \text{或}\ \delta^2=\boldsymbol{k}^2 D_0 t \tag{7-3}$$

式中 $\boldsymbol{k}$——与渗层截止处渗入元素浓度有关的常数(通常取 1),D_0——扩散常数,t——扩散时间(单位为 h)。

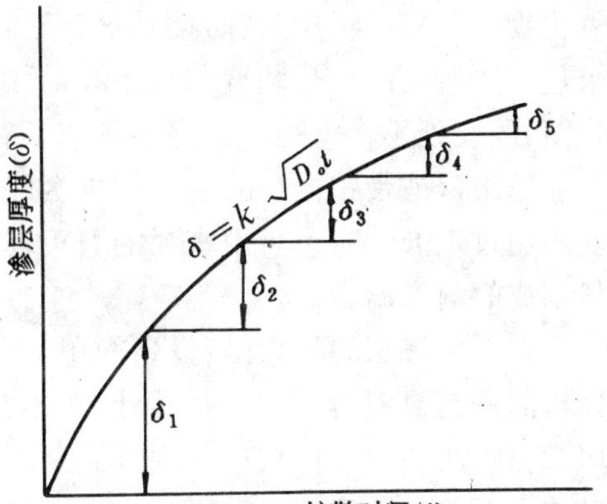

图 7-2 渗层厚度与扩散时间关系曲线图

(孔德淳,1992)

式(7-3)表明,渗层厚度的平方与时间成正比,二者呈抛物曲线关系(图 7-2),渗层厚度总体上随着扩散时间延长而增加,但呈现出明显的扩散时间递减规律。如图 7-2 所示,设扩散第一个小时所得到渗层厚度为 δ_1;第二个小时增加了 δ_2,第三个小时又增加了 δ_3,以此类推,显然有 δ_1

$>\delta_2>\delta_3>\delta_4\cdots$。由此可见，尽管延长扩散时间可以增加渗层厚度，但也并不是越大越好，没有限制的。当时间达到一定程度后，继续延长扩散时间，效果并不明显，另外，单纯靠延长热扩散时间以获得更深的渗层，在经济上往往不合算。

3．宝石晶体结构和缺陷

对于大多数宝石矿物晶体来说，宝石晶体结构中原子排列愈紧密，晶格能就愈大，在其中进行扩散（离子类质同象置换）所引起的晶格畸变就愈大，要求扩散激活能也愈高，即扩散难度也就愈大。许多氧化物类和硅酸盐类宝石的热扩散温度很高就是由于此原因。另外，由于有些宝石中具有明显的各向异性（非均质矿物），因此，在晶体的不同晶面方向上，扩散的速度及渗层厚度往往有一定差异，各向异性越强，扩散作用差异就越明显，所产生的颜色差异也越明显。

晶体缺陷，如位错、空位等，都是渗入元素的扩散通道。特别是线位错和面位错，就像条条运输元素的隧道，是渗入元素进行内扩散的捷径。许多研究表明，渗入元素沿位错线（面）向宝石内扩散时，激活能较小，扩散系数和扩散速度都比晶体内正常晶格位置的扩散大得多，通过位错线（面），可以先把渗入元素输送到较深的部位，然后再向线周围扩散，这就大大加快了扩散的速度和加深了渗层厚度。宝石中点缺陷（包括空位）和空位集中区对于内扩散也十分有利，在进行热扩散处理之前或之中，若能用高能粒子（中子、质子、电子等）辐照宝石，使宝石表层产生大量缺陷和较多的空位集中区，将会加快渗层厚度的增长和提高扩散处理的效率。

对于矿物集合体类的宝石（翡翠、欧泊），晶体颗粒之间的界面是扩散的主要通道，其扩散激活能更小，而扩散速度和渗层深度比单晶体宝石大得多。因此这一类宝石的热扩散温度要低于单晶体宝石，而渗层深度却比单晶体宝石大。

三、热扩散处理的方法

据有关资料研究表明，宝石热扩散处理的方法有十多种，但从处理的原理来看，大同小异，只是具体的工艺方法和工艺流程有些差异。下面简单介绍三种常用的方法。

1．粉末包渗法

此方法是把宝石成品或半成品埋入盛有渗剂粉末的耐高温容器中（图 7-3），然后密封容器加热。渗剂粉末由渗入元素氧化物或氢氧化物粉末、防粘结剂和活化剂粉末混合而成。粉末包渗法所用的加热装置与设备和前面所论述的热处理基本相同，故此处不作重述。而盛渗剂和宝石的容器，多用高铝坩锅或铂坩锅或带铂内衬的不锈钢外套的高温高压釜。如果温度不超过 1 000℃，也可用密封的石英玻璃坩埚或其他耐火材料制成的耐高温容器。

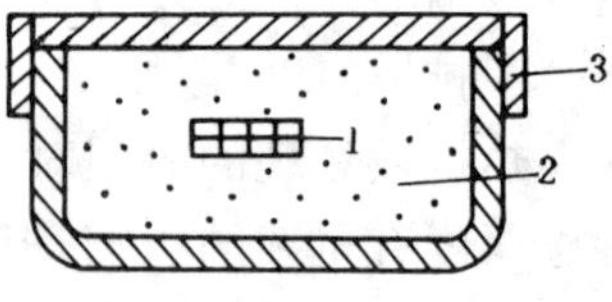

图 7-3　粉末包渗法示意图

1．宝石成品；2．粉末渗剂；3．高温容器

粉末包渗法的优点是：设备简单，操作简便，适用于各种款式宝石的热扩散处理。缺点是：处理的密封高温容器由于体积小，处理宝石的量有限，而且由于渗剂的强腐蚀作用，容器易损坏，另外，此法的热扩散过程中气氛和压力是无法进行控制的。尽管如此，粉末包渗法仍不失为目前宝石热扩散处理中常用的方法，泰国生产的热扩散宝石改善品大多用此法。

2．盐浴法

又称热浸法或熔盐法。此法是把渗剂加热至熔点以上，使渗剂熔化成熔融状流体，然后把宝石浸入熔融体中进行扩散处理。盐浴法都使用盐浴炉来处理宝石，渗剂放在盐浴池中，加热炉可以是燃煤炉或燃气炉，也可用电炉。盐浴池是用耐火材料砌成的，通常要求这些耐火材料有较高的耐火度（>1 500℃），又要有很强的耐酸、碱腐蚀的性能。具有这种性能的耐火材料，如刚玉砖（Al_2O_3>72%，耐火度 1 840—1 850℃）、高铝砖（Al_2O_3>48%，耐火度 1 750—1 790℃）。另外，有些盐浴炉可以控制炉内的气氛，对热扩散中氧化-还原条件进行控制。

盐浴法的设备也比较简单，容易操作，它比粉末包渗法的扩散速度要快、效率较高，对各种款式宝石都可进行处理。但缺点是由于渗剂中熔盐密度较大，因而熔体的粘度也较大，受表面张力的影响，在宝石的不同部位可能形成不同厚度的渗层。另外，熔盐的腐蚀性也很强，并产生大量的有害气体，对环境有污染，对人体也有一定的危害，所以要注意防护。

3. 熔烧法

熔烧法是先把欲渗剂制成料浆，然后涂敷于宝石表面上，放入烘干箱中干燥后，再置于热处理炉中，在惰性气体或真空气氛环境中以稍高于料浆熔点的温度加热烧结，通过液-固相扩散的方式而形成渗层。熔烧法具有所产生的渗层均匀、扩散速度快等优点，因而现已被应用于宝石热扩散处理生产。

除了上述的三种方法外，最近有人提出采用生产人工晶体的高温高压水热法来对宝石进行热扩散处理，据称有一定效果。它不仅可以向宝石内扩散致色元素，而且可以把宝石中过多的致色元素向介质中扩散，从而达到减色增加宝石透明度的目的。不过，从水热法的实验条件看，它的温度太低，多低于 700℃，不足以使宝石内致色元素原子获得足够的扩散激活能。因而，此法的扩散速度极慢，扩散层也微不足道，目前尚未听说用于生产。

第三节　净化与漂白处理

一、净化处理

所谓“净化”就是通过使用某种化学试剂处理宝石，除去赋存在宝石裂纹和粒间间隙中的杂质和脏点，消除不美观的杂色，并把宝石的体色保留下来。

宝石的净化处理主要针对矿物集合体类宝石（玉石类），如翡翠、欧泊、珍珠、玛瑙、珊瑚、青金石、岫玉、软玉、独山玉、玉髓、虎睛石等。

净化处理所用的净化剂主要是各种强酸，如浓硝酸、浓盐酸和浓硫酸，有时也使用王水（1份浓硝酸与3份浓盐酸混合而成）。此外，对有些宝石还需用强碱进行净化或中和残留的强酸。这些净化剂通过裂纹和孔隙进入宝石中，对赋存于裂隙和孔隙中的杂质和脏物有极强的溶蚀作用，待净化剂把杂质和脏物溶解后，再把净化剂用纯水冲去，就达到了净化宝石的目的。净化处理的结果是，从外观上看，宝石的颜色变得比原来纯净，体色更加鲜艳，透明度也会大大改观。有人称此为“去脏增水”。不过，净化处理中，净化剂除了对杂质和其他脏物有溶蚀作用外，对宝石本身也有一定的溶蚀破坏作用，它可使裂纹加宽，孔隙增大、连通，从而造成宝石结构在一定程度上变得松散，从外观上看，宝石不如原来油润细腻，脆性增强，易破裂，有些净化处理过的宝石甚至用手捏都会碎裂。

净化处理的装置比较简单，一般用一个玻璃皿就可以了，有时为了加快净化处理速度，可适当地加热，加热温度不宜太高，一般不超过 200℃，因此用普通的烘干箱就可以了，用恒温水浴或恒温油槽也可以。净化处理的时间可从几个小时至几十个小时不等，这要视宝石的杂质含量、分布、裂纹发育程度而定。为了缩短净化处理时间，提高效率，可以先把宝石放入密封容器中抽成真空，然后浸入净化剂中，这样可以大大加快净化剂浸入宝石内部的速度。

在用净化剂处理宝石到一定程度时，就要把宝石从浸液中取出，并先用一定浓度的碱溶液浸泡宝石，使残留的酸中和，然后用干净水反复浸泡和冲洗，最后可用去离子水冲洗宝石，然后进行干燥。

经净化处理的宝石结构松散，容易破碎，为了提高宝石的稳固性，常需要对净化处理品进行注入处理，注入的充填物可以是石蜡、塑料，也可以是玻璃料。注入处理方法后面将详细介绍。

目前，净化处理很少单独用于处理宝石，而是与注入处理（包括无色注入和有色注入处理）结合使用。现比较多地用于生产B货或C货翡翠改善品。有时也用于独山石、鸡血石、绿松石、玛瑙及青金石的改善。

最后，值得一提的是，并不是所有玉石类宝石都适合于净化处理的，如果杂质和脏物呈包裹体形式被宝石矿物颗粒包裹，那么，净化处理是不可能消除杂质和脏物的。另外，净化剂多为强酸类，有极强的腐蚀性，因此有一定的危险性，进行净化处理时要特别注意人身安全，严格按有关化学试验操作规程进行。

二、漂白处理

这里的漂白实际上是一种氧化反应，主要是为了消除宝石的颜色或使宝石的颜色变浅，漂白处理所用的漂白剂是一些强氧化剂，如氯气、次氯酸盐类、过氧化氢、亚硫酸盐等。做漂白处理的宝石主要是一些含有机质成分的宝石，如珍珠（包括天然的和人工养殖的）、珊瑚、象牙等，另外，像木变石、虎睛石等宝石有时也可进行漂白处理，使其颜色变浅。

漂白处理的原理与有机染料着色剂的化学漂白类似。由于宝石中含有大量有机质成分，有些有机物具有生色团，可以产生从黄—黄褐及其他一些杂色。当宝石浸入漂白液中时，漂白液中的强氧化剂与生色团结合，使生色团中双键的 π 组分被打破，从而导致有机物失去颜色。其基本机制是：当生色团的 π 键在强氧化剂作用下发生分裂时，它的吸收光谱峰向紫外线区移动，故失去颜色。常见的漂白化学反应如下：

（1）

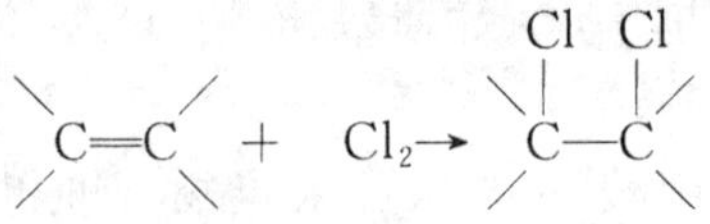

（2）

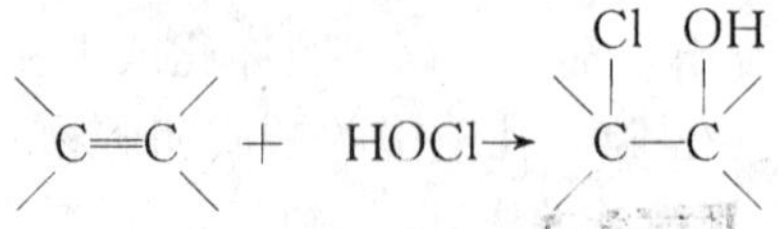

（3）

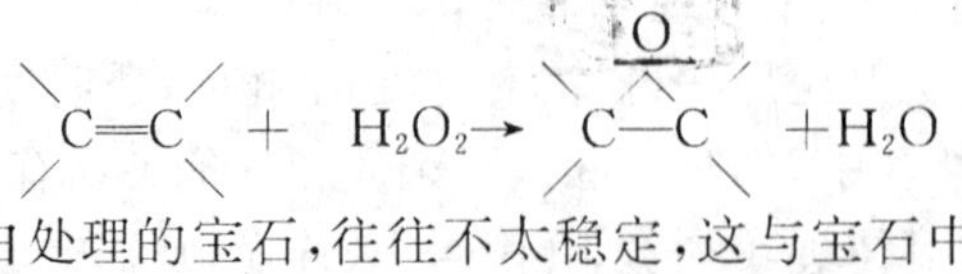

化学漂白处理的宝石，往往不太稳定，这与宝石中有机物的生色团结构有关，也与漂白剂成分有关。漂白后的宝石在光照或随着时间的增长，会发生变色，如变黄色或灰色，也可能恢复原色，这是因为漂白中形成的氧化离子与碳的键发生断裂，有机物生色团的双键得到部分恢复，或形成了新的生色团而造成的。如果再次用强氧化剂漂白，一般又可以消除颜色。如珍珠漂白后，可以变得很白，但佩带一段时间，若不注意保养，就会变黄，再次漂白又可以获得较白的效果。

进行漂白处理，要注意不能使宝石中的有机质成分和水分遭到破坏和失去。否则，在漂白的同时，有可能使宝石的其他美质也被破坏。因此，漂白剂的配比十分重要，一般来说，强氧化剂的浓度不宜太大，在 2%—5%范围比较合适，另外，漂白时间也不要太长，否则对宝石有损害。

漂白处理的装置比较简单，主要由真空泵、玻璃容器、抽洗瓶及连通用的胶皮管组成。有时还要使用灯泡作光照加温器。

漂白处理的工艺流程是：①先把宝石放在抽洗瓶中将瓶内抽成真空，向抽洗瓶中放入漂白液（预先配制好）漂浸宝石；②经一段时间漂浸后，把宝石取出，用干净纯水反复冲洗，然后用清洗液清洗；③换液继续漂浸，然后过一段时间再次抽洗，直到漂白出满意的结果。

以上简单介绍了净化处理和漂白处理的基本特点和方法、原理。由于这两种方法针对性强，应用的宝石范围比较窄，因此，在宝石改善中使用不多。另外，这两种化学处理方法的结果不稳定，很难引起消费者的信任和购买信心。

第四节　化学沉淀法

宝石的改善方法中，有些是通过在宝石的表面或裂纹和孔隙内附着一层有色物（着色剂）来改变宝石的颜色。而要做到这一点，既可采用物理方法，也可采用化学方法。其中化学沉淀法就是常用的一种化学染色方法。

化学沉淀法是通过含有着色物质组分的溶液在宝石表面或在宝石裂纹、孔隙中发生某种化学反应，沉淀出不溶性的有色物质，附着于宝石表面或裂纹和孔隙壁上，从而使宝石体色发生改变的方法。从化学沉淀法的特点可以看出，该法仅适用于多裂纹或孔隙的矿物集合体类宝石的染色。目前已广泛用于玛瑙、珍珠、欧泊、密玉等的改色处理，有时也用于翡翠、绿松石、珊瑚、青金石及其他多孔宝石的染色。

化学沉淀法所用的沉淀着色剂主要是一些不溶性的金属氧化物，如氧化铁、氧化铬等。它们实际上属于无机颜料类，有时也有一些是金属硫化物和其他金属含氧酸盐。当然，它们并非都是不溶性物质，它们的沉淀有些是由于溶剂的蒸发，而使其溶解的浓度过饱和。另外，在有些宝石染色（化学染色）中，也要用到一些有机染料，靛蓝就是典型的例子。表 7-2 列出了常见的用于染色的颜料。它们大部分是水不溶性化合物。

表 7-2　常用的颜料

颜料色	颜料种类
白色	钛白粉、硫酸钡（$BaSO_4$）、铝白 $Pb_3(CO_3)_2(OH)_2$、锌白 ZnO
黄色—褐色	镉黄 CdS、铬黄 $PbCrO_4$（$+PbSO_4$）、铅黄 PbO、拿浦黄 $Pb_3(SO_4)_2$、雌黄 As_2S_3、范戴克褐
红色	镉红 $CdSe_{1-x}S_x$、铅丹、红铅 Pb_3O_4、雄黄 AsS、铁红 Fe_2O_3、中国红 HgS、茜素红、胭脂虫红（稳定的金属络合有机化合物）
蓝色	蓝铜矿 $Cu_3(CO_3)_2(OH)_2$、钴蓝 $CoAl_2O_4$、靛蓝（稳定有机颜料）、铁蓝（含水合铁的化合物）、普鲁士蓝 $Fe_4[Fe(CN)_6]_3\cdot 16H_2O$
紫色	钴紫 $Co_3P_2O_8$、锰紫 $NH_4MnP_4O_7$
绿色	铬绿 Cr_2O_3、钴绿 $Co_{1-x}Zn_xO$、翡翠绿 $Cu(CH_3COO)_2As_2O_4$ 孔雀石 $Cu_2CO_3(OH)_3$、铜绿 $Cu_2(CO_3COO)_2(OH)_2$、亚砷酸氢铜绿 $CuHAsO_3$
黑色	骨灰、碳黑、铜络黑 $CuCr_2O_4$、氧化铁黑 Fe_3O_4、银黑 Ag_2S

比较常用的化学沉淀技术有两种：

(1)用可溶性的着色金属盐溶液浸泡宝石，让溶液渗入宝石孔隙或裂纹之中，然后加热使溶液发生分解，在孔隙或裂纹中沉淀出着色剂，或者再把宝石浸泡在另一种溶液中，让两种溶液在宝石孔隙内和裂纹内发生化学反应，沉淀出有色物质。前一种情况如用硝酸银染珍珠，先把珍珠浸泡在硝酸银溶液中，浸透后取出加热或强光照射，硝酸银会发生分解而沉淀出黑色的Ag_2O；后一种情况如将玛瑙染成红色，先用三氯化铁溶液浸泡玛瑙，然后再把玛瑙浸入氨水中，就可以沉淀出红色的Fe_2O_3，具体反应为

$$FeCl_3 + 3NH_4OH = Fe(OH)_3 \downarrow + 3NH_4Cl$$

$$2Fe(OH)_3 \xrightarrow{\text{加热}} Fe_2O_3 + 3H_2O \uparrow$$

由于这些化学反应都在玛瑙的微孔隙内进行，因而沉淀出的Fe_2O_3都附着于孔隙壁上，使玛瑙的体色呈红色。

(2)先把颜料溶于某种溶剂中制成染色液，再把宝石浸泡在染色液之中，让染色液充分渗入宝石的裂隙和孔隙内，然后通过加热使溶剂蒸发，颜料沉淀在孔隙壁上。

为了使染色深入宝石内部，且使颜色分布均匀，在对宝石进行化学沉淀染色之前，常常要对宝石进行预处理，如用强酸或强碱进行净化处理，一方面除去宝石中的杂色，另一方面扩大宝石的裂隙和孔隙，并使孔隙的连通性提高，以利于染色液的渗入。另外，为了加快染色效率和加大染色深度，在化学沉淀法处理过程中，也常常要使用真空泵抽洗装置，大多数情况下还需要加热装置。

在用化学沉淀法对宝石染色后，为了掩盖裂隙或孔隙中的着色剂，防止颜料外泄而污染衣物，或者防止其他杂质或溶剂渗入孔隙和裂纹中与着色剂反应，影响染色效果，还要对宝石进行一定的表面覆膜(蜡)或注入处理，具体方法后面还将详细介绍。

第八章　宝石的其他处理方法

宝石的改善中，物理处理方法占有比较重要的地位，除了前面已经介绍的热处理和辐照处理方法外，常见的物理方法还有注入处理、表面处理和组合方法。

第一节　注入处理

一、概述

宝石的注入处理方法是目前应用越来越广的物理方法，它的改善对象主要是多孔隙或多裂隙的宝石，如翡翠、绿松石、欧泊等多晶宝石，有时也用于充填单晶体宝石的孔洞和裂隙，如钻石、红宝石、祖母绿、蓝宝石等。

注入处理的基本特点是通过某种工艺方法把无色透明或有色物质注入到宝石的裂隙、孔洞甚至孔隙之中，充填这些空隙空间，以达到改善宝石的目的。从目前的应用来看，注入处理的目的是：

(1)改善宝石的颜色状态　如通过向宝石的裂隙中注入某种无色油或浅色油，可以大大提高宝石的色度和颜色鲜亮程度。常见的有裂隙的祖母绿、红宝石等有色单晶体宝石经注油处理，使其颜色状态改善，宝石颜色更加浓艳。

(2)提高宝石的透明度　大量宝石发育有各种微裂隙或孔隙，这些裂隙和孔隙中充填的主要是空气，有的充填有少量的水，由于宝石的折射率与空气和水的折射率相差较大，因此当光线入射宝石时，会在裂隙或孔隙界面上发生散射或漫反射，从而使宝石透明度降低。如果用某种折射率与宝石相差不大的无色透明或有色透明物质注入、充填宝石的裂隙或孔隙代替空气，那么宝石内部的漫折射和漫反射强度就会大大减少，使透射光强度增大。这样宝石的透明度就得以明显地改善。比较典型的例子就是B货翡翠的生产。首先把档次较低的底脏、水头不足的翡翠用强酸进行净化处理，去掉其杂色和脏点，但水头仍不太高，结构也不稳固，再向翡翠的孔隙和裂隙中注入无色透明物质(如塑料、玻璃料等)，这样就得到了底子比较干净、水头足而色鲜亮的B货翡翠。

(3)增强多孔宝石的稳固性　有些宝石由于是大量矿物微晶集合体，呈现从粒状、斑状到纤维状的各种结构，当这些矿物微晶堆积不紧密、胶结物少而胶结强度低时，在宝石中就会存在大量的孔隙，结构比较松散，稳定性较差。另外，由于天然宝石在长期地质环境中受到构造破坏作用，往往会发育有微细裂隙，它们对宝石的稳固性也是一大威胁。上述的不稳定结构或构造，一方面会使宝石在加工过程中易破裂，另一方面易受到其他物质的污染，如抛光剂、折射油、汗液等的侵入，使宝石发生变色现象。除了自然因素产生的孔隙和裂隙外，有时宝石在热处理或辐射处理中也会由于操作不当或条件不适当而产生裂隙，净化处理则会使宝石的孔隙度增大，宝石稳定性降低。

上述三种情况都存在一个宝石结构松散、稳定性不好的问题。注入处理可以比较有效地解决这个问题。有人把这种注入处理称为“固化”。如对孔隙多、结构松散、质地较差的绿松石，通过向其内注入一定量的树脂，使其结构稳定性大大提高，质地也变得比较细腻，同时还在一定程度上改善了绿松石的颜色状态。

(4)掩盖宝石的各种缺陷　无论什么宝石，裂隙、孔隙和孔洞的存在都是令人难以忍受的，裂隙不仅给宝石留下破裂的隐患，而且会大大降低宝石的价值。孔隙和孔洞也是如此，有些珠宝商为了除去钻石中的固体包裹体，采用激光穿孔的方法，虽然将包裹体除掉了，但却留下了明显的孔洞。为了掩盖宝石的那些裂隙、孔隙和孔洞，提高宝石的色级或净度，于是采用了注入处理法。目前高水平注入处理得到的宝石改善品，一般情况下是很难识别的，需要借助某些鉴定仪器才能准确鉴别出来。

(5)给宝石加色　这与通常意义上的“染色”类似。当然它与纯“染色处理”有不同之处，染色处理是直接把着色剂浸入孔隙和裂隙中，但不必充填孔隙和裂隙，而注入处理的染色是把着色剂与充填剂(或注入物质)混合，一起注入孔隙或裂隙之中，填满孔隙和裂隙的空间。加色仅是注入处理的目的之一。注入处理的加色可以使宝石的颜色加深，也可以使无色宝石、白色或灰白色宝石变成彩色宝石。如祖母绿注绿色油处理，一方面加深颜色，另一方面可充填裂隙，提高透明度。

大多数宝石的注入处理都不是单一目的，而是多种目的。祖母绿的注油处理不仅是为了隐去裂隙，也是为了“增色增水“。根据注入剂的不同，可以把注入处理分为两大类：无色注入和有色注入。

二、无色注入处理

无色注入处理的主要作用是通过用注入剂充填宝石的裂隙、孔隙和孔洞，改善颜色状态，提高透明度，隐去裂隙，固态无色注入剂还可以增强宝石的结构稳定性。比较常用的无色注入剂有石蜡、植物油、无色油、无色塑料和玻璃及硅胶等。具体选用什么注入剂比较好，要考虑宝石本身的特点、注入剂性能和性质、注入处理的工艺条件及经济合理性等各方面的因素。

使用无色油或各种植物油对宝石进行注入处理，是一种古老的传统处理方法，古希腊人早已使用。现在有些珠宝生产者仍在用，不仅用在对祖母绿的改善上，而且有时用于红宝石、蓝宝石、碧玺等宝石的改善。注油处理可以使宝石的颜色更加浓艳鲜亮，而且还可以明显改善宝石的净度，对宝石几乎没有什么损害，已被业内人士广泛接受。另外，注油处理的工艺比较简单，成本低，容易掌握。因此应用比较普遍。但是，注油处理也有明显的缺点。首先无色油在裂隙中呈液态，很容易渗出裂隙，特别是气温较高或烘烤受热时，油渗出更快。另外，随着时间的推移，注入的油会由于挥发而逐渐干涸，使宝石裂隙显现出来，则透明度降低，颜色变暗。正是由于注油处理的这些缺点，目前在注入处理中，只要条件允许，一般都使用无色透明塑料代替注入无色油，特别是用加拿大树脂和一些合成树脂效果比较好。树脂类无色注入剂不仅有注入油的所有优点，而且由于树脂性质较为稳定，折光率比无色油高，一般为 1.52—1.54，比较接近大多数宝石的折光率，因而对裂隙有很好的掩盖作用。此外，树脂以固态充填于宝石裂隙和孔隙之中，对于加强宝石的稳定性有一定的作用。当然，树脂也有一些不足，有些树脂时间一长，容易被氧化产生微黄色调，这对宝石的颜色会产生一定的影响。

除了无色油和树脂外，石蜡也是常用的注入剂。实际上，石蜡用于宝石的历史也很悠久，古罗马人就曾用石蜡注入和涂覆在大理石工艺品和雕像上，一方面是为了使大理石工艺品和雕像外观上色泽湿润，质地细腻；另一方面也是为了掩盖裂隙和各种表面缺陷，保护大理石表面免遭空气和水的侵蚀。在我国从古至今，蜡就是玉雕制品和首饰品表面的上光剂和保护剂。过蜡处理是玉雕工艺的一项必要工序，蜡质渗入玉器的裂隙之中，不仅隐去裂隙，而且可以提高玉器的表面光泽和玉质醇厚湿润的质感。因此，过蜡处理在一定程度上可以被看作注蜡处理和表面处理的结合。石蜡熔点较低，大约是120℃，无色、无味、无毒，也不会发生氧化变质，所以，直到现在我国玉雕工艺美术行业都用石蜡作玉器和玉首饰的表面上光剂。

除了上述几种注入剂外，从80年代以来，宝石注入处理中又出现了一种新型注入剂——玻璃。玻璃作注入剂用，最初是用来充填钻石中的微细孔洞，这些孔洞是由激光处理钻石中包裹体而留下的。近些年来，随着宝石注入处理工艺的新技术和新设备的应用，玻璃注入剂开始用于其他宝石的注入处理，如红宝石和蓝宝石的孔洞或裂隙用玻璃充填已见报道。当然，用玻璃作注入剂，并不一定要求其折光率与钻石、红宝石和蓝宝石的折光率相近，因为高折光率的玻璃往往硬度较低，且化学性质不太稳定。所以作充填的玻璃料折光率在1.50—1.60范围内就可以。不过，从注入处理工艺上，要求玻璃的熔点比较低，并且化学性质和物理性质稳定。常用的玻璃注入剂有冕牌玻璃和焊接用玻璃。

三、有色注入处理

有色注入处理与无色注入处理的最大区别在于前者有给宝石加色的目的。所用注入剂由两个部分组合：①填充剂，与无色注入剂相同，包括注入油、石蜡、塑料和玻璃；②着色剂，常用的着色剂有两类，一类是有机染料，有色油注入剂中就掺有了有机染料；另一类是颜料，绝大部分颜料是无机化合物，只有少数是有机化合物，它大多不溶于水或其他溶剂，因此，只能用分散剂调制成悬浮液或颜料与填充剂混合使用。

着色剂和填充剂混合可以制成不同的注入剂，填充剂实际上充当了着色剂载体的角色。随着注入剂进入宝石的裂隙和孔洞中，宝石的颜色将发生很大的变化，不仅色度加深，色亮度也会增大。不过，如果着色剂用的是有机染料或有机颜料，那么在长时间光照或有机溶液（如人体汗液、酒精等）的作用下，这些着色剂会发生褪色或脱色现象，有时随着时间变化也会发生明显的变色或褪色。如一些C货翡翠，由于是用有机染料作着色剂，时间一长就发生褪色，有些用有机染料染色的蓝玛瑙、红珊瑚等，也易发生变色或褪色。

四、注入处理的条件和工艺方法

1.注入处理的工艺条件

对于不同的宝石，注入处理的目的是不同的，如给祖母绿注油处理主要是为了改善颜色和透明度，而给钻石孔洞充填玻璃是为了掩盖瑕疵。不同的处理目的，所要求的工艺条件往往有所不同。下面讨论一下注入处理的基本工艺条件。

(1)宝石空隙结构　包括孔隙结构（晶体粒间间隙）、孔洞和裂隙构造等。这些空隙空间既是注入剂进入宝石的通道，也是注入剂充填和着色剂赋存的空间场所。对于单晶体宝石，裂隙和孔洞是主要的空隙空间，它决定了注入剂的充填深度、分布均匀性和方向性。通常对于有色注入处理的单晶体宝石，要求裂纹最好分布均匀，有一定深度，但不能太深，这样，有色注入处理的宝石颜色才会均匀，否则在处理时有破裂的危险。由矿物集合体组成的多晶宝石，孔隙往往占主导地位，有时也有裂隙发育。但虽有孔隙存在，却不一定都适合采用注入充填。因为有许多多晶宝石中，孔隙内或多或少地存在有某种胶结物，它们常常把孔隙隔开，使孔隙之间没有连通的通道，在这种情况下，既使宝石有较大的孔隙度(孔隙体积与宝石体积之比)，也不利于注入剂的渗入。因此，宝石除了要有较大的孔隙度外，还应有较好的孔隙连通性。有时为了提高宝石的连通性，可以用强酸或强碱之类的化学试剂浸泡宝石，溶掉胶结物，打通孔隙之间的通道。玛瑙在染色前就常用这种方法提高孔隙连通性，翡翠的净化处理实际上也有这样的作用。不同矿物结构的宝石，其孔隙度和连通性有一定差异。一般纤维状结构的宝石，孔隙度较高，连通性也较好，如玛瑙、翡翠等；鳞片状和针状结构孔隙度次之，如珍珠、珊瑚等；粒状结构孔隙较少，连通性也较差，不利于充填，如青金石、独山玉和大理石等。当然，也有一些特例存在，如松散粒状结构绿松石孔隙度就比较大，有利于注入剂的充填。而纤维状结构的软玉却很难进行注入处理，因为它的孔隙极少，非常致密，即使用酸浸处理也很不容易产生孔隙。所以对软玉进行注入染色处理几乎是不可能的。

(2)温度条件　除了注油处理所用的油之外，其他几种注入剂在注入充填之前都呈固态，必须进行加热使它们熔化成流体状，才能够注入到宝石的裂隙和孔隙中去。不同类型的注入剂，其熔化温度是不同的，如石蜡的熔化温度大约在120℃左右，而玻璃的熔化温度可以达到300—500℃，树脂的熔化温度也比较低，为90—150℃。适当的温度条件，还可以加快注入剂的流动速度，降低粘度，使注入剂渗入孔隙和裂隙的速度加快。要指出的是，对有些宝石的加热要特别小心，首先不能使宝石的结构遭到破坏，如加热绿松石，会使其失去结晶水而褪色；许多有色注入剂的着色剂不耐热，受热可能会使着色剂失去颜色。因此，注入处理的温度一定要控制在合理的范围内。

(3)时间条件　注入处理过程常是一个相当缓慢的过程，少则十几个小时，多则数周。由于大多数宝石的裂隙和孔隙空间极微小，而注入剂在溶化状态的粘度又比水和空气大得多，加上流体的表面张力作用，因此要想使注入剂能注入到裂隙和孔隙中，是一件很费时间的事，宝石必须长时间浸泡在注入剂熔体中，并持续加温。即使如此，注入处理的效果也不一定好，经济上不一定合算。为了加快注入速度，缩短注入时间，提高效率，通常要采用一定的工艺措施，如注入处理前对宝石进行酸浸、水冲洗和烘干(驱出裂隙和孔隙中的水分)。在注入过程中可以增加工作腔内的压力，迫使注入剂进入裂隙，加快注入速度。有条件的话，最好采用真空注入的方法。

2.注入处理的工艺方法

注入处理的工艺方法有多种，常用的有三种：静态注入法、热注入法和高压注入法。

(1)静态注入法　该方法只适用于注入剂在常温下是液态的情况，如无色或有色注入油、含有机染料的胶合剂等。把宝石浸泡在注入剂中，让注入剂在常温常压下慢慢渗入宝石裂隙和孔隙中。静态注入法的装置很简单，用在普通化学分析中使用的玻璃烧杯就可以，注入剂倒入烧杯中，再把宝石浸没于注入剂中即可，浸泡时要注意观察，有时要搅拌一下，以免发生凝聚或沉淀作用。

尽管静态注入法操作简单，易掌握，但耗时太长，效率太低，所以现在很少使用，只有某些技术水平较低的小企业仍使用之。

(2)热注入法　热注入法就是在加热条件下的注入处理，所用注入剂多为固态，如树脂、玻璃等，在注入处理之前，先把注入剂熔化成流体，然后将宝石浸入其中，让注入剂充填裂隙和孔隙。不过应用热注入法处理时应该注意两点：①宝石在浸入热的注入剂液体之前，应先预热一下，让宝石的温度接近或略高于注入剂的温度，这样做是为了避免宝石骤然受热而发生炸裂；②对树脂加热不宜超过150℃，否则会使树脂老化，玻璃的熔点也不宜太高，不要超过500℃，因为太高的温度会给宝石造成损害。热注入法的装置由玻璃容器(耐高温容器)或瓷坩埚和加热恒温箱组成。热注塑处理可使用红外恒温控温加热箱,或可控温度范围为0—300℃的普通烘干箱。注入玻璃处理可用高铝坩锅作容器,用带控温器的马福炉加热。

(3)高压注入法 高压注入法是在热注入法基础上发展而来的,盛注入剂和宝石的容器采用密封的耐一定高压的玻璃容器或金属容器。在注入处理时,除加热外,还要向容器中通入压缩空气,使容器内有一定的压力,以加快注入速度和缩短注入时间。高压注入处理的装置相对来说比较复杂,工艺成本也比较高,因此除少数高档宝石注入处理用此法外,其他中、低档宝石很少用。

除了上述的三种常见注入处理工艺方法外,近几年,真空注入法也使用得越来越多。此法是把注入剂(固体)和宝石一起放入一密封玻璃瓶中,先用真空泵把瓶内抽成真空,然后加热,让注入剂熔化,并浸没宝石,最后让瓶内恢复常压,注入剂在大气压作用下渗入宝石中的裂隙和孔隙之中。真空注入法装置也比较简单,易操作,成本也不高,但效率却很高,而且注入效果比较理想,是目前最有发展前途的方法。

第二节 表面处理

宝石表面处理是一项已有很长历史的改善技术。它的主要特点是用一些无色或有色的薄膜状物质均匀附着于宝石表面,以求达到改善宝石颜色状态和表面光洁度、增强宝石光泽及掩盖宝石表面缺陷(坑、裂、擦痕等)的目的。

宝石表面处理的方法有物理方法和化学方法两种。其中以前者为主,故本节主要介绍物理方法。若按所用物质和处理技术方法的不同,可以把宝石表面处理分为三大类:涂覆法、镀膜法和贴箔法。其中涂覆法和贴箔法是传统方法,而镀膜法是比较新的表面处理技术方法。

一、涂覆法

涂覆就是把一些涂料类物质涂在宝石表面,以增强宝石的表面光泽和光洁度,或者改变宝石的颜色。该方法俗称“穿衣服”,意指外表的改观。涂覆处理适用的宝石类型几乎没有什么限制,一般主要用在素身宝石首饰石或工艺品上。如翡翠、玛瑙、绿松石、青金石等制作的素身戒面、项链、素坠和摆件上。

涂覆的物质称为涂覆剂,常见的有蜡、油漆、无色清漆及混合有染料的各种树脂胶等。涂覆处理后的宝石要求涂覆层尽可能薄厚均匀,表面光洁度高,不含明显的杂物。涂覆层厚度在几微米—几百微米之间,具体厚度要根据宝石的种类、外观特征、涂覆剂特点及涂覆工艺方法而定。在一些翡翠饰品表面涂覆一层极薄的绿色胶,使饰品看上去颜色浓绿、光泽好、水足,稍不留心就会受骗。因此,购买宝石时要特别注意。不过,对宝石的涂覆品,由于消费者和大多数珠宝商持否定态度,加之此类改善品又很易检测识别,因而近些年来已很少见到,只在一些小地摊上偶而出现。

二、镀膜法

宝石镀膜法是现代技术在宝石表面处理中的应用,简单地说,镀膜就是在分子或原子层次上，运用沉淀技术或喷镀技术、晶体生长技术等高新技术在宝石表面铺设多层分子或原子膜，膜的厚度从几纳米—几百纳米，根据需要来定。这种薄膜一般都是透明的，并带有需要加的某种颜色，因而它不仅可以填平宝石表面的坑点、擦痕，使宝石极为光洁、平整，光泽度提高，且可以增加宝石的颜色浓度或加色。镀膜处理一般不会明显影响宝石的透明度。

镀膜处理的技术方法多种多样。有金属镀膜，如近几年在珠宝市场上大量出现的镀金属膜水晶项链，即所谓辉水晶，镀的膜有金、镍、铬、铜等。如果镀的是金，那么水晶微微呈蓝色调，表面呈现极强的虹彩效应。其他金属薄膜产生的颜色色调略有不同，但都有很明显的虹彩现象。这种金属镀膜可以使无色透明的宝石变成浅彩色的具有虹彩效应的宝石，外观看上去十分美丽，闪闪发光，变彩很似钻石的火彩，所以比较受欢迎。除了水晶外，其他宝石也可以进行镀膜处理，如无色黄玉镀一层金膜，可以变成天蓝色黄玉。不过其他宝石的镀膜品很少见。金属镀膜的方法主要是真空镀膜法，即把宝石放在镀膜容器内，在真空高温条件下，容器内的金属块(纯金属)蒸发成气态金属原子，然后均匀沉淀到宝石表面形成薄膜。为了使金属膜与宝石表面结合牢固，镀膜前都要先用酸或碱清洗宝石表面，再冲洗干净和烘干处理。

近几年，金刚石镀膜技术在新材料工业中迅速发展，有人已使用这项高科技技术给宝石镀膜处理，据研究的结果表明，金刚石薄膜不仅可以产生美丽的虹彩效应，提高宝石表面光泽度，而且可以增加宝石表面硬度和耐磨、耐腐蚀性。当然，金刚石镀膜技术和设备十分复杂，成本也十分昂贵，用于宝石处理仅处于研究阶段，目前尚无商业利用价值。

人工晶体生长技术(主要是水热法)用于宝石的镀膜处理已有几十年的历史，但进入商品生产只是近十几年的事。它的原理就是在宝石成品表面生长一层极薄的人工晶体膜，这种晶体膜的成分、晶体结构与宝石相同。如国外有报道说(程新，1992)，有人在天然浅绿色绿柱石外层，用水热法生长了一层深绿色的绿色祖母绿，使宝石外观酷似天然祖母绿。不过这种镀膜改善品很容易用普通宝石鉴定方法认别。目前对此类用人工晶体生长法镀膜的宝石改善品，很多珠宝商认为应归入组合宝石类中，也有人认为属人造宝石。

三、贴箔法

这是一种古老的传统方法，现在已很少使用。它是把一薄膜或薄片状的金属或有机物贴到宝石底面或表面，金属片可以增加宝石底面的反射光强度，而有机薄膜则可以改变宝石颜色和光泽。就像照相机镜头上所贴的一层光学有机薄膜一样，呈现一种特殊的色彩和强光泽。

第三节　组合宝石

在珠宝行业中，把两种或两种以上的宝石片或其他仿宝石材料粘合在一起而制成的宝石成品称为组合宝石。常见的有双层组合宝石和三层组合宝石(简称双层石和三层石)。双层石是把两种宝石或其他仿宝石材料熔合在一起或用无色粘结剂胶合在一起而成的组合宝石(图 8-1)。如绿柱石-祖母绿双层石就是用无色粘结剂把一片绿柱石和一片祖母绿宝

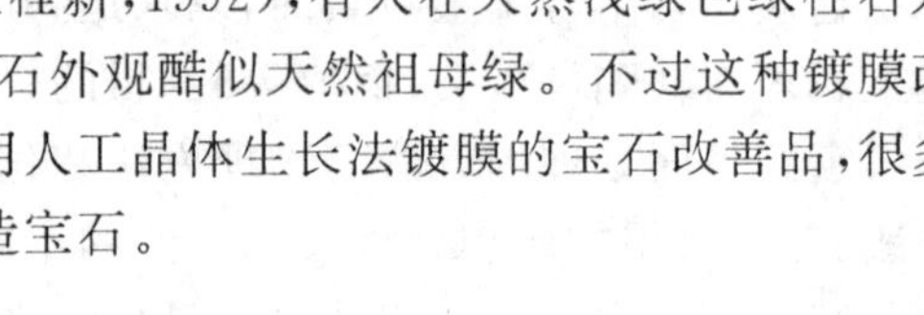

图 8-1　双层组合宝石图

石粘结在一起构成，用以仿冒祖母绿。三层石则是把三种不同的宝石和材料粘合在一起，或用有色粘结剂把两种不同材料粘合在一起的组合宝石（图 8-2）。

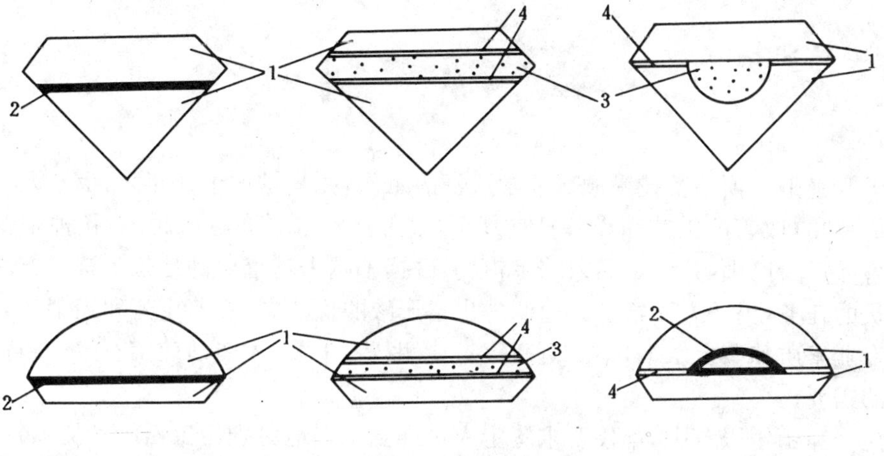

图 8-2　三层组合宝石类型图

1. 宝石；2. 有色粘结剂层；3. 有色宝石或玻璃；4. 无色粘结剂

在人工合成宝石大量生产之前，组合宝石曾极为盛行，后来由于大量质优价廉的合成宝石进入市场，组合宝石才逐渐衰落了。现在珠宝市场上，偶尔也可见到组合宝石，尤其是仿祖母绿的双层石和仿欧泊的三层石比较多。

组合宝石按其组成材料的性质，可分为三种类型：真组合石、半真组合石和假组合石。所谓真组合石就是把两块同种宝石用无色粘结剂胶合在一起，组成一块较大的宝石，如可以把两块板片状钻石粘结在一起，组成一块较大的钻石，由此可以切磨出较大颗粒的钻石成品。此类组合宝石还见有祖母绿、欧泊、红宝石、蓝宝石等双层石。有些真组合宝石的两片宝石虽然种类一样，但质量却可能相差较大，如一个欧泊真双层石素身戒面，顶部一片可能是质量很好的欧泊石，而底部则是普通的或是劣质的蛋白石，它们可能被染成黑色。二者用无色粘合剂胶结。类似的例子还有绿柱石-祖母绿双层石。

半真组合宝石的冠部（或顶部）是符合名称的真宝石，而亭部（或底部）却是其他材料，如无色水晶、尖晶石、黄玉，甚至玻璃。这种半真组合常用来仿冒比较珍贵的宝石，如钻石、红宝石、祖母绿、蓝宝石、欧泊等。黑欧泊半真双层石的底部常用黑色玛瑙或黑玻璃。近年来，由于廉价合成宝石的大量生产，结果半真组合宝石大量使用合成的同种类宝石作半真组合宝石的亭部（底部），如锆石-人造锆石半真双层石、红宝石-人造红宝石半真组合宝石等。

假组合石是纯粹的仿宝石，其组合片中并没有所要仿的宝石。这类假组合宝石名目繁多，多以低廉宝石或玻璃与有色粘结剂胶合制成，以仿冒真正的有色宝石。如用玻璃和有色粘结剂制成的三层石仿冒祖母绿。

第九章　宝石改善品的检测

第一节　概　述

宝石人工改善是一项涉及技术领域非常广泛的工作，尤其是近十几年来，宝石人工改善随着高新技术的应用，改善的工艺和设备日趋复杂，改善技术水平亦越来越高，各种难以识别的新型宝石改善品不断产生，并大量涌入珠宝市场，占据了越来越重要的地位。这一方面加重了宝石鉴定人员的任务，另一方面给宝石检测提出了严峻的挑战。宝石鉴定者和经销者必须不断提高自身的专业素质和鉴定水平，不断更新宝石检测技术手段，才能适应宝石生产和贸易中对改善品检测的需要。

在珠宝生产和销售服务中，不仅要求鉴定人员准确无误地鉴别出宝石的种类、名称和产出状态（是天然的还是合成的），而且还要求检测出宝石是否经过人工处理？处理的方法可能是哪一种？处理的结果是否稳定和是否对人体有危害？等等。这种检测工作在十几年前也许显得不那么重要和普遍，但是，今天已成为宝石鉴定工作中不可缺少的重要内容，甚至在有些情况下，它已成为主要的鉴定内容，如大量翡翠B货和C货与A货的鉴别就是如此。

宝石改善品的检测不仅是为了鉴定宝石是否曾经过人工处理，防止贸易中欺诈行为的发生，而且也是为了更好地给宝石准确命名，以区分天然宝石、改善的（或优化的）天然宝石和宝石改善品（或处理品），为建立良好的珠宝市场秩序和维护经销商信誉及保护广大消费者的合法利益创造条件。所谓天然宝石，就是指未经过任何人工改善处理的（除打磨、抛光、镶嵌外）天然产出的宝石。改善的天然宝石也称优化的天然宝石，指采用传统上、商业上可以接受的处理方法（主要是无损害的物理方法）对天然宝石进行改善的产品，其特点是，处理过程中并不人为添加或减少宝石的成分，只是为了使宝石固有的外在美更加突出，或者只是使宝石的内在致色因素发挥作用，如热处理蓝宝石使其蓝色变深或变浅，祖母绿的无色注油处理等。宝石改善品（或处理品）是指除上述优化的天然宝石之外的所有其他人工处理宝石，它们是宝石检测的主要对象。最近，国际珠宝界针对越来越多的宝石改善品进入市场，提出应当严格区分这三类宝石，销售时应在发票上标明“N”（天然宝石）、“E”（优化天然宝石）或“T”（宝石处理品）的字样。尽管这样区分是十分必要的，但在实际执行中还存在许多问题：①三种类型宝石之间划分标准并不十分精确，有些宝石是很难区分的，且各国的划分标准也不统一；②区分三者的检测技术和手段并非无懈可击，面对日新月异的人工改善技术，大多检测机构和鉴定人员感到力不从心；③执行区分规则，必须要检测机构与珠宝经销商之间很好地相互配合才行，可实际上由于经济上的原因和从法律上的考虑，这种配合很难实现。当然，从今后世界宝石贸易的发展趋势看，检测和划分三类宝石势在必行。

宝石改善品的检测是宝石鉴定的主要内容之一。在大多数情况下，鉴定一颗宝石是否属纯天然宝石，是哪一种类宝石，并非很难的事，有经验的鉴定师借助几件常用宝石鉴定仪器就可以得出肯定的答案，甚至有时仅凭借放大镜和经验就可以有把握地作出判断。而检测工作真正的困难也许是判别宝石是否经过人工处理。这涉及宝石的准确定名和价值评估。尤其是对一些高档宝石，确定宝石是否进行过人工处理及处理的方法，对宝石最后价值的评定有重大的影响，不同检测结果所评定的宝石价值体现在价格上，可能相差几倍甚至上百倍。如一颗底净水足色好的B货翡翠顶多值几千元，如果不慎将其判为特级A货翡翠，那么就可能卖几万乃至上十万元，差额之大可谓"差之毫厘，谬以千里"。实际上这种失误在大宗翡翠贸易中并不鲜见

宝石的人工改善品检测工作与普通的宝石鉴定一样，要求遵循一定的原则，它主要包括三个方面：①无损原则。不管是对高档宝石，还是中低档宝石，都必须采用无损伤的检测方法和手段。所谓损伤不仅指一般的机械损伤(如痕、破裂等)，还包括对宝石颜色状态、晶体结构及其他性质难以自然恢复的改变。对宝石的损伤一方面会降低宝石品级，影响宝石的价值；另一方面有可能会引起销售商与购买者之间的纠纷。②先简后繁的原则。宝石检测中，为了提高效率，加强检测结果的可靠性，应循序渐进地采用先简后繁、先易后难的方法进行工作。首先用肉眼或借助于放大镜进行初步的鉴别，大致推测一下宝石是否是经过人工处理的，如果是，处理的方法可能是哪种？然后据推测结果选用适当的检测方法手段进一步作专门的检测，以作出判断。对于价值很高的高档宝石，如果普通检测方法手段不能取得肯定的结果，那么为慎重起见，可以送到专业的有权威性的鉴定所(室)请有经验的鉴定师作检查。③防止欺骗的揭露原则。通过检测揭露宝石人工改善品，必须是当此改善品所用的方法有欺骗性时，才有必要。如果处理的目的和结果确属改善(优化)，且该处理在传统上和商业中已被认可，那么，就没有必要进行专门的检测予以揭露了。如祖母绿的无色注油处理，绿松石中注入少量无色树脂，以增强其稳定性等之类的处理，已得到业内人士和消费者认可，通常不必专门揭露，因为它们并没有明显的欺骗性。当然，为了体现交易的公平和珠宝经销商的信誉，在出售时应标明。另外，如果对某些经人工处理的宝石，用现有的技术手段检测不出来，而这种处理的结果在宝石打磨、镶嵌、陈列和佩带过程中是稳定的，且不会对人体产生任何危害，那么也不必揭露，以免引起不必要的市场混乱和商业纠纷。如某些经辐照-加热处理的宝石，除了以自然界极少产出作为理由外，用现有的检测技术手段并不能作出判别，因为人工辐照和加热处理的过程基本仿照了自然地质环境中的辐照和受热的历史过程，只是在时间上大为缩短，因此它们的结果也基本相同，现代检测手段暂时还达不到区分二者细微差别的精度。也许有人提出用加热方法来检测一些由辐照处理而产生的颜色(由色心致色)，依据是辐照产生的颜色在加热到一定温度时，会发生褪色现象。大量实验证明，加热褪色的检测法并不可靠、也不可行。实际上许多天然致色的宝石受热也会发生褪色，因而宝石受热褪色并不是令人信服的鉴别改色处理品的证据。何况褪色试验属于损伤性检测方法，一般不宜采用。

第二节　宝石改善品检测方法和仪器

如前所述，宝石改善品的检测是宝石鉴定的主要内容之一。通常这种检测是在宝石的种类、名称和产出状态(天然的或合成的)都已确定的情况下进行。当然在某些情况下，种类鉴定与人工处理的检测是同时或交叉进行的，二者无法区分。

宝石改善品检测的目的十分明确，就是查明宝石是否经过人工处理。通过各种不同的检测方法和仪器手段的检查，证明宝石经过了人工处理或没有经处理。其主要内容有：①宝石经过人工处理的各种特征的识别和确认；②人工处理方法可能是哪一种；③改善品性质的稳定性(主要指在打磨、镶嵌、陈列和佩带过程中是否会发生明显的颜色变化，如褪色、变色，以及其他

性质的变化)和对人体是否有害。

对不同种类的宝石改善品,可检测出的难易程度往往不同,除与宝石本身性质及改善处理的方法和工艺有关外,与检测人员的专业水平和业务经验及检测方法和仪器也有密切关系。本节重点讨论检测方法和仪器在检测中的作用。

一、肉眼观察

肉眼进行概略观察是检测中必不可少的先期步骤。它可以使检测人员获得宝石外观上的总体印象,为进一步用仪器检测提供一些基本信息和工作方向。肉眼观察的内容很多,概括起来有下列几个方面:

1. 颜色

以白色板或纸作为观察的背景,用顶光或侧顶光照明,光源最好是日光,也可以用白炽灯或聚光手电筒。观察颜色时要特别注意下面几点:

(1)所检测宝石的颜色是否是该宝石常见的天然颜色,如果颜色是很少见的,那么就要注意它是否有人工改色。

(2)纯单一色彩的天然宝石是极少见的,如"鸽血红"的红宝石、纯绿的祖母绿等都是很稀罕的名贵品种,大多数天然宝石都是中间色彩的。如果你一次见到多粒纯单一色彩的宝石,就应考虑是否是人工加色的。这就是许多老珠宝鉴赏家所说的:天然宝石的颜色生动、自然、耐看,而人工改色宝石颜色华丽、浓艳、虚浮,略显单调,不耐看。当然这类说法只是经验之谈,且常常比较准确,但只可意会,难以言传,不易掌握,给人以"玄"的感觉。

(3)颜色的分布形态往往可以反映颜色的生成环境和生成条件,有时还可以反映颜色的成因。宝石颜色的色形和色带是颜色不均匀分布的表现,其形成的原因是宝石中致色组分不均匀分布。而造成致色组分不均匀分布的主要控制因素是宝石生成时流体成分的变化和生成物理化学条件(温度、压力、pH 值等)的变化。因此天然宝石的色形和色带有自身的特点,反映自然地质环境条件的变化。而人为加色(特别是染色)的宝石颜色分布形态与天然色有一定差异,只要仔细地对比二者,就可以发现。许多经验丰富的宝石鉴定师仅凭对宝石颜色的分布(色形和色带)就可以准确地区分天然色与人工加色的宝石。在观察宝石颜色分布形态时,要注意颜色深浅的变化特点、颜色分布走向、颜色的明暗、色斑形状、色带的粗细及清晰程度等方面,从这些颜色分布特征中,常常可以初步判断宝石是否经过人工改善。

2. 光泽

光泽是宝石表面对光线的反射特征。光泽的观察主要是指宝石成品表面的性质。天然宝石的表面光泽类型与宝石的物理性质和加工表面质量有关。在同等加工质量条件下,同一种宝石的光泽基本上是一致的,但如果宝石表面经过人工处理,那么其表面光泽可能会有较大的变化。如表面覆有蜡膜的宝石,往往呈油脂光泽;而镀有金属膜的透明宝石,其光泽接近金刚光泽或半金属光泽。因此,一些经过某种表面处理的宝石,其特殊的光泽可以作为鉴别是否经人工处理的依据。

3. 相对密度

相对密度是宝石最重要的鉴定特征之一,一定种类的天然宝石,其相对密度是有一定范围的。但有些宝石改善品由于采用了较多地改变宝石物质组分的方法,如净化处理和注入处理等,从而使宝石的相对密度也相应地发生了明显的变化。这种改善品在有经验的宝石鉴定师手中可以被轻易掂出来。

4. 特殊的光学现象

有些天然宝石经人工改善后，可出现一些特殊的光学现象，这些特殊光学现象在未经处理的天然宝石中是没有的。如镀金膜的辉水晶，可见有表面虹彩状的干涉色。

肉眼观察是一种宏观的粗略的检查方法。它检查的可靠程度主要依赖于检测人员的经验。对于初学者来说，肉眼观察是有难度的，只有通过不断地学习和对比，才能有所进步。

二、放大检查

宝石改善品在通常情况下都是成品宝石。由于经历过某种物理或化学的处理，在其表面和内部总会留下某种处理的“痕迹”，这些处理“痕迹”一般肉眼是难以识别的，但在放大的情况下，就可能看得十分清楚。

在宝石改善品的检测中，放大检查是不可替代的最重要的常规方法之一。大部分宝石改善品如果采用合适的放大仪器，并正确操作，那么就很容易区分出来。当然，在这里仍然需要丰富的宝石学知识和经验。

1. 放大仪器

放大仪器是宝石改善品放大检测的基本工具。目前鉴定宝石用的放大镜和显微镜类型很多，放大范围可从2—100倍以上。

(1)放大镜　检测宝石中所使用的放大镜有各种倍数，其中10倍放大镜是比较常用的一种。检测宝石用的放大镜通常要求在制作中已消除了色差和球面像差，同时尽可能有较大的视域。用铅玻璃和无铅玻璃制作的三组合放大镜就比较理想。

(2)宝石显微镜　宝石用的显微镜主要是用于检查10倍放大镜不能够清晰地确认或观察的宝石外部特征和内部特征。在大多数情况下，宝石显微镜的放大倍数在10—70倍之间。

比较常用的宝石显微镜是双筒连续变倍的体视镜。它具有立体感强、视域宽、景深大、操作方便及使用范围广等优点。国内已有专业厂家生产、销售。

(3)其他显微镜　有些岩矿鉴定用的双目变焦偏光显微镜在低倍物镜下，也可以用于观察宝石，其中透射显微镜可用于观察透明宝石的内部特征，而反光显微镜则可用于观察半透明—不透明宝石成品表面特征。不过，这类显微镜由于不是专门用于宝石鉴定的，因而有放大倍数太大、景深小、视域太窄的缺点，操作亦不太方便。

2. 放大检查中的照明

无论是在放大镜下观察宝石，还是在宝石显微镜下观察宝石，正确而有效的照明条件都是不可少的。一般手持放大镜检查宝石时，可采用日光或日光灯等照明光源。光线照射到宝石上，通过宝石内部或表面的反射光来辨别宝石的内部特征及表面特征。宝石显微镜都带有专门的照明光源，在物镜下的载石台内部有一个照明器，通过一个可调节的挡光板，可以得到暗场照明和明场照明。有的宝石显微镜还配有一个侧光源，用于从侧面照射宝石，观察宝石表面的反射光。

检测宝石时，可采用不同的照明方式来进行照明，以提高放大镜或宝石显微镜在检查宝石时的功用和效果。常见的照明方式有明场照明、暗场照明、散光照明、反射光照明、点光照明等几种。具体采用何种方式，要根据所要观察的内容及照明方式的作用来定。

3. 宝石改善品的放大检查

经过人工处理的某些宝石改善品，往往具有未经处理的天然宝石没有的显微特征。这些显微特征是由某种人工处理过程留下的。据此可以断定宝石是否属人工改善品。

(1)表面特征　宝石在人工处理中，其表面常发生变化，如高温或超高温处理在宝石表面留下的熔蚀坑点、高能粒子辐照处理在宝石表面留下的颜色斑点、染色处理的宝石表面裂纹中的染料等等，都是人工处理在宝石表面留下的“痕迹”。

(2)内部特征　放大检查宝石改善品的内部特征，比较有鉴别意义的包括包裹体特征（固体和气-液体包体）、内部裂隙和解理特征、颜色的不均匀性特征（色带、色晕、色斑等不同的色形特征）等。宝石的热处理、净化处理、辐照处理和热扩散处理都有可能使宝石的内部特征发生变化，使其有异于未经处理的天然宝石，如蓝宝石中针状金红石包裹体在高温、超高温下（>1 000℃）会发生局部熔融扩散，从而在其周围形成一个边界模糊的色晕。注入处理的宝石改善品中，注入剂与宝石在光学性质上的差异，可使宝石内部产生异常闪光效应。此外，组合宝石中结合剂在放大镜和显微镜下很容易检查出来，主要是根据面状分布的扁平气泡及光泽和颜色的差异。

三、光学性质的检测法

宝石的人工改善除了改变宝石的颜色（光学性质之一）外，有时还会改变宝石的其他光学性质，如折光率、偏光性质及各种吸收光谱特征。因此，光学性质的检测在宝石人工改善品检测中有重要作用。

1. 折射仪

折射仪主要用于测定宝石的折射率(R. I)。而宝石的折射率是宝石的最重要的鉴定特征之一。任何一种天然宝石晶体的折射率都有一定的范围（重折率），这与宝石的成分及晶体结构有关。如果宝石在人工处理中成分或结构发生比较大的变化，那么其折射率就会发生异常变化。不过，宝石人工改善品中，很少会出现这种情况，只有在强净化处理和注塑处理中会发生宝石折射率的异常现象。如B货翡翠。

测定宝石的折射率，有许多方法，最直接简便的是使用宝石折射仪。

2. 偏光镜

偏光镜可测定宝石的光性（均质或非均质性）。它对于鉴别宝石改善品中是否有无色（或有色）透明注入剂的存在十分有用，因为所有注入剂都是均质体，在正交偏光显微镜下呈全消光。当然，有些等轴晶系的宝石（钻石、石榴石等）也是均质体，偏光显微镜对它们的注入剂就无识别能力了，此方法只对非均质性的宝石（一轴晶和二轴晶）有用。

3. 滤色镜

滤色镜（切西尔滤色镜）主要用于区分含铬宝石（如祖母绿、红宝石、翡翠）与非含铬宝石。在宝石人工改善品的检测中，滤色镜可用于确定宝石的染色处理和组合宝石，如天然绿色翡翠在滤色镜下呈绿色或灰绿色，而某些染绿翡翠（C货）在滤色镜下呈粉红色。不过，最近有些报道说，用某些有机染料染绿的翡翠在切西尔镜下也可呈浅绿色，与天然翡翠很相似。因此，滤色镜在宝石人工改善品的检测中不可作为主要手段，只能作为一种辅助工具使用。

4. 分光镜

不同颜色的有色宝石，它们对白光中不同色光的吸收是不同的，由此可以通过使用分光镜观察不同有色宝石的吸收光谱，并确定宝石的特征吸收谱带。在宝石人工改善品的检测中，运用分光镜可以检测某些人工处理的宝石，如对某些经辐射-热处理的金刚石、染色翡翠、组合宝石等都可用分光镜进行区分。如果有宝石标样，并借助分光镜定量光谱分析，则对于人工改善品的认别会更有效。

除用分光镜检查宝石的可见光吸收光谱外，有条件的宝石实验室还可以采用可见光-紫外分光光度计和红外分光光度计来定量测量宝石的吸收谱线，据此在一定程度上可以区分出人工处理宝石。如某些注入合成树脂的宝石改善品有特征的红外吸收峰，它反映树脂的存在，而未经处理的天然宝石一般没有红外吸收峰。

四、其他物理性质的检测

1. 相对密度的测定

相对密度法检测人工改善宝石只适用于那些在物质组成和结构上有比较大改变的情况。如净化-注入处理的宝石、组合宝石等。由于大多数注入剂与宝石的相对密度相差比较大，因而注入处理后的宝石相对密度也会与原石相差很大，通常是相对密度降低。如C货翡翠的相对密度一般在2.8—3.30g/cm^{3}之间，而A货翡翠大多为3.3—3.36g/cm^{3}之间。组合宝石也有类似的情况，特别是半真组合石和假组合石，它们的组合块(片)中有其他宝石或玻璃，其相对密度与真宝石有差异。仔细地精确测量宝石相对密度，不难区分出它们。当然，用相对密度法检测宝石改善品只能作辅助手段，因为它的误差较大，且例外情况较多。

宝石相对密度的测定方法主要有两种：①静水称重法，包括用双盘天平或单盘天平和相对密度计测宝石的相对密度。②重液法。通常前一种方法的精度要相对高一些。

2. 热针检查

对于经过注入处理的宝石，如果注入剂是油类、蜡或塑料之类的高分子有机物，那么用热针进行检测是很容易识别的。如果注入剂为蜡或油，那么把热针靠近宝石表面大约0.5—1mm距离处，同时用高倍放大镜观察，就可以看见宝石表面有“出汗”现象发生，这是蜡熔化或裂隙中注入油渗出造成的。若注入剂是塑料类，那么在宝石不重要的边部选一小区，用烧红的热针接触一下表面，有塑料烧焦的特殊气味产生(有时伴有烟产生)，则可证明该宝石经过注塑处理。不过用热针检测宝石要慎重，因为它有一定的破坏性，操作不当，会给宝石表面造成损伤，通常不到万不得已，不提倡使用此方法。

3. 电导仪

电导仪仅对鉴别天然蓝色钻石和辐照致色的蓝色钻石有意义。天然蓝色钻石是半导体，具导电性，被电导仪检测时有一定电压。而辐照处理过的蓝色钻石不导电。

五、化学检测法

用化学方法来检测宝石是否经过人工处理，往往有一定的危害性，尤其是操作不当时，很容易改变宝石的外观特征，破坏宝石的美观。因此一般不提倡使用化学检测法。如果非用不可，应特别小心，选择宝石不显眼的部位作试验。

化学检测法对于用化学方法或注入法进行染色处理的宝石改善品比较有用。如果染色剂是无机颜料，那么采用强酸(盐酸或硝酸等)或强碱稀溶液可以很容易地识别出来。具体方法是：用棉签蘸一点稀酸溶液，在宝石不重要(不显眼)的部位轻轻擦拭，然后观察棉签上是否有颜色产生，若有，则可以肯定宝石是染色品；若没有，仍不能下断言，需采用其他方法继续检测。如对染色的黑珍珠，可以用棉签蘸稀硝酸擦拭检测，棉签上会染上黑色染色剂。如果宝石的染色剂是有机染料类物质，或是含有染料的有机注入剂(合成树脂等)，那么，采用有机溶剂进行检测比较好，常用的有机溶剂有酒精、丙酮，同样用棉签蘸有机溶剂擦拭宝石，若有脱色现象者，即为染色品。如某些染色处理的C货翡翠，如果其他方法都难以确定它是否经过人工改色，那么不妨用棉签沾一点丙酮溶剂擦一下样品边部，看是否脱色，一般用有机染料经注入染色的翡翠，用丙酮很容易检测出来。不过，检测前最好先把欲检测部位的蜡除去(若有的话)，然后再用丙酮，否则易产生错误判断。在有些宝石鉴定的小册子中，有人提出用指甲油作溶剂来检测翡翠是否是C货，从理论上讲没有什么不对，但指甲油中常含有其他物质(色素、香料等)，如果渗入样品裂隙中，将很难清除，并使样品染上其他杂色。因此，最好是用无色有机溶剂，不要用指甲油。

第三节　主要宝石改善品类型的鉴别特征

宝石改善品按处理方法手段的不同可大致分为如下几种类型：

- 天然宝石改善品
  - 热处理改善品
    - 低温改善品(＜100℃)
    - 中温改善品(100—600℃)
    - 高温改善品(600—1000℃)
    - 超高温改善品(＞1000℃)
  - 辐照处理改善品
    - 电磁波辐照改善品(紫外线、X射线、γ射线)
    - 高能电子束辐照改善品
    - 高能粒子辐照改善品(中子、质子)
  - 化学处理改善品
    - 热扩散改善品
    - 染色品
    - 净化品
    - 漂白品
    - 注入品
  - 表面处理改善品
    - 覆膜品
    - 镀膜品
    - 表面生长复合品
    - 贴箔品
  - 组合宝石

不论哪一种人工改善方法和技术，都是试图通过物理或化学手段来改变宝石的化学成分或内部结构(晶体结构或矿物结构)，从而达到改善宝石的颜色、光学特征及物化稳定性的目的。因此在处理过程中，或多或少会留下一些“痕迹”，这些“痕迹”在自然条件下一般不会出现，或极少出现。利用这些“痕迹”与处理方法和过程的关系，可以确认出宝石所经历过的人工处理。表9-1表示宝石热处理的一些鉴定特征。

辐照处理的宝石改善品是目前人工改善品检测中的难点，用一般的放大技术和可见光谱法几乎检测不出。像辐照处理的钻石、黄玉、水晶及绿柱石等宝石，尽管有不少报道说可以依据改善品的某种吸收光谱或荧光光谱进行检查，但实际上迄今为止没有足够的证据证明这类检测方法是可靠的、有效的。因此，对辐照处理宝石的检测方法与技术是国内、外宝石鉴定学家们今后重点解决的难题之一。

化学处理得到的改善品，其检测相对比较容易。表9-2中给出不同化学处理改善品的鉴别特征。

表 9-1　　宝石热处理的一些鉴别特征

热处理	主要热处理宝石	内部鉴别特征	外表鉴别特征
低　温	琥　珀	可诱发产生内部圆盘形分布的裂纹	表面因氧化而色变深
中　温 （100—600℃）	紫晶、绿柱石、电气石、黄玉等	无明显、可靠的检测标志 偶而可见微细气-液包裹体破裂形成的暗色斑点或内裂纹	无
高　温 | 超高温	钻石、刚玉类宝石	一般情况下检测不出，但有时可依据下列特征做出判别： ①有大小不一的斑点状扩散色晕 ②较大的固体包裹体周围有呈圆盘状或蝶状的应力裂隙 ③无任何气-液裹体，且气体包裹体色较暗，同时伴有裂隙 ④有时有特殊的紫外荧光	表面有熔蚀坑点

表 9-2　　化学处理改善品的一些鉴别特征

鉴别特征　方法 改善品类型	放大检测	相对密度法	吸收光谱	折光仪	偏光显微镜	热针
热扩散品	在表层有围绕空穴及触及表面的裂隙渗色层，颜色仅在极薄表层可由抛光而磨去	无	与天然宝石有一定差异	无	无	无
染色品	可见裂隙中染色剂或表面的色斑	不明显	染色剂的特殊吸收光谱	折光率有微弱变化	正交偏光镜下可见丝状物全消光	有时可见“出汗”和臭味
净化品和注入品	可见注入剂的某些特征：气泡、流纹和“闪光”效应	相对密度降低	注入品的特殊吸收光谱	折光率有一定变化	裂隙中注入品呈全消光	注塑品、注油品会“出汗”，有臭味
漂白品	可见不均匀的颜色	无	有一定变化	折光率有微弱变化	无	无

表面处理改善品和组合宝石的检测一般也比较容易。检测的方法主要是油浸法，或油浸法与放大法结合，注意检测表面覆膜（镀膜）和结合剂等特征，如折光率、反射光、颜色及消光性的变化、结合剂的气泡、流纹等特征。有些特殊的光学效应（光的干涉色、晕彩、色散等）也可以作为鉴别特征。有时适当加热（100℃热水中），可以使结合剂软化或变色。

第三篇 各 论

第十章 钻石的改善与检测

第一节 概 述

钻石有“宝石之王”的美称。在世界珠宝贸易额中，钻石首饰占80%以上，可见其所处的地位是举足轻重的。但是，天然产的金刚石中，达到宝石级的仅占5%—15%，而“4C”(指质量、净度、颜色和切工)都达到优良的钻石更是极少的。大部分宝石级金刚石或多或少地都有某种缺憾。如有的净度不高含有明显的包裹体、微裂纹，有的颜色欠佳，有的粒度太小。由于钻石价高利厚，不少生产者和销售商想方设法用各种人工处理方法和技术来改善钻石，以图提高钻石品级，从而达到提高其售价的目的。经过世界各国宝石实验室几十年的探索和努力，目前钻石处理改善技术已达到很高水平，且日臻完善。钻石改善品的品种也越来越多。现在，在珠宝市场上遇到经改善处理的钻石是常有的事。

钻石的人工改善一百多年前就开始了，最初主要是用在钻石底面贴箔或在钻石表面染色的方法来改善钻石的颜色，但这种做法很容易被识破。表面染色易被擦掉，因此，现在贴箔和表面染色已极少使用了。放射性元素被发现后，许多科学家热衷于用放射性核素作辐射源来辐照各种物质，看看它们性质有什么变化，其中有人就考虑辐照处理钻石。1904年，W·Crookes就曾把钻石埋在镭盐中一年多，结果他发现钻石变成了绿色，但也诱发出钻石的放射性。本世纪40年代后，各种类型人工辐照装置开始用于钻石改善，如回旋加速器、直线加速器、核反应堆及各种高速电子加速器等。这些辐照处理可使钻石产生绿色、蓝绿色、黑色及一系列中间色，这些颜色有的稳定，有的不稳定。现在的辐照处理往往与热处理结合使用，一方面消除不稳定的色心，使辐照产生的颜色稳定化，另一方面可以加强辐照产生的颜色色度。70年代后，出现了一种所谓钻石净度优化技术，就是先用激光束钻进钻石中消除包裹体，然后用玻璃料充填孔洞，或者直接用玻璃充填钻石的裂隙之中，从而提高钻石的净度。近些年，国外又出现了一种镀膜新技术，就是在钻石表面镀上一层(或生长一层)几十至几百纳米的有色金刚石膜或有色刚玉膜，使钻石外表带有颜色或通过颜色互补原理消除黄色调。

大量改善的钻石在珠宝贸易中出现，给宝石学家们提出了一项重要的课题，那就是怎样检测钻石是否经过人工处理？处理方法是什么？结果是否稳定？世界上许多著名的宝石学院、学会和宝石鉴定机构都对钻石检测作了专门的研究，提出了不少的鉴定方法和标准。一般来说，贴箔、染色、净度优化和镀膜等方法处理的钻石比较容易检测出，因为它们有特殊的鉴定特征，只要细致认真观察，就可以识别出来。但对经辐照-退火处理的钻石检测就比较困难，目前仍是钻石人工改善检测中的难点，比较有效的方法主要是光谱法，但此法对某些类型钻石的检测结果并不可靠。许多宝石学家正在进一步探索更准确有效的、可靠程度更高的新检测方法。

第二节　钻石的类型及致色原因

一、钻石的类型

钻石的化学成分是碳元素，它的晶体结构是4个碳原子构成的四面体。纯钻石是无色透明的，硬度为10，热导性好，折光率高，色散强。但绝大多数的天然钻石，都含有微量的杂质元素，主要有氮、硼、铍、铝。不同的微量元素或不同量的微量元素，可使钻石的性质发生明显的变化，如颜色、导热性、导电性等。根据钻石中所含微量元素的种类、含量及微量元素的原子团类型等特征，可把钻石分为两大类型（Ⅰ型和Ⅱ型）、四个亚类（$Ⅰ_a$、$Ⅰ_b$、$Ⅱ_a$、$Ⅱ_b$）。

1. Ⅰ型

（1）$Ⅰ_a$型　98%的天然钻石属于此类型，其特点是含有微量的氮原子，含氮量在0.1—0.3%之间。$Ⅰ_a$钻石中的氮原子均呈聚合态，含双氮原子聚合态的钻石称为$Ⅰ_a$A型，而含有3个或3个以上氮原子聚合态形成氮杂质的钻石称为$Ⅰ_a$B型。无论是$Ⅰ_a$A型还是$Ⅰ_a$B型钻石，其内的氮聚合体在可见光范围内都不能产生光吸收，因而二者对于颜色一般没有什么作用。但由二者产生的色心都可以产生一系列的吸收谱带。$Ⅰ_a$型钻石的氮含量达到一定程度时，可聚合成50—100nm的微小片状包裹物，这可以用电子显微镜观察到。微小片状包裹物的存在通常会大大降低钻石的导热性。

（2）$Ⅰ_b$型　也含有极微量的氮原子，它们以单原子的形式占据碳原子的位置。由于氮原子的外层电子有5个，而碳原子外层电子只有4个，根据能带理论，当单个氮原子替代一个碳原子而成键时，氮多余的一个电子就不能进入晶体的价带，而是处于一定的带隙之中，因而氮是电子施主。当该电子吸收2.2eV能量，就可以受激发而进入导带，所以含有一定量单原子氮的$Ⅰ_b$型钻石，可以吸收能量大于2.2eV（波长小于560nm）的光（蓝光和紫光），从而显示出黄色的颜色（图10-1），在长波紫外光作用下呈现黄色或桔黄色的荧光效应。$Ⅰ_b$型钻石在天然钻石中的比例很小，大约在0.1%±。

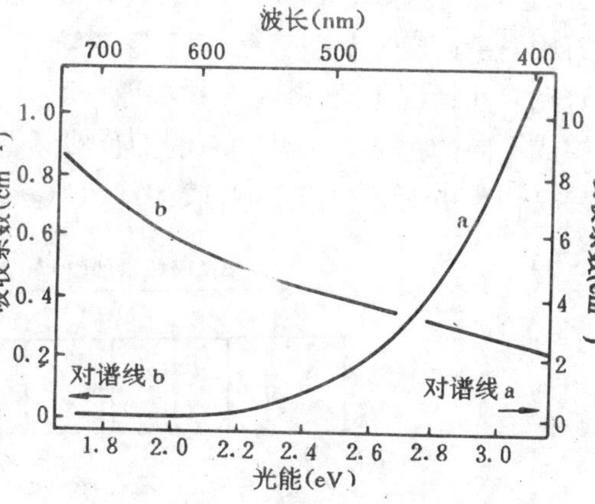

的吸收谱线图

（A. T. Couins，1982）

2. Ⅱ型

Ⅱ型钻石不含氮，在6—13μm波长范围内，它们没有任何特征吸收作用，也不吸收低于300nm的紫外线。另外，它们是热的导体。

（1）$Ⅱ_a$型　限指无色的不含氮或其他杂质的钻石，它们可以透过大约225nm左右的紫外线。

（2）$Ⅱ_b$型　含杂质硼元素。它们对250nm紫外线是透明的；在短波紫外线照射下多呈磷光。大部分$Ⅱ_b$型钻石呈蓝色，但也有少数呈棕色或灰色。因为$Ⅱ_b$型钻石所含硼的外层电子只有 3 个，当它替换碳原子时，就形成了电子空穴，它是一种电子捕获者，它的捕获能不高，仅 0.4eV，即从晶体价带里的激发电子进入空穴，仅需 0.4eV 能量，因而该类型钻石可以吸收任何能量的可见光，由于很宽的光谱吸收带而产生出诱人的蓝色(图 10-1)。这种颜色的天然钻石极为稀少，且价格昂贵。另外，由于硼的电子空穴捕获能太小，以致在室温条件下通电流，就可以从价带激发电子进入硼的空穴，使在价带中留下空穴，这就产生了电场作用下的空穴运动，因而天然蓝色金刚石是导电的半导体。而Ⅰ型和Ⅱ$_a$型钻石都是电绝缘体。

二、钻石的致色原因

从目前对钻石(彩色钻石)的研究结果来看，钻石的颜色主要是由各种色心吸收不同范围可见光造成的。而色心的形成都与钻石中的各种点缺陷有密切关系。

1. 氮心和硼心

所谓氮心，就是指Ⅰ$_b$型钻石中单个氮原子的多余电子所形成的电子心，而硼心则是指由于Ⅱ$_b$型钻石中硼对碳原子的置换而产生的空穴心。关于它们的致色机制前面已作了介绍。在大多数天然钻石中，氮心和硼心是比较少见的。以氮心为主的钻石具有很特征的黄色，在某些情况下，可称其为“金丝雀黄”，其色度与氮原子的含量多少有关，当氮心达到一定数量时，钻石就变成极为稀有的绿色品种，若氮含量更多可使钻石变成黑色。

2. N_3 心和 N_2 心

N_3 心是天然钻石中最常见点缺陷形成的。一般认为大部分黄色钻石的呈色都归因于 N_3 心的作用。N_3 心的点缺陷是由 3 个在同一平面上的氮原子包围一个碳原子而形成的，因为氮原子的原子半径比碳原子略小，且多一个外层电子，因此容易出现点缺陷而构成色心。同样，N_2 心是由双氮原子引起的。点缺陷形成 N_3 心和 N_2 心的钻石均属Ⅰ$_a$型。实际上，在天然Ⅰ型钻石中，往往既有 A 型氮(双氮原子聚合体)，又有 B 型氮(3 个氮原子或 3 个以上氮原子聚合体)，在有些情况下，可能还存在单原子氮。不同聚合态的氮可形成不同的点缺陷，从而也就可以构成不同的色心。天然钻石的颜色实际上是由多个色心共同作用的结果。不同色心浓度的差异就构成了所谓“好望角吸收谱线组”(cape)，如图 10-2 所示。

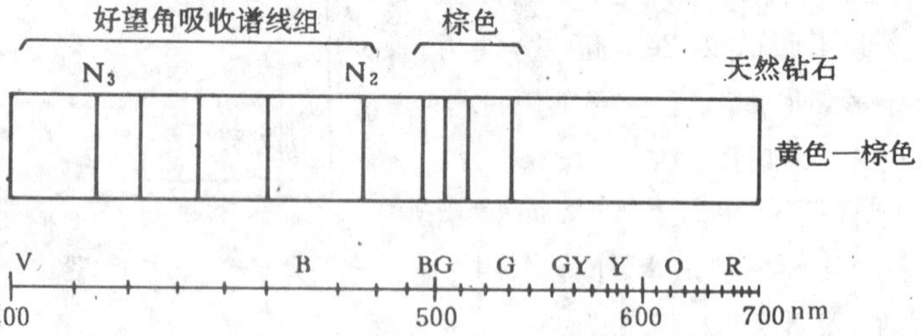

图 10-2　黄色—棕色天然钻石的好望角吸收谱线

V. 紫色；GY. 绿黄色；

B. 蓝色；Y. 黄色；BG. 蓝绿色；O. 橙色；G. 绿色；R. 红色

图中 415nm 吸收线代表 N_3 心，478nm 代表 N_2 心，它们分别由 A 型氮和 B 型氮引起。另外，还有更弱的几条吸收谱线。一个以 N_2 心为主的Ⅰ$_a$型钻石的吸收光谱特征如图 10-3 所示，它在长波紫外线激发作用下会表现出一种明亮的黄色荧光。在白光(日光)下，该钻石常呈现出一种迷人的琥珀色调。

3. H_3 心和 H_4 心

H_3 心是另一种与 A 型氮有密切关系的点缺陷，而 H_4 心是与 B 型氮原子有密切关系的点缺陷。H_3 心的吸收光谱线在 503nm(2.46eV)处，H_4 心的吸收谱线为 496nm(2.49eV)。对于绝大多数天然的 I_a 型钻石，在未经辐照-退火处理之前，若钻石呈浅黄色，则其致色因素主要是 N_3 心和 N_2 心，此时 H_3 心很弱，H_4 心往往缺失或极微弱而不易测出；若钻石呈棕色，则表明致色因素主要为 N_3 心、N_2 心和 H_3 心。H_4 心在绝大多数情况下仍然很弱。当把 I_a 型钻石(无色的或浅黄色的)进行辐照处理，然后再在 800℃下进行退火处理后，可以得到较鲜亮的黄色钻石。此时，钻石颜色的成因主要归因于钻石中 H_3 心和 H_4 心，因为高温使 H_3 心和 H_4 心吸收谱线强度增大，而 N_3 心和 N_2 心没有变化。经过辐照和退火处理的 I_a 型钻石中，有 $H_3:H_4=A:B$ 的比例关系，其中 H_3、H_4 代表色心点缺陷的聚集浓度，A 和 B 分别代表 A 型氮和 B 型氮聚合体的浓度。由此，有人曾用 H_4 心吸收谱线的存在或缺失作为判别钻石是否经过人工处理的鉴别标志。实践证明，在大多数情况下是比较有效的，但并不总是可靠的。尤其是近几年来辐照后的超高温处理，即把辐照处理的钻石加热至 1 400℃持续加热 4 个小时，就可以完全消除 H_4 心，而 H_3 心的吸收谱线保持不变或有所加强，从而使钻石的谱带非常接近天然致色钻石吸收谱带所观察到的情况，不过这样高的温度有毁掉钻石的危险，但据说已有人将此技术(Collins，1982)应用到钻石改善处理中。尽管有这些问题，但用 H_4 心谱线作为鉴别钻石是否经过人工处理仍不失为一种重要的辅助检测标志。

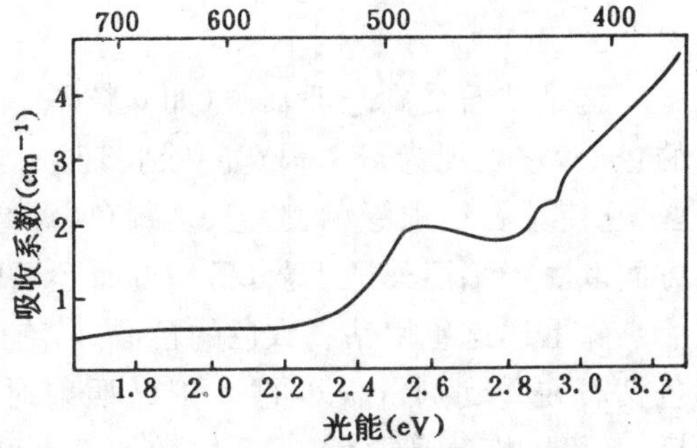

图 10-3　在长波紫外光作用下具明亮黄色荧光效应的金刚石的 2.6eV 的吸收谱线图

(A. T. Collins，1982)

4. 595nm 心

这种色心在天然钻石(未经任何处理)中是极少出现的。当对 I_a 型钻石经过辐射处理并在大约 800℃退火处理后，常可以发现，除了 H_3 心、H_4 心外，还可出现吸收线为 595nm 的色心，这就是 595nm 心。1957 年 Crowningshield 对大量处理和未经处理的天然钻石进行研究对比(图 10-4)，结果表明：这条吸收线的存在与缺失可以用来判定一颗琢磨和抛光钻石的颜色是人工致色的还是天然的。直到 1978 年，Collins 做了高温退色研究，发现了当加热已经辐照的钻石，595nm 吸收线强度会增大。加热到约 800℃时，达到其最大强度；继续加热，595nm 吸收线强度开始降低，到约 1 000℃时，降到零，而此时钻石的颜色不会发生显著变化。这一试验证明 595nm 吸收线的存在与否并不能作为钻石是否经过人工处理的可靠标志，很可能在 1978 年之前，就有人已经知道了上述试验的结果，只是未公开声明，企图用处理过的钻石冒充未处理过的钻石出售，以牟高利。

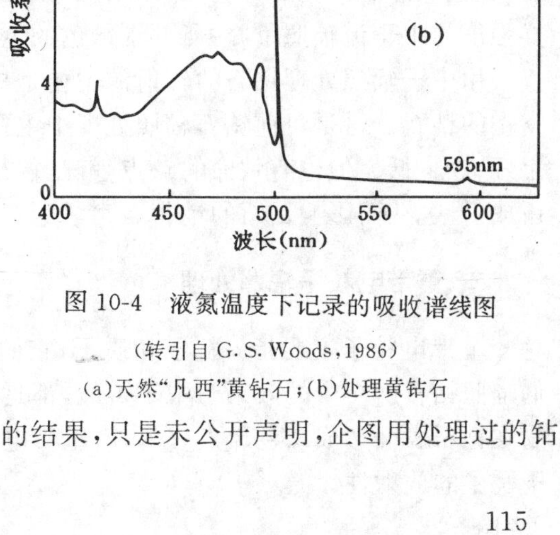

图 10-4　液氮温度下记录的吸收谱线图

(转引自 G. S. Woods，1986)

(a)天然"凡西"黄钻石；(b)处理黄钻石

5.GR1 心

这是钻石受到一般辐照（如 α 粒子、中子、高能电子、质子等）而产生的内部结构损伤构成的色心，它表现为一个很宽的吸收带，从 741nm 的“GR1”吸收谱线一直延伸到黄—绿可见光区，它使钻石呈现绿色、蓝色、蓝绿色、深绿色或黑色、黄色等各种颜色，具体呈现什么颜色，一方面取决于辐照处理工艺，另一方面还要取决于钻石的受热历史和受热温度的高低。

除上述这些使钻石致色的色心外，有时天然钻石中还可产生一些很浅的色心，如某些粉红色钻石在受到剂量很小的 X 射线照射时就变成了无色或紫红色，而再受日光或强光灯照射后，又可以恢复到原色，甚至轻微加热也可使其恢复原色。还有某种不常见的灰绿色—黄绿色的钻石在黑暗中或在酒精灯上稍稍加温，就变成了迷人的亮黄色，但在受光照几分钟或受紫外线照射几秒钟后，这些钻石就恢复原色。这些都说明钻石中确实存在一些很浅的色心，只不过不稳定而已，在钻石改善中没有商业意义。

第三节 常见的钻石辐照处理方法

国内外许多宝石实验室和珠宝商对钻石辐照处理作过大量的研究，几乎使用了目前所能获得的各种辐射源。通过大量实践，人们发现，不同辐射类型对钻石的作用结果是不同的，有些对钻石的改善比较有效，有些则没有实用价值。下面介绍一下常用的几种钻石辐照处理方法。

一、中子辐照处理

利用核反应堆中释放出的高能中子束辐照处理钻石，是目前最常用的方法之一，尽管中子的穿透能力不如 γ 射线和高能电子束，但由于它具有很高的辐射能量，因而很容易使钻石产生点缺陷，使钻石变成比较均匀的绿色。一般来说，中子辐照钻石产生的绿色色度大小取决于中子束的能量大小、辐照的时间及钻石粒度大小。当辐照时间一定，钻石粒度一样的情况下，中子束能量越高，其穿透力也越强，钻石形成的绿色也越浓。同样，当中子束一定，对于同一颗钻石，辐照时间越长，绿色色调就越深。据 Metcalfe 的试验，把八面体形的无色钻石用强度为 10^{12} 中子数/$cm^2 \cdot s$ 的中子流辐照，经 1h 后，钻石产生一种很浅的绿色；2h 后钻石变成浅绿色；5h 后，颜色加深成明亮的绿色；如果辐照 50h，则钻石就变成了不透明的黑色。另外，据试验，在同样强度的中子流辐照下，对所要求绿色的色度，所需要的时间与钻石质量的立方根成反比。

用中子辐照处理钻石的辐射源主要是核反应堆，通过一定的装置使中子流导出，辐照样品室中的钻石。这是目前钻石辐照处理中主要的工艺之一。它的优点是时间短、效率高、改善效果好、成本低。但也有致命的缺点，就是往往诱生钻石的放射性。使用此法改善的钻石具有残留放射性，从而影响钻石的销售。

二、重带电粒子辐照处理

重带电粒子主要指 α 粒子和质子，它们的穿透力不如中子，但能量却往往大于中子束，它们辐照钻石所产生的效果与中子类似，都是绿色色调。只是所产生的绿色常常不均匀，尤其容易在钻石表面形成绿色斑点。另外，重带电粒子也同样可诱生钻石的放射性，其活度比大于中子诱生的放射性。

重带电粒子的辐射源有两种：①核反应堆或重放射性核素（如^{235}U等）；②粒子回旋加速器。用回旋加速器处理钻石，可诱生多种颜色，包括绿色、蓝绿色及黑色，这与重带电粒子流的强度和辐照时间有关。在一般情况下，用此方法处理而产生的颜色常常不均匀，颜色集中还有一定的位置，这与辐照位置有关，若从钻石侧面辐照钻石，那么从台面向下观察，可以看到一个特征的环绕钻石底面的“伞形”颜色集中区。若从钻石冠部辐照，那么颜色集中区在各个方向都可以观察到，特别是从侧面观察时，可以发现钻石中有一暗色环存在。目前，从侧面辐照钻石时，常常要将钻石同时绕中心轴以一定速率转动，从而使辐照诱生的颜色尽可能均匀。

三、高能电子流辐照处理

高能电子束辐照处理方法也是目前最常用的钻石辐照处理方法之一。高能电子的穿透能力比中子和重带电粒子强得多，因而可使钻石产生比较均匀的颜色，不过，由于电子质量较小，因此它的辐照效应不如中子和重带电粒子强，大多数只能产生浅绿色或浅蓝绿色；若要加深诱生的颜色，就必须加长辐照时间，少者数月，多则几年。这无论是从技术装置的承受能力，还是从经济效益角度，都是不可行的。高能电子一般情况下是不会诱生放射性的，只有特别高能量（$>$10MeV）的电子束才诱生少量放射性。

产生高能电子束的辐射源有多种，常见的有回旋加速器、直线加速器及各种电子加速器装置，有时也用放射性核素。不同辐射源的辐射功率是不同的，应根据需要来选择。利用高能电子辐照处理钻石时，最大的问题是辐照中产生的大量热可在极短时间内使钻石局部达到很高的温度，这会影响所诱生的颜色，即由于加热而使钻石的颜色发生不希望出现的变化。所以，在用高能电子处理钻石时，必须使用良好的冷却循环系统来冷却钻石，防止钻石颜色产生退火变化。

四、γ射线辐照处理

γ射线也常用于钻石辐照处理。其特点是能量高（通常在0.5—2MeV），穿透力极强，不会诱生放射性，容易获得等。用γ射线辐照钻石，可诱生不同色度的绿色、蓝绿色，且颜色在钻石中分布均匀。但γ射线使钻石生色的过程比较缓慢，因为γ射线的粒子质量太小，所产生的辐射效应非常弱，只能通过加长辐照时间来增强辐照效应，即使很大功率的辐射源，也同样需要相当长的时间，少则几个月，多则一年。好在γ射线的辐射源多用^{60}Co，其半衰期较长，为5.27a，足以使钻石发生所期望的颜色变化。在γ射线辐照装置中，通常把多个棒状^{60}Co辐射源围绕钻石排列，或把钻石放入管状^{60}Co辐射源中心，使辐照产生的颜色尽可能地均匀。

除了上述四种辐照处理方法外，有些珠宝商曾使用强度较大的X射线、紫外线等对钻石进行辐照处理，但效果都不太理想，所产生的色调极浅，即使个别品种钻石产生明显的颜色变化，如肉红色、蓝色、粉红色等，也不稳定，稍加热或受日光照射，就会迅速发生褪色而恢复原状。这主要是因为低能辐射只能诱生很浅的色心，故而不稳定。

第四节　辐照钻石的退火处理

对钻石进行辐照处理，可使钻石产生各种点缺陷，从而形成不同色心。退火处理可以使钻

石的颜色稳定化，这主要是通过消除某些色心，增强另一些色心来改变钻石颜色。

对辐照钻石的退火处理方法在一定程度上取决于钻石的类型。Ⅰ$_a$型和Ⅱ$_b$型钻石经过高能电子或中子流、γ射线辐照后，通常都呈现蓝色、绿色或蓝绿色，这主要与由点缺陷引起的“GR1”心有关。在未进行退火处理前，“GR1”心的强度比较大，而 N_2、N_3、H_3 等色心强度相对较低，因而上述色心吸收谱带的混合会使钻石呈绿色或蓝绿色(图 10-5)。

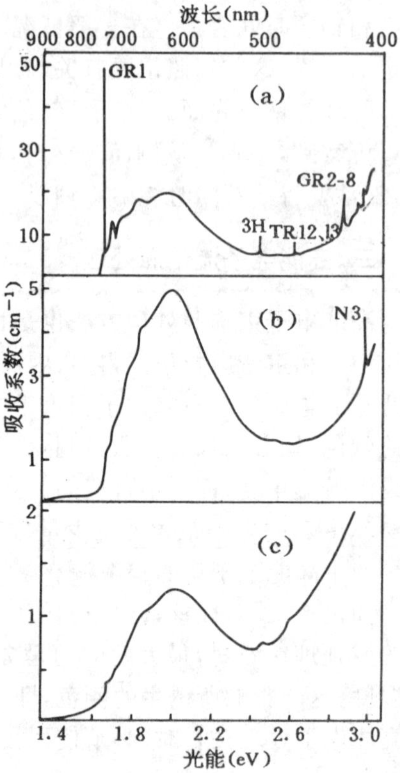

图 10-5 低温辐照处理的钻石吸收谱线图

(A. T. Collins，1982)

(a)2MeV 电子流低温下辐照处理的Ⅱ$_b$型钻石

(b)2MeV 电子流低温下辐照处理的Ⅰ$_a$型钻石

(c)经中子辐照处理的Ⅰ$_a$型钻石光谱

对辐照处理过的钻石进行加热退火处理，一般可使钻石随着温度的增加发生从蓝色、绿色或蓝绿色→棕色→黄色→原色的变化过程。这种颜色变化序列可以停止于任何一点，因而得到一系列的颜色，当然，并不是所有颜色都是令人欣赏和稳定的。

当退火温度达到 275℃时，595nm 吸收峰开始出现，GR1 吸收峰开始衰减，总体吸收谱线结构开始尖锐化，同时总体谱带强度降低，到大约 500℃时，GR1 吸收峰大幅度衰减，595nm、H_4 和 H_3 色心吸收峰明显得到加强，总体吸收谱线更加尖锐化，总体吸收谱带强度进一步降低(图 10-6)，此时，钻石颜色从绿色、蓝色或蓝绿色变成棕色或黄色；进一步加热到 800℃时，H_3、H_4、595nm 等吸收线强度达到最高点，而 GR1 吸收峰已完全消失(图 10-7)，经上述退火处理的钻石中原有的 N_2、N_3 吸收线强度变化一般不大，或稍有降低。如果继续对钻石加热至 1 000℃左右，H_3 和 H_4 吸收峰略有加强，而 595nm 吸收峰则随温度增加迅速减弱、消失(图 10-7)；而加热至 1 400—1 500℃时，H_4 吸收峰也会消失，而钻石的颜色不会发生明显的变化，此时钻石可见光吸收谱线与天然黄色钻石的吸收谱线特征极为相似，很难用光谱法区分二者。

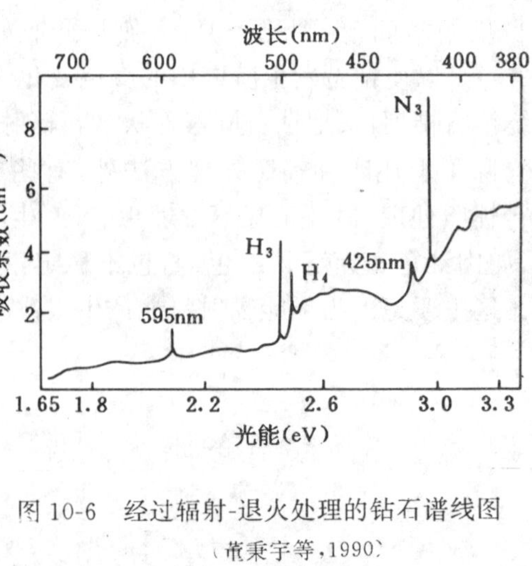

图 10-6 经过辐射-退火处理的钻石谱线图

(常秉宇等，1990)

有些Ⅱ$_b$型钻石在退火处理后，并不变成棕色或黄色，而是变成粉红色、红色或紫红色。某些罕见的天然钻石带有微弱的粉红色色调，它们有橙色荧光，通过辐照和加热处理，可以使它们的粉红色色调得到加强。另外，某些具有桔红色荧光特征的钻石经中子辐照可以变成桔红色，而一些“云雾状”的灰色钻石经中子辐照，可以变成非常漂亮的浓天蓝色。上面这些特殊钻石大多出自罕见的Ⅰ$_b$型钻石。

钻石加热处理除了用于辐照钻石的退火处理外，有时也被单独用来对钻石作某些特殊处理。如在高压（10^8—10^{10}Pa）下对钻石加热（500—1 000℃）1min，可以使Ⅰ$_a$型钻石变成亮黄色，在近2 000℃高温下加热钻石也可使其变成亮黄色，不过如此高的温度有可能毁掉钻石或在钻石中产生大量片状结构的聚集物。在同样的高压高温条件下，Ⅰ$_b$型钻石可以变成Ⅰ$_a$A型，甚至Ⅰ$_a$B型。这是因为在高温高压下，单个氮原子可以在钻石晶体中发生迁移，相互聚合而成A型氮或B型氮。那么，能否在一定条件下，把大量的Ⅰ$_a$型钻石变成Ⅱ$_b$型，从而达到使钻石脱去黄色，变成无色或其他彩色钻石呢？相信目前有人在做这种实验，可能难度较大，一旦有突破，对于钻石的改善将有重要意义。

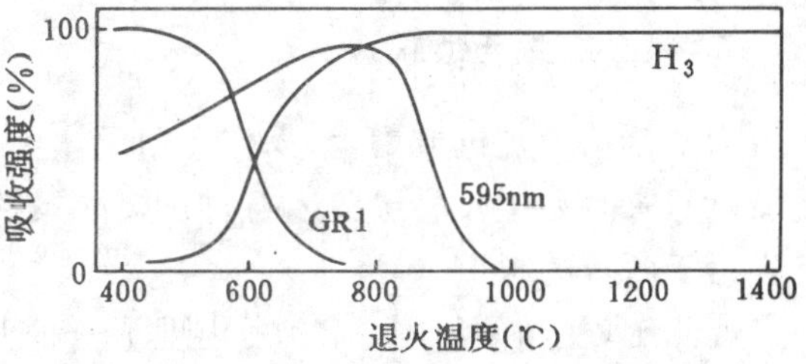

图10-7 H_3、GR1、595nm心的吸收谱线图
(G. S. Woods, 1986)

对钻石加热处理时，温度不宜太高，否则会烧掉钻石。这种情况一般应尽量避免。但有些珠宝商有意通过高温让粗钻表面发生燃烧，使之留下浅的白色外壳，这样处理后的粗钻看上去比原来要白些，以便于销售。实际上，这是一种欺骗行为，而且也比较危险，一般很少有人采用。

第五节 钻石改善的其他方法

一、钻石的净度优化

钻石净度优化，是指把激光除斑技术与注入处理技术结合应用于钻石，消除钻石包裹体、裂纹，以提高钻石的净度的方法。钻石的净度(clarity)是评价钻石价值的4个指标之一，它的细微变化往往会对钻石价值产生很大的影响。近10年来，钻石的净度优化技术已比较成熟，它不仅可以非常有效地处理相对较大的裂隙及其充填物，而且可以使钻石内部包裹体被消除（通过激光穿孔技术），孔洞注入无色充填物而不易察觉。

对于有裂隙、原生孔洞、解理面等瑕疵的钻石，一般先将其放置于沸腾的强酸中作净化处理，目的是溶蚀掉裂隙或孔洞中的充填物（杂质），然后用某种玻璃（如冕牌玻璃或铅玻璃）注入充填于裂隙或孔洞之中。有关的工艺最早由Zv. yehuda研制并于1987年正式公开，它可使有明显瑕疵的钻石外观大大改善，如可使钻石的净度提高1—2个级别。但由于注入充填用的玻璃料稍带黄色色调，因而可能使用此工艺处理的钻石的表面色级有所降低。不过，最近的改进工艺已基本解决了这个问题，既可以使钻石表面色级不降低，且提高钻石净度。

对于有“脏点”（包裹体）的钻石，从1970年后，国外一些研究者采用激光打孔技术，在钻石上打一个微孔洞，直通包裹体，使其在激光束作用下气化掉，或用强酸溶蚀掉。用激光所打的孔的直径很微小，在2.5—25μm之间，深度没有限制。孔洞垂直于钻石距“脏点”最近的一个翻光面。在消除“脏点”后，同样要采用玻璃注入法充填孔洞。

用净度优化技术改善的钻石确实可以在一定程度上提高钻石的外观效果，但这样的钻石改善品应如何命名，在珠宝界仍有争议。有人认为，此类改善品在销售时，必须标明“钻石净度优化品”，甚至有人把这类钻石改善品称为“天然钻石与人造玻璃的复合石”。

二、表面增生与镀膜

为了给钻石加色或增重，人们运用晶体生长技术在钻石表面生长一层钻石（如无色、蓝色、或绿色），有时是生长一层蓝宝石，但这种钻石表面生长技术目前仍停留在实验室阶段，还未见有应用于商贸的报道。

近几年，在超硬材料领域中，出现了一种低压条件下的金刚石膜生长技术，而且已广泛应用于新材料的研究中，有人在探索将此技术应用于钻石表面处理，如果能够成功，那么对于改善钻石将开拓一个新的途径。

三、覆膜和染色

给钻石表面涂覆或喷涂一层极薄的膜（多为有色有机物），就像照相机镜头上的覆膜一样。一方面可以使钻石颜色得到改善，另一方面也可以增加钻石的“火彩”。这种处理方法由于很容易识别，现在已基本不使用了。为给钻石增加一点色调（如红、蓝、粉红等色），有人在钻石表面进行染色处理，如用红色或蓝色墨水在钻石的腰棱上涂上一点点，使钻石呈现红色或蓝色色调。由于大多数钻石在镶嵌后，腰棱被包住，因而不易被察觉。另外，有时为了减弱钻石的黄色色调，可以用黄色的补色（蓝色或紫红色）在钻石表面染色，使钻石看上去显得白些，提高钻石表观颜色的色级。而这样做的效果并不一定理想，因为尽管钻石黄色色调减弱，但也会使钻石亮度有所降低，所以，此法现在也极少用。

第六节　钻石改善品的检测

目前，对于经辐照处理的钻石检测方法并不多，比较直观的方法是通过由辐照处理而产生的颜色集中区或色带等来区别钻石是否经过人工处理。天然致色的绿色、褐色和粉红色钻石的色带多为直线状或角状，并与晶面平行，但在人工着色的钻石中，色带则平行于琢磨好的钻石的小刻面或台面。如果辐射粒子是重带电粒子，辐射源是回旋加速器，那么它们对钻石辐照产生的颜色往往不均匀或仅限于钻石的表层。把钻石浸入折射油中，用显微镜或10倍放大镜观察，可以发现辐照处理的钻石有颜色集中区，或发现表面着色层与内部的分界线。过去人们认为，对于浅绿色和绿色钻石，钻石表面绿色或褐色的小斑点是确定该钻石颜色属天然色的标志。但是近年来的研究表明，辐照处理的钻石在变成绿色前后，其天然的绿色或褐色小斑点均不发生变化，因此，表面斑点不能作为鉴别钻石是否经过人工辐照处理的依据。如何检测区分辐照致色的绿色钻石和天然绿色钻石，除了用色带外，迄今还没有十分有效的方法。

检测蓝色钻石最有效的方法就是测试钻石的导电性，天然致色的蓝色钻石都属于 II_b 型，都有较好的导电性（接在30V电源上），而人工辐照致色的蓝色钻石没有导电性。

对于用注入充填技术处理的钻石，在偏光显微镜下，其鉴定特征有以下几点：①“闪光”干涉效应，即绝大多数有注入玻璃的钻石改善品，在暗场时呈现特征的“橙色（或紫色）闪光干涉效应；而当该钻石在明场稍作转动时，又会呈现一种“蓝色（或绿色）闪光”干涉效应。这两种“闪光”明显不同于未经此处理的钻石中的“闪光”；②被注入的充填物有流动结构，扁平的气泡或由于熔融玻璃冷凝收缩而产生的裂纹和网状结构；③在充填物较厚的部位会有一种浅褐色—橙色色调的外观；④有时在钻石表面残留有云雾状物质。

经过覆膜、染色或镀膜处理的钻石，检测比较简单，也容易识别。最基本的检测方法就是把钻石放入浸油中，用显微镜和10倍放大镜仔细观察，就很容易鉴定出来。对染色的钻石可用丙酮进行擦抹，看其是否掉色。

目前，检测市场上大量出现的黄色色调钻石所采用的比较有效的方法是光谱法。由于黄色或棕色的天然色钻石是很常见的，而用无色或用令人生厌的黄色钻石经辐照-加热处理得到的各种迷人的黄色钻石在珠宝市场中也十分常见，检测区分二者是一件十分困难的事情。大多数钻石鉴定实验室都用光谱分析技术来鉴别二者。比较常用的光谱分析仪器有手持式光谱仪(结合气雾致冷剂使用)、记录式分光光度计(附有液态氮冷却装置)。在致冷条件下，钻石的吸收峰将变得十分尖锐，这有利于提高仪器分辨能力。经过国内外许多钻石鉴定师十多年的研究，现已提出的比较有效的检测特征是：在一般情况下，若钻石的吸收光谱中出现比较强的595nm吸收峰，同时出现496nm和503nm吸收峰，那么基本可以肯定，该钻石曾经过人工处理；如果钻石吸收光谱中未见595nm吸收峰，这也不能肯定钻石是否经过人工处理，因为595nm吸收峰可以在1 000℃退火处理下完全消失，变得与天然致色钻石完全一样。不过，经过1 000℃高温退火处理的钻石会在近红外区出现一对明显的吸收谱线：1 936nm(H_1c)和2 026nm(H_1b)。这对近红外吸收谱线是区分钻石是否经过人工处理的比较可靠的检测标志。但进一步的研究，把经辐照处理的钻石加热至1 400—1 500℃左右几个小时，就可以基本上消除595nm、H_4、H_1c、H_1b等色心的吸收谱线，而不改变钻石的颜色。对经过这样处理的钻石，迄今还没有找到比较有效的检测方法。这将是90年代宝石学家所面临的主要问题之一。

第十一章　红宝石、蓝宝石的改善与检测

红宝石和蓝宝石都是名贵宝石品种，它们是刚玉类矿物（$A1_2O_3$）的变种。自然界刚玉类宝石的颜色十分丰富，有无色、纯红、鲜红、粉红、紫红、橙红、黄、绿、蓝绿、蓝、天蓝、棕色、黑色等许多品种。这些颜色一般与刚玉中所含的杂质元素有关。在宝石学中，只有中等—深红色至紫红色的刚玉宝石才能称为红宝石，其余刚玉类宝石都称为蓝宝石，不过，除了正蓝色和绿蓝色的蓝宝石可以直接称蓝宝石外，其他颜色的蓝宝石都要求在前面加上颜色名称，如粉红色蓝宝石、黄色蓝宝石。另外，星光红宝石和星光蓝宝石也是刚玉类宝石家族中的重要成员，同样是珍贵的宝石品种。

红宝石和蓝宝石的性质很稳定，硬度仅次于钻石，熔点高达 2 050℃，不易被强酸、强碱腐蚀。

红宝石和蓝宝石在世界上的产地有很多，如著名的缅甸红宝石、泰国红宝石、斯里兰卡红宝石、克什米尔蓝宝石、斯里兰卡蓝宝石、美国蒙大那州蓝宝石、澳大利亚蓝宝石、中国山东的蓝宝石等。从目前对世界各主要产地红宝石和蓝宝石（尤其是后者）的研究表明，它们不仅在颜色上千差万别，且透明度、粒度大小、包裹体和瑕疵发育程度都有一定的差异。因此，不同产地的红宝石和蓝宝石的质量相差也很大。一般认为，红宝石属缅甸抹谷产的为最优，而克什米亚蓝宝石则是蓝宝石中的绝好上品。其实，即使是同一产地，常常不止产一种刚玉类宝石，如缅甸抹谷除了盛产红宝石外，还产出黄色、紫色和蓝色的蓝宝石，另外，同一产地产出的红宝石或蓝宝石中，品质优良者只是极少数，大多数红宝石或蓝宝石都有一些缺陷和不足，如颜色不佳、净度不高、瑕疵太多等。由于近十多年来，世界珠宝市场对优质天然红宝石和蓝宝石的需求不断上升，而优质红宝石和蓝宝石的资源枯竭，产量大幅度下降，导致价格不断上涨，已达到惊人的价格。在这种情况下，国际上许多珠宝公司和贸易商都在采用各种先进的宝石改善技术和工艺，千方百计地将质次价低的天然红宝石和蓝宝石改变成优质宝石，以满足消费者的需求，获取高额利润。据估计（王福泉，1992），目前珠宝贸易中，中、高档以上的天然宝石改善品中，红宝石和蓝宝石改善品占近 70%。可见红宝石和蓝宝石的人工改善是宝石改善工作的主流。今后一段时间还将如此。

刚玉类宝石的人工改善历史约有 300 多年。据考证，早在 1658 年，英国人 Joho. B. Porta 就提出通过加热处理把有色的蓝宝石变成无色蓝宝石，用以仿冒钻石。实际上，古锡兰和古印度人早就知道用火炉烧蓝宝石，可以改变它的颜色，只不过没有专门的文字记载。蓝宝石的热处理技术用于商业中，可能始于本世纪 60—70 年代，主要兴起于泰国、斯里兰卡等地，进入 80 年代后，大量经热处理的红、蓝宝石出现在市场上，掀起了一场宝石人工改善的热潮。刚玉类宝石的辐照处理可能稍晚于钻石，由于辐照处理技术在刚玉类宝石中应用的效果不如钻石明显，加之辐照技术的工艺复杂程度和成本远高于热处理，所以，红宝石和蓝宝石的辐照处理在商业上用得比较少。但从长远看，辐照处理的优点在今后将会逐渐在红宝石和蓝宝石改善中发挥作用。除了热处理和辐照处理外，热扩散处理和注入处理也是红宝石和蓝宝石人工改善中比较常见的方法。对经过改善处理的刚玉类宝石的检测，目前主要是用宝石显微镜或放大镜，通过观察宝石内部由于加热处理或注入处理留下的各种特征，来判别其是否经过人工处理。

第一节　红宝石和蓝宝石的致色原因

前面已提到过，刚玉类宝石的颜色多种多样，主要与其所含的杂质元素有关。那么，对于常见的红宝石和蓝宝石品种，它们具体的致色原因是什么呢？下面分别进行讨论。

一、红宝石的致色原因

关于红宝石的颜色成因，第一篇第二章中运用晶体场理论已有详细的论述。天然产出的纯正红色（俗称鸽血红）的红宝石，生色团 Cr_2O_3 的含量为 2%±，而一般红宝石的 Cr_2O_3 含量在 0.1—0.4%之间。其他微量的杂质元素也可以影响红宝石红色色调，如微量的 Fe^{3+}、Ni^{2+} 使红宝石呈黄色色调。红宝石除了自色外，当它含有过量的微细固体包裹体时，就出现明显的灰色或白色色调，这是由包裹体引起的他色。

二、蓝宝石的致色原因

蓝宝石的颜色成因比较复杂。目前已知至少有五种致色原因。一般来说不同颜色蓝宝石的致色原因是不同的，即使颜色相近的蓝宝石，其致色机理也不一定相同。不同产地的蓝宝石由于杂质元素组合不同和含量差异，致色机理也常不相同。

1. Fe^{3+} 的 d—d 电子跃迁致色

大多数天然蓝宝石都或多或少地含有 Fe 的杂质。Fe 在一定地质条件下，有的呈 Fe^{3+}，有的呈 Fe^{2+}。若蓝宝石中，Fe 以 3 价态为主，且宝石呈浅黄色，那么该蓝宝石的致色原因就可能是 Fe^{3+} 的 d—d 电子跃迁。从第一篇第二章的表 2-4 可知，Fe^{3+} 的电子组态是 $1s^2 2s^2 2p^6 3s^2 3p^6 3d^5$，其最外层 d 轨道有 5 个电子，属半充满，是比较稳定的组态。由于 Fe^{3+} 的离子半径与 $A1^{3+}$ 的离子半径相近，且二者电价相同，故容易发生离子类质同象置换，Fe^{3+} 在进入 $A1^{3+}$ 所占晶格点位替代 $A1^{3+}$ 时，与红宝石中 Cr^{3+} 的置换 $A1^{3+}$ 类似。Fe^{3+} 在进入由 6 个氧离子构成的八面体配位体层，受到八面体晶体静电场的作用，其外层的 5 个 d 轨道发生能级分裂，分裂状态与 Cr^{3+} 类似，但它们晶体场分裂能（Δ_0）和晶体场稳定能（$CFSE$）有一定差异。一般 Δ_0 值相当于宝石晶体吸收的可见光区、红外区及紫外区的电磁辐射能量，低能 d 轨道上的 d 电子在吸收一定能量的电磁辐射后，会发生向较高能量的 d 轨道跃迁。因此，根据宝石的吸收光谱特征可以确定致色过渡元素离子外层 d 轨道的分裂状况和程度。Fe^{3+} 的 d 电子吸收一定能量的电磁辐射，发生 d—d 电子跃迁。它的吸收谱带有 377nm、388nm、450nm、540nm、700nm、1 050nm．其中 377nm、388nm 和 450nm 吸收谱带比较窄而高，而 540nm、700nm 和 1 050nm 比较低平宽缓（图 11-1）。因此 Fe^{3+} 的一系列吸收谱带中，最强的吸收谱带集中在紫色和蓝色光范围内，使蓝宝石呈现浅黄色色调（实际可能是棕黄色和橙黄色），其色度的强弱与 Fe^{3+} 的浓度大小有关，在一定范围内 Fe^{3+} 含量越高，蓝宝石的黄色色调也越浓，反之亦然。

2. 电荷转移致色

电荷转移是指晶体中两相邻的原子（可以是同种或不同种元素，也可以是同价态或不同价态的原子），由于相距很近，它们的外层原子轨道发生一定程度的重叠，一个原子的外层原子轨道上的电子在吸收一定电磁波后转移到另一个原子的外层原子轨道上。蓝宝石中的 Fe^{3+} 除了

自身由于 d—d 电子跃迁而产生的吸收谱带外，常常还存在 $O^{2-} \rightarrow Fe^{3+}$ 的电荷转移，即电子从主要由配位体 O^{2-} 的群原子轨道形成的 π 成键分子轨道，向主要由 Fe^{3+} 离子的原子轨道（t_{2g} 和 t_g）构成的反键分子轨道跃迁。这种电荷转移需要吸收较强的电磁波，因而吸收谱带很宽，主要集中在紫外区，少部分延伸至可见光区的紫—蓝光部分。这就使得蓝宝石呈现独特的红、棕红、褐红、黄褐等颜色。蓝宝石中 Fe 的含量同样决定 $O^{2-} \rightarrow Fe^{3+}$ 电荷转移所诱生颜色的浓度，随着 Fe^{3+} 含量的增大，蓝宝石颜色将越来越暗，最后呈现黑色。

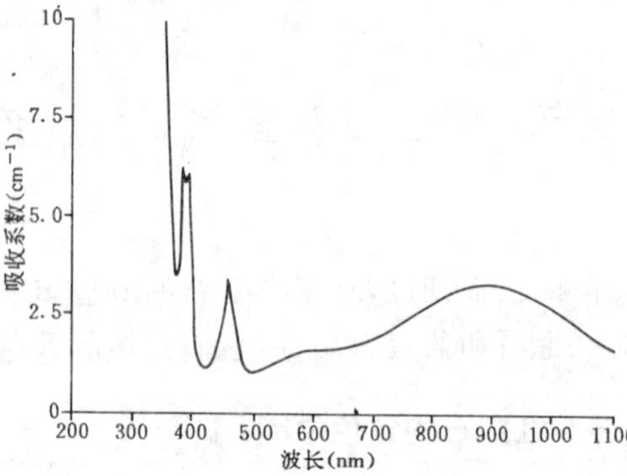

图 11-1　某些浅黄色蓝宝石中由 Fe^{3+} 引起的吸收谱线图
（Krebs，1971）

在蓝宝石中除了 O^{2-} 和 Fe^{3+} 间的电荷转移致色外，如果宝石除了 Fe^{2+} 外，还含有一定量的杂质 Ti^{4+}，那么就可能在 Fe^{2+} 和 Ti^{4+} 之间发生电荷转移：

$$Fe^{2+} + Ti^{4+} \xrightarrow{\text{吸收电磁波}} Fe^{3+} + Ti^{3+}$$

这种电荷转移是蓝色蓝宝石致色的主要原因，其致色机理曾在介绍分子轨道理论时作过详细论述，此处不重述。图 11-2 显示了 $Fe^{2+} \rightarrow Ti^{4+}$ 电荷转移而产生的光谱吸收状况。从图中可以看出，其中的 377nm、388nm 和 450nm 是 Fe^{3+} 发生 d—d 电子跃迁所产生的吸收谱带，而 575—1 100nm 的吸收谱带由 $Fe^{2+} \rightarrow Ti^{4+}$ 引起，且主要集中在黄、橙、红光区及近红外区内，吸收强度比 Fe^{3+} 的要大，因此使蓝宝石呈现蓝色—蓝绿色。它们的色度深浅也与 Fe^{2+} 和 Ti^{4+} 的含量多少有关，Fe^{2+}、Ti^{4+} 含量越高，蓝色就越浓。

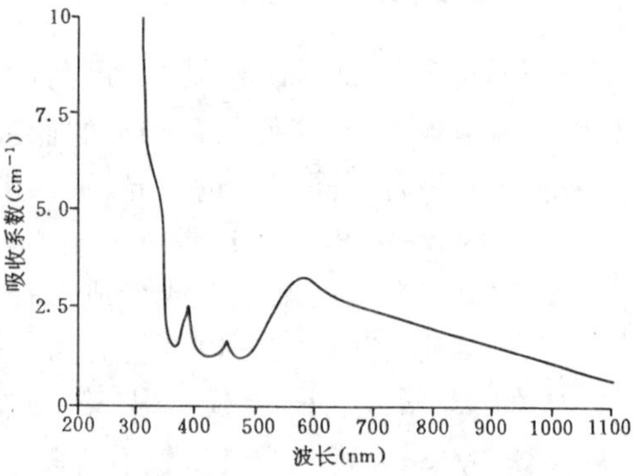

图 11-2　由 $Fe^{2+} \rightarrow Ti^{4+}$ 电荷转移致色的天然蓝宝石的吸收光谱图
（J. L. Emmett，1993）

3. 色心致色

目前对蓝宝石（包括红宝石）色心致色方面的研究不多。已发现的色心有两种，它们都是能诱生黄色的点缺陷。不过，其中一种色心比较稳定称为 YS 色心，它在日照和低于 500℃的加热条件下不会发生褪色；而另一种色心不稳定，称为 YF 色心，它在阳光下照射几个小时就会褪色。天然蓝宝石中，YS 心是比较常见的，它的吸收光谱见图 11-3。主要集中在紫—蓝色区，故可使蓝宝石呈现黄、橙和橙红色。YS 心可由辐照（中子、γ 射线、高能电子均可）产生，也可由晶体生长中产生的点缺陷生成。国外一些学者的研究（Kvapil 1973；Duvarney 等，1985）认为，YS 心可能是杂质 Ng^{2+} 置换 Al^{3+} 而产生的阳离子空位与一个正电荷结合而形成的空穴心，这已通过含 Mg 的人工合成蓝宝石得到证实。YS 心在较强的氧化条件下，加热到 1 850℃也不会被漂白，但在还原条件或空气中，加热至 500℃时就开始发生褪色。辐照处理又可以使其恢复原色。YF 心由于极易褪色，所以在蓝宝石中几乎没有表现。

4. 包裹体致色

上面所述三种致色原因所产生的蓝宝石颜色均属自色，而蓝宝石中包裹体致色属于他色。不同矿物包裹体所致的颜色是不同的。金红石针状微细包裹体可使蓝宝石透明度降低，并带灰—黑色色调，而赤铁矿针状包裹体可使蓝宝石呈现深褐—深棕色色调。

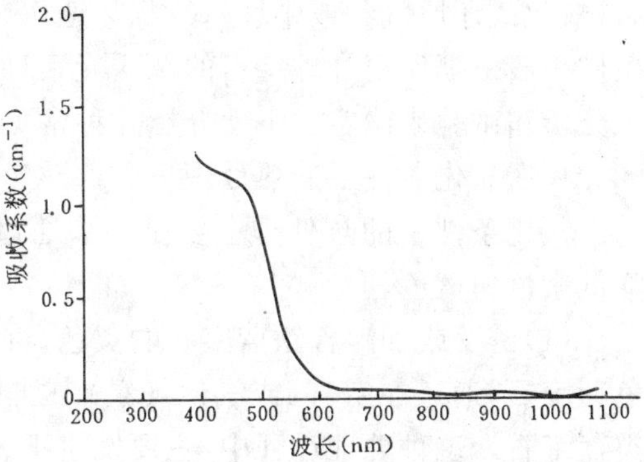

图 11-3 黄色稳定色心(YS)吸收谱线图 (J. L. Emmett, 1993)

以上分析了几种红宝石和蓝宝石的基本颜色成因。然而，正像人们在实际中看到的那样，天然刚玉类宝石很少呈现单一成因的颜色，纯红色的红宝石和纯蓝色的蓝宝石都是极罕见的，一般红宝石多少都带点紫色或黄色色调，这表明除了Cr^{3+}致红色外，还可能有Fe^{3+}致黄色或YS心所致的黄色色调，而紫色色调有可能与微量的Fe^{2+}—Ti^{4+}电荷转移有关。当红宝石中Cr^{3+}含量较低时，宝石呈现粉红色或浅红色，当红色与蓝色相当时，也可以生成粉红色宝石，因此，同一种颜色(仅肉眼看相同)的宝石，它可以有多种致色原因，这在蓝宝石中十分普遍。类似的例子还有，黄色蓝宝石既可以是Fe^{3+}引起的，也可以是YS心产生的，或者二者兼而有之；而橙红色的帕德玛刚玉类蓝宝石既可能是由于Cr^{3+}和Fe^{3+}共同致色，也可能是Fe、Mn杂质致色，或Fe、Mg杂质致色而成；绿色蓝宝石的颜色一般是Fe^{3+}产生的黄色或橙黄色与Fe^{2+}—Te^{4+}诱生的蓝色混合而成的，二者相对色度的大小不同，也可出现一系列过渡的中间色，如黄绿色、蓝绿色等，YS心产生的黄色与Fe^{2+}—Ti^{4+}产生的蓝色也同样可以使蓝宝石呈现绿色。由此可见，天然蓝宝石的颜色究竟是什么成因的，并没有固定的公式，要根据它的杂质元素类型与组合及晶体缺陷来定。有时还要考虑它的形成条件(如受热史、辐照史等)。

第二节 红宝石和蓝宝石的改善方法

红宝石和蓝宝石的价值评价指标主要是颜色、透明度、瑕疵，对星光红宝石和蓝宝石则主要是颜色和瑕疵，其中颜色是最主要的指标。因此，天然红宝石和蓝宝石的人工改善主要集中在对其颜色的改观，其次是透明度和星光效应。要改善红宝石和蓝宝石的颜色，必须从致色因素入手，弄清宝石的致色原因，然后运用一些物理或化学的方法改变某个致色因素，让宝石颜色向所期望的方向变化。从上一节致色原因的分析可以看出，红宝石和蓝宝石的致色因素主要有：①杂质元素的种类、组合与含量；②杂质元素离子的价态；③晶体点缺陷。改变这三个因素的任意一个或二个，都可以达到改变宝石颜色甚至透明度的目的。这是选择改善方法的理论基础。

一、热处理

(一)热处理的类型

在天然刚玉类宝石人工改善中，热处理一直是最重要的改善方法，也是唯一被珠宝界和消费者广泛接受的方法。热处理过程中主要注意四个基本条件：①加热的温度范围；②加热的气氛(氧化或还原气氛或中性);③加热速率(升温或冷却速率);④加热持续的时间。这4个加热条件一般根据所要处理宝石的杂质元素种类、含量及期望达到的颜色或其他目标,通过反复测试分析和试验来确定。下面介绍几种常见类型的热处理方法。

1.在氧化条件下的热处理

氧化条件下的热处理主要是为了通过把刚玉宝石中的Fe^{2+}变成Fe^{3+},以增加黄色,从而降低紫色和蓝色。

(1)诱发或加深含铁蓝宝石的黄色。许多含一定铁杂质的灰色、浅蓝灰色、浅黄色及浅粉红色蓝宝石,通过在空气(或氧化气氛)中加热,可以变成金黄色蓝宝石,或橙红色的帕德玛刚玉类蓝宝石。这种处理过程中,主要发生下列氧化反应:

$$2Fe^{2+} + O \longrightarrow 2Fe^{3+} + O^{2-}$$

宝石中的Fe^{2+}变成Fe^{3+},而Fe^{3+}通过d—d电子跃迁和$O^{2-} \longrightarrow Fe^{3+}$的电荷转移,使蓝宝石呈现黄色。粉红色蓝宝石(由$Cr^{3+}$致色)在叠加较浓的黄色色调后就变成了橙红色的蓝宝石(帕德玛刚玉)。一些研究表明,这一热处理所需要的温度范围在1 500—1 900℃,如果在较低温度(1 500—1 700℃)范围内,要实现颜色变化,就要延长加热的时间,而在1 900℃附近,仅需要十几分钟就可达到目的。不过,太高的温度条件下,应有比较准确的控温装置,否则温度失去控制,宝石就有被熔融的危险。至于氧化气氛的形成,一般在空气中进行就可以了,泰国、斯里兰卡的此类热处理大多是在空气中进行的。如果热处理炉可调气氛,那么向炉内通入氧气,可以加快反应的进行。

(2)部分或全部消除红宝石和蓝宝石中的蓝色成分。由于红宝石和蓝宝石中的蓝色色调大都与$Fe^{2+} \longrightarrow Ti^{4+}$电荷转移有关,因此,通过氧化条件下加热,可使$Fe^{2+}$变成$Fe^{3+}$,由于Fe含量极少,故$Fe^{3+}$产生的黄色极浅,不会影响红宝石和蓝宝石的主体颜色。泰国过去产出一种有紫色色调的红宝石,通过这样的热处理后,消除了其中的蓝色色调,从而使泰国红宝石更加红,亮度也增加。现在市场上已很少见到带紫色色调的泰国红宝石。有些澳大利亚产的深蓝色蓝宝石经这种热处理后,颜色变浅,透明度增加,价值大大提高。这种热处理在空气中加热温度一般在1 200—1 600℃之间,时间从几小时至几天不等,这要根据宝石的原色及所要改变的颜色程度而定。

2.还原条件下的热处理

(1)诱生或加深蓝宝石中的蓝色。还原条件下的热处理主要是为了在某些蓝宝石中诱生和加深蓝色。要进行这样的热处理,从宝石本身来看,必须含有一定量的Fe、Ti杂质,且二者必须有适当的比例。还原条件主要是为了让Fe处于Fe^{2+}状态,或把已有的Fe^{3+}还原成Fe^{2+},这样就可以实现$Fe^{2+} \longrightarrow Ti^{4+}$的电荷转移,而产生蓝色。参与这种电荷转移的$Fe^{2+}$和$Ti^{4+}$越多,则诱生的蓝色就越深。目前珠宝市场上所见到的颜色较纯的蓝色蓝宝石大多数都是这种热处理的产品。产于美国、中国和缅甸的一些近无色、浅黄色或灰白色的蓝宝石经过这种还原热处理,颜色加深,透明度提高。另外,斯里兰卡的乳白色或灰白色云雾状的久达刚玉,经这种热处理后,可以变成堪与未经处理的克什米尔优质蓝宝石媲美的蓝色蓝宝石。它们的处理温度通常在1 200—1 700℃,1 600℃±最好,还原条件用木炭控制,或通入CO或氢气来控制气氛。处理时间要求较长,有时长达几个星期。在有些情况下,要反复几次进行同样的热处理。之所以要这样做,主要是因为久达刚玉改色的关键在于通过持续长时间的高温,使刚玉中呈针状包裹体形式赋存的TiO_2(金红石)发生固体熔解,Ti以Ti^{4+}离子形式渗入晶格之中,取代Al^{3+},并与Fe^{2+}结合产生蓝色。

(2)把某些浅黄色—棕黄色或绿色的蓝宝石变成蓝色蓝宝石。这一还原热处理主要是把Fe^{3+}变成Fe^{2+}，从而把由Fe^{3+}造成的黄色(棕红色等)消除掉。如果宝石中有足够的Ti^{4+}，那么就可以产生蓝色。我国江苏、山东的某些绿色、浅黄色和棕黄色蓝宝石及美国蒙大拿州的某些蓝宝石就是用此热处理方法改善的。

3.消除富钛或富铁包裹体的热处理

当红宝石或蓝宝石中含有较多的TiO_2时，由于刚玉在形成过程中的固溶体分离作用，TiO_2出溶形成微细针状金红石，并沿平行于刚玉(0001)面的方向分布。这种金红石包裹体一方面影响宝石的颜色，另一方面降低宝石透明度。当然这种呈针状包裹体的定向排列，也可以使红宝石和蓝宝石产生星光效应。有关星光效应的形成机理可以参阅一些宝石学方面的著作。另外，有些天然蓝宝石含有较多的FeO，使蓝宝石在形成过程中出溶生成针状的铁尖晶石，因而这种蓝宝石多呈灰白色、浅蓝白色，透明度也较差。对上述蓝宝石进行长时间的高温热处理，可以使金红石或铁尖晶石之类的包裹体发生熔解，Ti和Fe以Ti^{4+}或Fe^{2+}形式进入刚玉晶格中，替换Al^{3+}占据晶格点位或成为间隙离子。这样，一方面可以提高刚玉宝石的色度，另一方面可以提高透明度。不过这常常要以牺牲星光为代价。这种以消除包裹体为目的的热处理，大数多是在还原条件下进行的，加热温度在1 600—1 900℃范围内，时间可长达几个月，然后迅速冷却，防止TiO_2或FeO再次出溶。澳大利亚和克什米尔产出的云雾状富钛的深蓝色蓝宝石就是用这种热处理方法消除了“丝状体”，其颜色和透明度得到充分的改善；美国蒙大拿州产的灰白色含铁尖晶石包裹体的蓝宝石，经此法处理，透明度也大大提高。另外，许多缅甸星光红宝石也用此热处理方法处理，变成了透明的深红色优质红宝石，价值成倍地提高。这也许是为什么现在市场缺乏缅甸红宝石的原因。

4.使刚玉类宝石产生或加强星光效应的热处理

这种热处理的目的正好与上面第三个热处理方法的目的相反，它是要把某些富钛蓝宝石变成星光蓝宝石。基本过程有两种：①先对蓝宝石或红宝石加热至比较高的温度(1600—1 900℃)，使刚玉中不规则状排列的富钛包裹体(云雾状)熔解，使Ti^{4+}进入刚玉晶格中，持续加热一段时间后，逐渐缓慢降低温度，进行冷却，使TiO_2再次出溶形成定向排列的金红石针状包裹体，从而产生星光效应；②在中等高温(1 100—1 300℃)下，持续长时间加热，并缓慢冷却，同样可以使潜在的星光效应发挥出来。缅甸和泰国的许多星光红宝石和星光蓝宝石就是采用这种热处理方法。当然，星光效应的强弱，不仅取决于热处理条件和工艺，还与刚玉中TiO_2的浓度及赋存状态有关系。

5.消除色心的热处理

前面介绍过，刚玉类宝石的色心主要有两种：YS心和YF心，YF心极不稳定，很少能在刚玉中得到保存，而YS心可以使刚玉呈黄色色调，一些橙红色的帕德玛刚玉、绿色或黄色蓝宝石都含有YS心。消除这种色心的温度可以比较低，一般在500—700℃之间的温度就可以使其发生褪色，但要在还原条件下进行。结果，刚玉由绿色变成蓝色或蓝绿色，橙红色变成粉红色或红色。

(二)热处理设备

对刚玉类宝石进行热处理的设备多为超高温加热炉，包括电阻炉(如金属铂电阻炉和碳管炉)和燃料炉。有关热处理炉的结构、适用范围及使用注意事项可以参阅本书第二篇第五章中有关热处理设备的内容。不过目前国内外用得最多的还是燃料加热炉，所用燃料有固体的(煤、木炭等)、液体的(柴油等)和气体的(液化石油气、煤气等)。在泰国和斯里兰卡，大量使用的是炭火炉，这种炉子高约1.5m，炉腔砌有耐火砖。加热时炉温可达1 700℃。炉内气氛控制是通过某种添加氧化剂或还原剂来完成，如果需要氧化气氛，就让空气充分进入炉内参与燃烧，或向炉内吹入大量氧气，以提高炉内氧分压；如果需要还原气氛，则限制进入炉内的空气(氧气)量，用木炭作还原添加剂。尽管这种普通使用的炭火炉有结构简单、成本低、易操作等优点，但它的缺点也是十分明显的。缺点是：①温度无法准确控制，全凭操作者的经验来把握，因此常有熔毁宝石的情况发生；②加热条件不易准确控制，如氧化-还原气氛的控制，升温和降温速率的控制，宝石受热的均匀程度等，因而效率比较低；③炉内所达到的最高温度有限，通常在1 500—1 600℃，最高才1 700℃，因此，常需要延长加热时间才能取得预期效果，而刚玉类宝石的热处理常常在1 800—1 900℃范围更为有效，所用时间也短得多。

(三)热处理工艺和存在的问题

有关红宝石和蓝宝石的热处理工艺基本上都是保密的，尚未见有公开的报道。不同产地、不同类型刚玉类宝石的热处理工艺是不同的。且这些工艺过程往往比较复杂，不是一步就能完成的。从工艺要素的角度，应注意以下几点：①对所要处理的红宝石和蓝宝石的物质成分、物理性质(颜色、净度、包裹体类型等)作分析研究；②加热设备的选择和加热条件的预测；③工艺材料(包括助熔剂、氧化-还原剂、清洗剂)的选用；④试验方案的设计与试验可能结果的预测；⑤通过有目的地改变热处理条件，寻找最佳的热处理条件；⑥试验效果的评价。

热处理工艺过程一般应由预处理、加热、后处理三个主要部分组成。①预处理，主要是指要通过把准备进行热处理的刚玉宝石打磨成一定琢型(半成品或成品)，一方面消除宝石中的已有裂纹和明显的脏点，以防高温条件下，这些裂缝扩展而损毁宝石或脏点扩散而影响宝石的质量。另一方面，半成品或成品刚玉宝石比毛料原石体积小得多，这可以大幅度地减少加热的能量损耗，加快热处理速度。②加热处理多要分步进行，先进行中、低温热处理(<600℃)，消除色心，接着进行高温(1 000—1 300℃)持续加热一段时间，视处理效果如何，颜色是否有改善，透明度是否有提高，然后缓慢升温至超高温(1 500—1 800℃)，持续恒温一定时间后，迅速降低温度，这中间要不断调整炉的气氛和温度，使之相匹配，寻找最佳点。③后处理则主要是通过清洗和重抛光，除去宝石表面由于高温而产生的熔蚀坑和沉淀在宝石表面的杂物。

尽管热处理在红宝石和蓝宝石人工改善中应用十分广泛，但也存在不少问题，主要表现在：①热处理的成功与否，除了处理工艺条件和工艺技术方面的因素外，更主要的是取决于天然宝石的化学成分和内部结构。天然刚玉宝石的化学成分(杂质元素)，由于类质同象和形成地质条件的复杂多变，而十分复杂，没有两个不同产地的刚玉类宝石在成分上是相同，即使同一产地的刚玉宝石，其化学成分变化也很大，这就是为什么刚玉类宝石颜色杂、品种多的原因。因此，对刚玉类宝石的热处理方法因地因石而不同，没有一种方法是普遍适用的，如用泰国蓝宝石的热处理方法来处理我国山东蓝宝石，效果并不好。另外，热处理并不是对所有各种质次刚玉类宝石都能起改善作用，而只对一部分有效，并且改善的程度都有一定限度，也就是说热处理方法在改善红宝石和蓝宝石方面有局限性；②热处理还比较缺乏科学的理论作指导，盲目试验占主导地位。如怎样根据宝石的成分和内部结构来预先确定热处理的工艺条件和工艺过程及设备装置，这要求必须搞清刚玉宝石的致色因素和致色机理，并且充分查明宝石的颜色和透明度等物理性质随热处理条件变动的规律。只有这样才能真正做到科学而有效地进行刚玉宝石热处理工艺的设计和实施；③大多数国家进行热处理的设备和装置十分落后，尽管成本低，操作简单，但由于无法准确地对加热的各种条件(温度、气氛、压力、时间等)加以控制，因而效率低，并造成很大的浪费。好的热处理炉应采用许多现代新技术、新材料，如高温高压技术，新的燃烧技术，新型的耐高温材料和新型高性能的电阻材料，新的高温高压测量和控制技术装置等。可以预计，在不久的将来，这些新技术、新材料在热处理中的应用，将会使刚玉类宝石和其他宝石的人工改善发生根本性的变化。

二、辐照处理

对红宝石和蓝宝石进行辐照处理，目前应用得不多。现在的研究表明，用中子、γ射线或高能电子束对刚玉类宝石进行辐照处理，可以诱生两种黄色色心：YS 心和 YF 心。它们可使刚玉类宝石产生出亮黄色—橙色色调，如近无色或浅蓝色蓝宝石经辐照处理可变成金黄色蓝宝石，粉红色蓝宝石经辐照处理后可产生极罕见的橙红色“帕德玛刚玉”色蓝宝石。不过，辐照产生的颜色往往不太稳定，在光照或遇热（<200℃）后，YF 心会发生褪色变化，使诱生的黄色变浅。但 YS 心还是比较稳定的，只有在还原或弱氧化条件下加热至 500℃时才会发生褪色，但辐照又可以使其恢复。

三、热扩散处理

热扩散处理实际上是一种热化学处理方法。它对宝石改善的作用，是通过把致色离子“渗入”或“抽滤”出宝石，改变宝石的化学成分和内部结构，从而达到改善宝石外观特征的目的。有关热扩散处理的基本原理和主要影响因素在第二篇第七章中已作过详细的论述。宝石热扩散处理方法用于商业目的，始于 80 年代初，至今主要用于红宝石和蓝宝石的改善。从改善的目的看，刚玉的热扩散处理可分为两种：①将渗剂中的致色杂质元素渗入扩散到已琢磨的宝石内，这类热扩散处理是为了给刚玉类宝石增色；②把刚玉宝石中含量过多的杂质元素“抽滤”出来，使宝石减色。

1. 红宝石和蓝宝石的增色处理

对一些颜色比较浅的红色或粉红色刚玉宝石，它们颜色浅的原因是 Cr^{3+} 杂质元素浓度太低，如果通过热扩散处理方法把 Cr_2O3 渗入到刚玉中，就可以加深宝石的红色，从而得到颜色浓艳的红宝石。不过，获得加深颜色的仅仅是宝石表层很薄的渗层，由于热扩散处理的高温和渗剂的熔蚀作用，使宝石表面常有损伤，因此，扩散处理完成后，必须对宝石重新作轻微的抛光，但若操作不当，有可能会把扩散形成的颜色薄层部分或全部磨掉。为了使宝石的渗层厚度增大，可以提高热扩散处理的温度，也可以适当延长加热时间。有人还提出在渗剂中加入某种助熔剂和活性剂，一方面可降低热扩散处理的有效温度，另一方面可以使刚玉表面活性增强，加强与致色离子的界面反应，以加速扩散作用的速度。

颜色较浅的浅蓝色蓝宝石，可以用 Fe、Ti 的氧化物做渗剂，把 Fe^{2+} 和 Ti^{4+} 渗入到刚玉中，以增加宝石的蓝色色度。

刚玉类宝石增色热扩散处理的常用方法有盐浴法或熔烧法。温度范围在 900—1 300℃之间，通常在中性或还原气氛下进行。

2. 蓝宝石的减色热扩散处理

有些地方产出的蓝宝石由于含 Fe 和 Ti 的量太高，因而颜色比较深，如深蓝灰色、深棕褐色或黑色。我国山东产出的蓝宝石，大部分色深透明度差。经许多宝石学专家的分析研究证实，山东蓝宝石色深的原因是含 Fe 太高，为了减色，就必须设法降低宝石中 Fe 的浓度。有些宝石研究机构和实验室做了不少试验，已初步取得一些成果。但到商业性生产还有一段距离。

进行减色热扩散处理时，包裹宝石的介质中 Fe、Ti 浓度必须远低于宝石中的浓度，使宝石内外有一定浓度差，这样 Fe、Ti 就可以从宝石内向外扩散，从而减少蓝宝石的色浓度，提高透明度。

目前，比较成功的蓝宝石减色扩散处理方法是高温高压水热法，使用的是晶体生长用的高温高压釜。加热的温度一般在 500—800℃，压力为 $1\ 500\times10^5$Pa，介质是碱性水溶液。除了水热法外，也可以采用盐浴法来减色。

四、注入充填处理

大部分红宝石和蓝宝石都或多或少存在一些裂纹、孔洞，没有裂纹的红宝石和蓝宝石是很少的。对于这些宝石中的裂纹，尤其是微细裂纹，目前比较常用且有效的方法就是注入充填处理，即把某些无色或有色的充填剂注入到宝石的裂纹和孔洞之中，目的是掩盖裂纹，减少内反射，提高宝石的亮度和透明度。

在红宝石和蓝宝石的注入充填处理中，通常采用的充填剂有油、塑料、石蜡和玻璃等。除了油以外，其他充填剂只有在加热条件下才能充填到宝石的裂纹和孔洞之中。现在市场上销售的泰国红宝石和越南红宝石大多数都进行了注入充填处理。尤其是一些半透明—微透明的星光红宝石和星光蓝宝石经注入充填处理后，颜色亮度大大改善。

以上重点讨论了 4 种常见的红宝石和蓝宝石人工改善方法。除此之外，表面覆膜、镀膜、染色等处理方法有时也用于刚玉类宝石的改善，不过，由于效果不太好而用得较少。

第三节　红宝石和蓝宝石人工改善品的检测

近 10 年来，天然红宝石和蓝宝石首饰的销售一直很好，价格高踞不下，且还有继续上升之势。未经任何人工改善的优质天然红宝石和蓝宝石，已很少能见到，热处理改善的天然红宝石和蓝宝石已得到业内和公众的认可，价格不低于未经处理的宝石。另外，还有一些用热扩散、辐照、注入充填染色的红宝石和蓝宝石改善品，甚至组合石也乘机混入市场，试图鱼目混珠。面对大量经人工改善的红宝石和蓝宝石，检测鉴别工作就显得十分重要。

一、对经过热处理的红宝石和蓝宝石的检测

目前对刚玉类宝石热处理产品的检测主要是借助于放大镜或宝石显微镜以及经验进行判别，有时也借助各种吸收光谱作辅助手段，如可见光吸收光谱、紫外线荧光光谱、红外吸收光谱等。应该说在一般情况下，这些检测方法和手段对于鉴别红宝石和蓝宝石是否经过热处理还是比较有效的，但也不排除例外的情况。由于天然红宝石和蓝宝石的成分变化很大，形成历史漫长，生成环境和条件复杂，迄今对其成因的认识并无定论，加上许多热处理工艺是严格保密的，因而一些作为鉴定特征的现象是否仅出现于热处理的刚玉中，往往不十分肯定。因此，在检测中，不能仅仅根据一个或二个鉴定特征草率下结论，而应综合各种特征来作出判别。

那么经热处理后的刚玉宝石有些什么特征呢？据现在研究的结果，主要有下列一些有鉴定意义的特征：

1. 宝石的内部特征

(1)大多数经热处理的刚玉都有颜色不均匀的现象，如不均匀的扩散色带，大小不一的斑

点状的扩散色斑或色晕，这在久达刚玉的热处理品中特别显著。

(2)固体包裹体(金红石、铁尖晶石、赤铁矿等)，若在热处理前存在明显的金红石“丝”，经热处理后，大多数变成短而密，部分变成被吸收的圆点状丝；另外，在一些比较大的固体包裹体周围可见到呈圆盘状或蝶状的应力裂隙，它是由于刚玉受高温时，与包裹体的热膨胀差异而形成内应力产生的；若刚玉中可以见到比较完整的原生气、液二相包裹体(如气-液包裹体和二氧化碳包裹体)，那么可以认为，该刚玉未经高温热处理(>600℃)，因为高温下，气-液包裹体都将发生爆裂，很难保持原生状态。

(3)有些刚玉的生长线折角尖锐度降低、变弯曲，生长线的清晰度也降低，甚至有明显的颜色扩散现象，且不均匀，因而使生长线变得粗细不均匀。

2. 宝石的表面特征

(1)由于高温熔解作用，或助溶剂的熔蚀作用，在原已抛光好的刚玉表面出现熔蚀坑、点和烧结点，特别是在宝石棱角及腰的部位特别明显，尽管热处理后又重新作了抛光，但很难完全消除棱角及腰和棱面上的损伤。

(2)有时在一些宝石表面可见到一种状如羊毛丝的孤立白色丝或斑点，这些细小的白色丝或斑点可能是残留的钛在高温作用下向金红石转化的中间态产物。

(3)有时可以看到在高温下已基本愈合的表面裂隙留下的淡淡的痕迹。

3. 光谱特征

(1)大部分经热处理的刚玉宝石(特别是蓝宝石)在短波紫外线作用下呈惰性，但有些热处理而成的久达刚玉在短波紫外线照射下发出白垩状绿色荧光；

(2)经过热处理的黄色和蓝色蓝宝石在蓝紫光区 450nm 处不显示吸收谱带，然而这种特征在作为鉴别特征时要谨慎，因为有些例外。

(3)有些经热处理的蓝色蓝宝石在长波紫外光照射下，显示淡绿色或淡蓝色荧光。

二、辐照处理刚玉宝石的检测

刚玉经辐照处理，主要诱生黄色，它是由 YS 色心和 YF 色心引起的。其中 YF 色心不稳定，在阳光下几小时内就会褪色，而 YS 色心比较稳定，只有在加热到 500℃时才褪色。YS 色心是否是辐照处理产生的，目前尚无有效的方法检测，只能根据由其产生的颜色是否在自然界常见来判断。但这很不准确。

三、热扩散处理的刚玉宝石的检测

热扩散处理的温度也很高，因此经热扩散处理的刚玉宝石的表面特征和部分内部特征与热处理的类似。另外，由于热扩散处理的有效部分(增色层或减色层)主要集中在宝石表面，特别是棱角处较明显，因而用宝石显微镜在不同深度聚焦观察宝石时，可见到明显的色带变化，且这些色带不同于原生色晕，它平行于琢型宝石的刻面。把经热扩散处理的刚玉放入二碘甲烷溶液中，可见到明显的宝石轮廓和颜色层。

四、注入处理的刚玉类宝石的检测

1. 注油处理的鉴别特征

把经注油处理的宝石用偏光显微镜在反射光下检查，可以发现明显的干涉色，也可以发现裂隙中与宝石光泽不同的油。用热针之类的检测仪器的热端靠近宝石表面，有可能使油渗出。

如果是用有色油注入处理的，则用棉签蘸满丙酮或无色指甲油轻轻擦试宝石表面，棉签上会染上颜色。

2. 充填玻璃的鉴别

把宝石放在漫射光下或放入盛有二碘甲烷的玻璃皿中，用10倍放大镜或宝石显微镜进行观察可以发现，宝石裂隙中充填的玻璃由于与刚玉折光率相差很大而呈线状沿裂隙分布。在正交偏光显微镜下，也可以看到全消光的玻璃充填物。当然有时还可见到一些玻璃的其他特征，如流动纹、气泡等。另外，用反光镜可见到玻璃充填物的凹陷面，这是由于玻璃与刚玉硬度相差很大，且在抛光后所发生的。

3. 树脂或其他塑料充填物的鉴别

此类充填物除了可以根据与玻璃充填物类似的特征鉴别外，还可以用红色吸收光谱进行检测，这类高分子有机化合物对红外线有强烈的吸收作用，而刚玉不会这样。

第十二章　绿柱石类宝石的改善与检测

绿柱石类宝石是宝石中的一个大家族，许多名贵宝石品种就出于此。常见的绿柱石类宝石品种有：祖母绿、海蓝宝石、金绿柱石、铯绿柱石和 Maxixe 型绿柱石。

绿柱石的标准化学式是 $Be_3Al_2[Si_6O_{18}]$，此外，还常含有 Na、K、Li、Cs、Cr、Fe、Mn 等微量杂质元素。绿柱石的晶体结构很特别，由硅氧四面体组成的六方环面垂直于 C 轴，而上下六方环错动 25°，并沿 C 轴方向排列，构成宽阔的孔道，以容纳大半径的碱金属离子 K^+、Na^+、Cs^+ 及极性分子（H_2O）或络阴离子（CO_3^{2-}、NO_3^{2-} 等）。相邻两六方环之间由 Al^{3+} 及 Be^{2+} 连接，其中 Al^{3+} 的配位体是 6 个 SiO_2，构成八面体配位，Be^{2+} 周围有 4 个由 SiO 四面体构成的配位（图 12-1）。绿柱石的这种晶体结构与杂质元素结合是产生绿柱石各种颜色的基础。

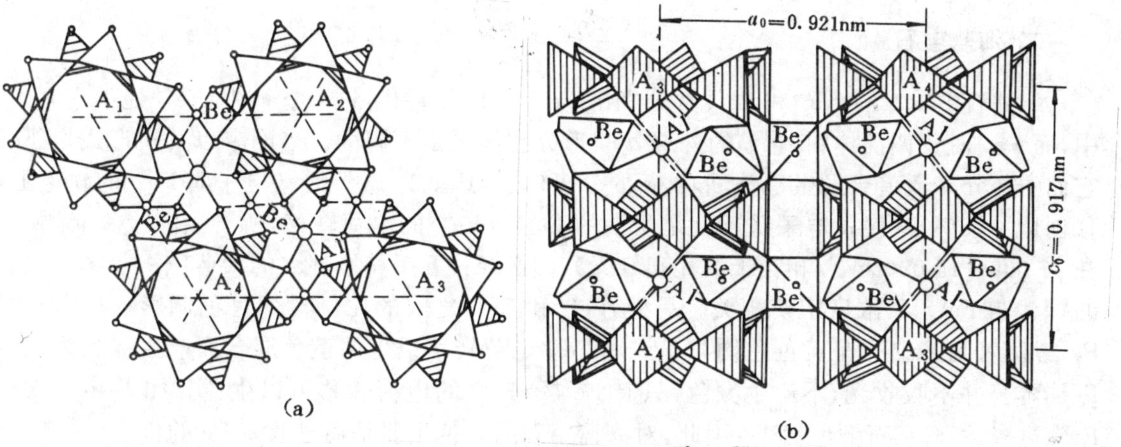

图 12-1　绿柱石的晶体结构图

（潘兆橹，1985）

(a)绿柱石在(0001)面上的投影；　(b)绿柱石平行 C 轴的投影

第一节　绿柱石类宝石的致色原因

从目前的研究看，绿柱石类宝石致色主要取决于两个因素：一是杂质元素的种类及含量；另一个是晶体结构的特点。总的来说，绿柱石颜色的成因机制有 3 种：①过渡金属离子的 $d—d$ 电子跃迁致色，如 Cr^{3+}、Fe^{3+} 等；②金属离子之间的电荷转移致色，如 $Fe^{2+}\rightarrow Fe^{3+}$；③色心致色。不同绿柱石宝石品种的颜色成因是不同的，有的是一种成因致色，而有的可能是多种成因致色。下列对常见绿柱石类宝石的致色原因简单介绍一下：

一、祖母绿

祖母绿是绿色宝石中最珍贵的品种。前人对它的致色原因作过大量的研究，比较一致的看法是，Cr^{3+}离子是祖母绿绿色的致色离子，它在绿柱石中的含量一般为0.15%—0.20%，在深绿色晶体中含量可高达0.5%—0.6%，以类质同象置换Al^{3+}。Cr^{3+}在进入绿柱石由SiO_2为配位体的八面体晶体场中后，其d轨道在八面体晶体场的作用下发生能级分裂，形成4个能级：$^4A_2$、^2E、$^4T_1$和$^4T_2$，其中$^4A_2$为基态。这种能级分裂状态下，d电子主要吸收紫色光区和红—黄色光区的光，向较高能级跃迁，而未被吸收的绿色光绝大部分透过宝石，从而形成了祖母绿特有的翠绿色。同时，d电子从激发态^2E返回基态$^4A_2$时，能够发射出红色荧光，这一点与含Cr^{3+}的红宝石类似。另外，据研究，有些天然祖母绿中除Cr^{3+}之外，还含有微量的V^{3+}、Fe^{2+}、V^{3+}与Cr^{3+}的致色作用类似，可使祖母绿产生绿色，只不过色度稍浅而已。Fe^{2+}可使绿柱石带蓝色色调或黄色色调，使祖母绿的绿色变暗。由此可见，祖母绿的颜色成因是比较单一的，由过渡金属离子Cr^{3+}或V^{3+}在八面体晶体场中发生d—d电子跃迁而诱生的。因此，对祖母绿宝石，热处理和辐照处理是没有多大意义的。

二、海蓝宝石

绿柱石中少量的Al^{3+}和Be^{2+}常分别由Fe^{3+}和Fe^{2+}替代，这一置换中，Fe^{3+}处于八面体之中，而Fe^{2+}处于四面体中，它们的外层d轨道分裂能级是不同的。当两者以共棱形式相邻时，它们的部分d轨道会发生重叠，形成新的分子轨道，这就为Fe^{2+}的d电子向Fe^{3+}的轨道上迁移创造了条件，这种d电子跃迁就是所谓的$Fe^{2+} \rightarrow Fe^{3+}$的电荷转移，所产生的吸收光谱主要在17 000—15 000cm^{-1}（相当于黄光和红光），因而绿柱石呈特别迷人的天蓝色—蓝绿色。颜色的深浅与Fe元素浓度密切相关。另外，Fe^{2+}和Fe^{3+}之间的比例对颜色色调影响很大，如果Fe^{3+}过多，则Fe^{3+}会呈黄色色调与$Fe^{2+} \rightarrow Fe^{3+}$电荷转移诱生的蓝色混合而产生绿色绿柱石。$Fe^{2+}$本身并不吸收光，不产生颜色，只有$Fe^{2+} \rightarrow Fe^{3+}$的电荷转移可以生色。如果$Fe^{3+}$太少，$Fe^{2+}$过多，海蓝宝石颜色就浅。因此，对海蓝宝石的改色主要是通过改变Fe的价态、调整Fe^{3+}与Fe^{2+}的比例来实现的。

三、金黄绿宝石

金黄绿柱石的颜色有黄色—棕黄色，它们的致色离子主要是Fe^{3+}，它以类质同象形式替代Al^{3+}进入八面体中。Fe^{3+}吸收光谱集中在紫—蓝光区，因而使绿柱石呈现黄色。

四、铯绿柱石

铯绿柱石的主要颜色是粉红色和带紫色的红色。它的致色离子主要是Mn^{2+}或Mn^{3+}，但也有人认为是Cs^{+}与Mn^{2+}共同致色。有关铯绿柱石的具体致色机制研究较少，一般推测，Mn^{2+}的外层d电子跃迁可能是颜色成因的主要机制。从铯绿柱石中存在Cs^{+}置换Be^{2+}和Mn^{2+}置换Al^{3+}的情况看，这种不等电价的置换，可能会使绿柱石中产生正离子空位（点缺陷），有利于色心的形成。某些红色铯绿柱石在被加热到一定温度（450—500℃）就会发生明显褪色，这一点说明确实存在着红色的色心，当然进一步的证实需要深入的研究来完成。

如果铯绿柱石中除了Cs、Mn外，还出现少量Fe^{3+}离子，那么，Fe^{3+}诱生的黄色会使铯绿柱石变成橙红色。

五、马克西克(Maxixe 型)绿柱石

马克西克绿柱石是一种深蓝色绿柱石，它的蓝色与钴盐产生的蓝色很相近。但它不是Co^{3+}离子致色的，而是由一种比较浅的色心产生的。这种色心与绿柱石赋存在硅氧四面体构成的六方环通道中的阴离子团(NO_3^{2-},CO_3^{2-})有密切的关系，这类阴离子团在受一定能量粒子辐照后(能量不高)，可失去一个外层电子，形成电子空穴心：

$$NO_3^- \xrightarrow{\text{辐照}} NO_3 + e$$

$$CO_3^{2-} \xrightarrow{\text{辐照}} CO_3^- + e$$

那些失去的电子被一些在通道中的阳离子俘获(如K^+、Na^+、H^+等)，而形成原子。而电子空穴心就成了诱生深蓝色的色心。但这种色心很不稳定，稍一加热或在日光下照射很快就发生褪色。因此，马克西克型绿柱石很少用于制作首饰。

第二节　绿柱石类宝石的改善方法

一、热处理

对绿柱石类宝石的热处理不同于刚玉类宝石。加热的温度不能太高，一般在中温(100—600℃)范围内，因为天然绿柱石中多少都含有一点极性分子(H_2O)和阴离子团(NO_3^-、CO_3^-、F^-、Cl^-等)，太高的温度会使这些原子团分解挥发，从而破坏绿柱石的晶体结构，使绿柱石发生破裂、白化等不可恢复的变化。

加热处理对祖母绿的意义不大，通常很少用，除非为了消除祖母绿中由Fe^{3+}存在而产生的黄色色调，才做热处理。进行热处理时，温度要准确控制在适当的范围内(400—450℃)，否则会损毁祖母绿。

近年来的研究表明，把某些绿色或蓝绿色、黄绿色的绿柱石进行加热处理，可得到从浅蓝—天蓝色的海蓝宝石，这种热处理实际上是把Fe^{3+}变成Fe^{2+}，从而达到消除黄色色调的目的。同样道理，有些金黄绿柱石经热处理可以变成无色绿柱石，而橙红色绿柱石变成了粉红色的铯绿柱石。

在铯绿柱石中，Cs^+和Mn^{3+}是诱生粉红色的主要致色离子，在加热情况下，Mn^{2+}可以变成Mn^{3+}，从而使绿柱石变成红色或紫红色。但过分的加热(500℃以上)，又会使铯绿柱石发生褪色。

二、辐照处理

对绿柱石进行辐照处理的辐射源强度一般不宜太大。通常可用电子束、γ射线及X射线，有时也可用中子束辐照。辐照处理可使绿柱石产生比较深的颜色，但加热到400—450℃时，又可以使绿柱石恢复原色。一般来说，对无色、浅绿和浅蓝色的绿柱石进行辐照处理，可以得到黄色、绿色和蓝色绿柱石，颜色浓度一方面取决于绿柱石Fe的含量，另一方面与辐射强度、辐射剂量和时间有关。有些无色的铯绿柱石经辐照后可变成粉红色或橙红色，而有些无色或粉红色

的绿柱石经辐照后却变成了深蓝色,但在日光下很快就会褪色。这与马克西克绿柱石相似。

三、注入处理

天然祖母绿的注油处理由来已久,而且无色油注入处理已得到珠宝界和消费者的认可,注入处理的祖母绿饰品在市场上很常见。其他绿柱石类宝石进行注入处理的情况比较少见,只有少量裂纹较多、颜色较浓的海蓝宝石可用注入法进行改善。

早期人们主要用各种油来浸渍祖母绿和海蓝宝石,如植物油、雪松油等。后来改用加拿大树脂,因为它的折光率(1.520)与祖母绿的折光率(1.577—1.583)很接近,能很好地遮盖宝石的裂纹和孔洞,提高宝石的透明度和颜色亮度。加拿大树脂是一种无色透明的液体,暴露在空气中会逐渐固化成非晶质的有机物。祖母绿的无色加拿大树脂注入处理过程包括三个基本步骤:

(1)预处理　就是用浓的强酸浸泡祖母绿样品,目的是为了消除宝石裂隙和表面的杂质及由于宝石打磨中残留下的抛光剂(氧化铬或氧化锡等),这种预处理的时间要视祖母绿样品的裂纹发育程度、杂质多少及样品的大小而定,通常需12—24h,或更长。在酸中浸泡完后,取出样品,用水或稀碱性溶液反复进行清洗,然后用去离子水浸泡几个小时,最后干燥即可。

(2)注入树脂　如果注入剂是植物油,那么就可采用静注入法,即把祖母绿样品直接放入有注入油的容器之中,让注入剂慢慢渗入裂隙之中。若注入剂是加拿大树脂,那么就采用热注入法或高压注入法(真空注入法)。后一种方法的处理速度快、效率高,但成本也较高,只适于大批量处理用。

(3)抛光　把注入处理过的祖母绿样品放在纸巾或棉纱上擦干,然后用凡士林作抛光剂,在布盘上进行抛光。

其他绿柱石类宝石的注入处理与祖母绿类似,故不重述,需要说明的是,并不是所有有裂纹的祖母绿或海蓝宝石在注入处理后都可取得良好的效果。注入处理的结果好坏,与注入类型、处理工艺、样品的裂隙状态、分布特点和操作人员的经验等都有一定关系。一般来说,处理结果良好的宝石样品在正常佩带情况下,不会发生渗出、变色、亮度降低等问题。当然,这种稳定是相对的,不是永久性的,随着时间的变化,注入剂(特别是植物油类和树脂类)会在氧化作用下发生变化,出现黄色色调,如果变化明显,就需重新进行注入处理。

除了无色注入处理外,近几年有色注入处理宝石也悄悄兴起,它是把某种染料 或颜料与注入剂混合后注入宝石,与无色注入处理大同小异。应该看到,有色注入处理尽管更能使宝石的外观得到改善,但毕竟是人工加上的颜色,而不是宝石本身因素致色的,因此这种处理有一定的欺骗性,理应遭到广大消费者的反对。这种有色注入处理过的祖母绿或海蓝宝石在出售时必须注明处理的方法。

四、其他处理方法

(1)表面生长法　这种方法是选颜色浅、透明度好的祖母绿或绿柱石作为子晶,放入高压釜中,采用合成祖母绿的水热法在子晶外层生长一层祖母绿。所得到的产品颜色比较深。用此法处理的绿柱石类宝石已属合成宝石之列。

(2)组合宝石　祖母绿的各种各样组合宝石是比较常见的,有些是用一块颜色较浓的祖母绿作冠部、无色或浅绿色绿柱石作亭部胶合成的二层石,或冠部和亭部均为绿柱石,腰部为一浓绿色祖母绿的三层石。这种组合宝石具有一定的欺骗性,需认真鉴定才能加以识别。

第三节　绿柱石类宝石改善品的检测

在对绿柱石类宝石进行人工改善检测之前，首先应该用常规宝石鉴定方法确定是否是天然绿柱石类宝石，尤其要排除合成祖母绿的可能性。然后再检测宝石是否经过人工处理。对于经热处理和辐照处理的绿柱石类宝石（特别是海蓝宝石和铯绿柱石），这是一项十分困难的工作，因为绿柱石类宝石的热处理温度一般不高，很少超过 500℃，因而在宝石内部和外表基本上没有留下什么损伤特征，吸收光谱法也无法判断是否经过热处理和辐照处理。因此，目前的检测手段和技术一般不能确定绿柱石类宝石是否经过热处理和辐照处理。

对于注入处理的祖母绿，比较简便的方法是把宝石浸在水中或其他无色透明的溶液中，用 10 倍放大镜或显微镜观察充填在裂隙中的注入剂的特征。如果注入剂中有绿色染料，那么可以很清楚地看到沿裂隙分布的“丝状”绿色；若为无色注入剂，则要注意是否有气泡和未被完全充填的裂隙空洞，用散射光有时可以模糊地看见裂隙的轮廓，转动宝石，常有“闪光效应”。另外，充填各种植物油的注入剂的祖母绿受热（用灯泡烤）会出现“发汗”现象，这是注入的油受热而渗出。当然，用树脂类注入剂充填裂隙的宝石，在受热后不会出现“发汗”现象。对它的检测，常要使用紫外线荧光法进行鉴别，加拿大树脂对长波紫外线发暗黄色荧光，而祖母绿则发射红色荧光。用反光显微镜观察祖母绿表面，可见“蛛网状”的光泽较暗的裂隙充填物。偏光显微镜有时也可看出均质的树脂注入剂。另外有人建议把祖母绿在布上反复擦几下，充填的树脂可以发出特殊的类似松香的气味。

对绿柱石类宝石中组合宝石或表面生长法得到的宝石鉴定比较容易。把样品浸入水中，仔细观察宝石的腰部，如果是组合宝石，那么可以看到胶合面及其内的气泡，明显的颜色界面也可以证明是组合宝石。如果是表面生长得到的宝石，通过对不同深部连续聚焦观察，找到原宝石与生长层的界面，界面两侧的颜色也大不相同。

第十三章　黄玉的改善与检测

黄玉的化学式是 $Al_2[SiO_2](F,OH)_2$。成分中 F^- 和 OH^- 可以互相替代，二者比值变化不定，大致为 3∶1—1∶1。不同成因的黄玉，F^- 与 OH^- 的比例往往不同，伟晶岩中产的黄玉，F^- 的含量比 OH^- 多，可达 3∶1。而热液成因的黄玉中 F^-∶OH^- 接近 1∶1。另外，黄玉还常含有一些微量元素，比较常见的有 Fe、Cr、Ni、Ti、Mg、Mn、Nb、Ta 等。这些微量元素的组合和含量对于黄玉颜色有重要影响。

第一节　黄玉的致色原因

黄玉的颜色有多种，常见的有无色、黄色、浅黄、浅蓝、黄褐色和粉红色等，红色和绿色很少见。关于黄玉颜色的形成机理，目前研究得不多，已提出的观点有两种。

一、色心说

该观点认为，黄玉中的杂质微量元素(Cr、Fe、Ni、Ti、Mn 等)，以类质同象置换 Al^{3+} 进入黄玉晶格，由于置换中电价不平衡及离子 缺位或填隙等造成一些点缺陷，在自然地质环境下经天然辐照或人工辐照，可在晶体中形成不同的色心，如黄色色心、蓝色色心。有的色心比较稳定，而有的色心则不稳定。据吸收光谱研究，黄色色心就有两种：①不稳定的黄色色心，在阳光下照射几个小时或稍一加热，就会发生褪色，如产自美国犹太州和墨西哥州的一些棕红色黄玉就具有这种色心，它们在太阳光照射下，容易褪色成浅黄色或无色，大多数天然产出的黄色一棕色黄玉以不稳定黄色色心为主。②少数天然黄玉具有稳定的黄色色心，在一般加热条件下(<350℃)，不会发生明显褪色。还有少数黄玉两种黄色色心都有，因而呈现很浓的酒黄色。蓝色色心一般比较稳定，绝大多数蓝色天然黄玉颜色都比较浅，某些能量较低的辐照(如 X 射线或 γ 射线)与热处理结合也可以使无色黄玉变成类似的浅蓝色。

二、过渡金属离子的 *d*-*d* 电子跃迁

晶体场理论的观点认为，黄玉的主要致色离子是 Ti^{3+}。在黄玉中，Ti^{3+} 以 3 种络合离子 $[TiO_4F_4]^{1-}$、$[TiO_4(OH,F)_4]^{1-}$ 和 $[TiO_4(OH)_4]^{1-}$ 存在，其中在 $[TiO_4F_4]^{1-}$ 络合离子中，Ti 处于由 O 和 F 构成的畸变八面体晶体场中，Ti—O 的离子间距为 0.192nm，Ti—F 的离子间距为 0.18nm。在此畸变八面体晶体场作用下，Ti^{3+} 的 d 轨道发生分裂，d 电子发生跃迁，而吸收光波的范围为 16 000—16 700cm^{-1}(625—599nm)，位于红一橙光区，这时黄玉呈现蓝色。当络合离子中 F^- 被 OH^- 所取代时，八面体的对称性降低，Ti^{3+} 的 d 轨道分裂能增加，故 d 电子发生跃迁所吸收的光谱为 20 000—21 000cm^{-1}(500—476nm)，相当于绿一蓝色光，故使黄玉呈粉红色。但也有研究者认为，粉红色黄玉的颜色是由 Cr^{3+} 离子致色的，与红宝石有些类似，但颜色比红宝石浅得多，这可能与 Cr^{3+} 的含量较少和配位场的类型及对称程度与红宝石不同有

关。

不论哪种观点，可以肯定，黄玉的颜色与其所含的杂质元素及F^-与OH^-的比值有密切关系，与其内的点缺陷类型和浓度也有一定关系。当然对黄玉致色机制的正确认识，有待进一步详细研究。

第二节　黄玉的改善方法与改善品的检测

一、辐照处理

在黄玉的人工改善中，辐照处理是最重要的方法。它可以把浅色或无色的黄玉改变成较深的蓝色和黄色。据辐射源的不同，辐照处理的方法主要有四种：γ射线、X射线、电子辐照和中子辐照。

(1)γ射线辐照法　一般用^{60}Co作辐射源，其放射出的γ射线有两种，分别有1.33MeV和1.77MeV的能量。黄玉在γ射线辐照下，大约累计辐照吸收剂量达2 000Mrad以上，才能产生明显的颜色变化。一般情况下，γ射线的强度越大，辐照时间越长，则辐照效果就越好，但颜色变化有一定的限度，当颜色浓度达到一定限度后，γ射线强度继续增大，辐照时间延长，并不能使颜色变得更深。在用于处理黄玉的γ射线辐射源中，源辐射强度通常是2—10万Ci，最大可达32万Ci。辐照时间为20—60d之间不等。γ射线首先把黄玉由无色变成黄棕—褐色，但这些颜色不太稳定，进一步加热至200—300℃，1.5h后就可使黄玉由黄棕—褐色变成蓝色。由于γ射线能量较小，尽管穿透力比较强，所致颜色均匀，但颜色较浅，一般为浅蓝色，现在用γ射线改善的黄玉已不多见了。

(2)低能电子辐照法　低能电子的能量低于10MeV，它主要由各种电子加速器产生，有较强的穿透能力。用低能电子来辐照黄玉效果比γ射线稍好，所用的时间也短得多，大约只要几天就可以了。但所产生的颜色仍然偏浅，因此，低能电子仍不是理想的辐照粒子。

(3)高能电子辐照法　高能电子(>10MeV)主要通过线性加速器或回旋加速器获得，它可以使黄玉产生两种色心，即蓝色和蓝紫色心，而且颜色较浓，国外称之为天蓝色。用高能电子辐照黄玉时，能在很短时间内使黄玉中产生很高的温度，因此，必须在辐照过程中不断用冷却水冷却黄玉样品，以免高温损毁宝石。另外，高能电子辐照有时可使黄玉产生微弱放射性。

(4)核反应堆中子辐照法　核反应堆中释放出的中子束有很高的能量，用它辐照黄玉进行改色，不仅效率高，而且得到的颜色很深。经中子辐照的黄玉，一般不需要经热处理，就变成了深蓝色，宝石贸易中称其为“伦敦蓝”。有时为了消除灰色色调，提高蓝色的亮度，可适当做一点热处理。

除了用上述四种方法辐照处理黄玉外，国外还采用一种所谓“混合法”使黄玉致色。这种混合法一般是先用核反应堆中子辐照处理，然后用线性加速器发射的高能电子辐照处理，最后进行热处理，就可以得到更深的蓝色，并且不含“伦敦蓝”中的灰色色调，宝石贸易中称这种蓝为电蓝、超级蓝或瑞士蓝。

黄玉经辐照处理而产生的颜色大多比天然黄玉的颜色更深、更稳定、更迷人，尤其是深蓝色黄玉酷似海蓝宝石，深受广大消费者的喜爱，在欧美市场上十分畅销。黄玉经辐照和热处理除了可变成蓝色外，有些棕色、粉红色或紫红色黄玉经辐照后，可变成棕色，但加热至200℃以上又可恢复成粉红色或紫红色。另外，据报道，近几年出现的绿色黄玉也是辐照处理致色的，使用的辐射源是线性电子加速器，这种绿色不很稳定，在日光照射和加热至150℃左右就会变成蓝色。

值得一提的是，用高能电子或核反应堆中子辐照黄玉致色的同时，往往诱生放射性，其放射性与黄玉原石的微量元素受激活化有关，研究表明，经辐照过的黄玉宝石可含有10多种放射性元素，不同核素的半衰期是不同的，如^{46}Sc半衰期为83.9d，^{182}Ta半衰期为115d，^{59}Fe半衰期为45.1d，^{134}Cs半衰期为2.62a和^{60}Co半衰期为5.26a等。黄玉的放射性活性度的大小与黄玉本身的杂质元素种类、含量、分布及使用的中子（或电子）的辐射剂量有关。放射性残留较高的黄玉，可以放出大量的γ射线和β粒子，如果不加防护，与人身接触，可造成人体造血机能障碍及神经系统障碍等多种疾病。为了尽可能减少残余放射性，除了应充分注意黄玉的地质背景，选用Sc、Ta、Fe等元素含量较少和不含Cs、Co、Be等元素的黄玉做辐照原料外，还应减少热中子通量，选择合适的辐照工艺。另外，必须严格按国家有关放射性防护规定，把有放射性残余的辐照致色黄玉放置到豁免值以下才能出售。

二、热处理

热处理主要用于对辐照处理的黄玉进行后处理，消除黄玉中的黄色色调，使辐照产生的棕黄—褐色或绿色变成稳定的蓝色。有些含铬的棕色黄玉在加热至300—400℃时，可变成粉红色或紫红色，这种粉红色十分稳定，一般加热（<200℃）和日光照射不会使它发生褪色。

不过，黄玉的加热处理要谨慎，温度选择不当，可能会使黄玉褪色，不同产地和不同颜色黄玉的褪色温度不同。有些黄玉的黄色或棕色在日光照射下或100℃左右温度下就会发生褪色，变成无色，而有的黄色和棕色黄玉要加热至200—400℃才会变成无色或蓝色。已有的研究表明，黄玉所有经辐照产生的颜色在加热至500℃以上时，都会恢复原色或变成无色，再次辐照处理又可产生颜色。

三、黄玉改善处理的检测

对于黄玉改善处理的检测，一直是珠宝界人士和鉴定学家们研究的课题。尽管十多年来，人们不断探索检测黄玉是否经过人工处理的有效方法和技术，然而收效甚微。因为人工处理所产生的各种颜色，天然的未经处理过的黄玉也有。尽管经辐照处理的黄玉的颜色大多比天然黄玉的颜色更深，但这不足以证明黄玉是否经辐照处理过。另外，热处理所产生的粉红色黄玉比未处理的天然粉红色黄玉具更强的二色性。天然蓝色黄玉与人工改色的蓝色黄玉之间在热发光性方面有一定的差异，当把黄玉加热时，辐照处理过的蓝色黄玉在达到360℃左右，会发射出很强的光，而天然蓝色黄玉则不会出现这种情况。不过这些检测方法是否有普遍适用性，还有待大量的试验进一步证实。目前在宝石贸易中，对黄玉放射性检测比较重视，而黄玉是否经过人工处理似乎并不重要，因为：①黄玉经辐照和热处理所产生的蓝色和黄色是比较稳定的；②现有检测方法和手段还不能准确而有效地区分天然黄玉与人工处理黄玉。值得庆幸的是，辐照处理的蓝色黄玉已得到珠宝界和消费者的认可，基本上与天然蓝黄玉具同样的价值。

第十四章　水晶的改善与检测

水晶的化学成分接近纯 SiO_2，变化范围极小，有极微量的杂质元素（Al^{3+}、Fe^{3+}、Mn^{3+}、Ni^{2+}、Ti^{3+}、K^+、Na^+、H^+ 等）以类质同象进入晶格或离子间隙之中，它们含量变化于 10^{-4}—10^{-3}之间。因而使天然水晶呈现出多种颜色。纯水晶是无色透明的，其他常见的品种有天然烟水晶、紫晶和黄晶，天然绿水晶、蓝水晶和红水晶都是极为罕见的品种。通过人工改善方法，可以把无色或其他烟色、黑色水晶变成各种彩色的水晶。

第一节　水晶的致色原因

水晶的颜色与其晶体结构和所含杂质元素关系密切，水晶的晶体结构单元为$[SiO_4]^{-4}$四面体，各硅氧四面体以角顶相连，形成三面体连结的 Si—O—Si 键，这样在 c 轴方向和 a 轴方向的晶胞间就存在一定的空间隧道。其中在平行于 c 轴的隧道中有两种中间的晶格平面配位体：变形的四面体（I_4）和八面体（I_6）（图 14-1）。正因为晶体晶胞 c 轴和 a 轴方向有一定的空间隧道，就为外来杂质元素进入提供了可能。根据现有的研究成果，水晶的致色原因大致有 3 种。

一、色心致色

大量研究表明，杂质元素 Al^{3+}、Fe^{3+}、Fe^{2+}、Ti^{3+}、Ge^{4+}、Co^{2+}、Ni 等过渡金属离子，它们的离子半径小，能以类质同象混入物形式置换晶格中的 Si^{4+} 或进入晶胞间隙隧道，一些碱金属离子（Na^+、Li^+、K^+ 或 H^+）可以补偿过渡金属离子进入晶体时的电价。这些碱金属离子多占据阳离子空位（点缺陷）或晶胞间的空间隧道内。杂质元素的进入，使水晶晶体产生大量的点缺陷，这些点缺陷在一定条件（如加热、辐照等）下可以形成各种色心，并在可见光区内产生不同的吸收光谱带，从而使水晶呈现多种颜色。

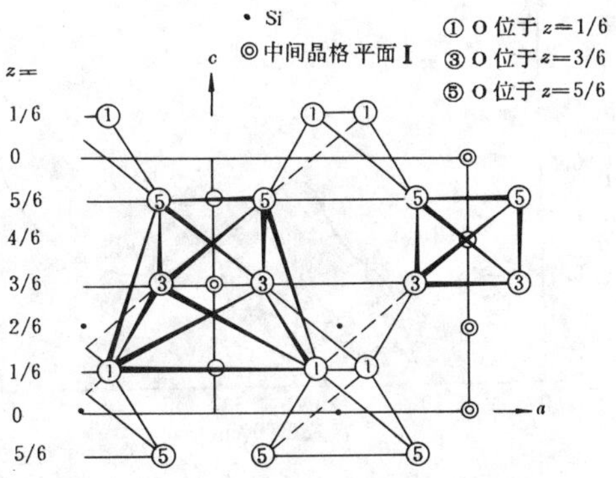

图 14-1　石英在(0110)晶体结构上的投影图

（左面为 I_6，右面为 I_4）

（经和贞等，1992）

1. 烟水晶色心

天然水晶都含有一定量的 Al^{3+}，它以类质同象置换 Si^{4+}，形成$[AlO_4]^{5-}$四面体。在水晶的$[SiO_4]^{4-}$四面体中，Si—O 主要以共价键形式存在，而$[AlO_4]^{5-}$四面体中的 Al—O 也是以共价键的形式存在。另外 Si—O 的间距为 0.161nm，Al—O 间距为 0.17nm，二者仅差 0.009nm，因而 Al^{3+}很容易置换 Si^{4+}，至于电价不平衡的影响，可由碱金属离子 K^+、Li^+ 或 H^+ 等来补偿。这些碱金属离子多赋存于 c 轴方向的晶格空间隧道内，因为隧道半径大约为 0.2nm，而 Li^+的半径为 0.06nm，Na^+为 0.095nm，H^+更小，因此这些离子很容易进入空间隧道。

图 14-2(a)为纯水晶的晶体结构示意图，图 14-2(b)表示一个 Al^{3+} 取代一个 Si^{4+} 离子，同时在填隙位置上有一个一价正电荷(M^+)离子作电荷补偿，以维持晶体的电中性，这个正电荷离子往往离开 Al^{3+} 有一定距离。当水晶受到某种辐照(天然的或人工的)时，Al^{3+} 邻近 O^{2-} 的一个电子受激发，逃出 O 的束缚，并被一价正电荷离子所俘获，即

$$[AlO_4]^{5-} \xrightarrow{\text{辐照}} [AlO_4]^{4-} + e^-$$

和

$$e^- + M^+ \longrightarrow M$$

式中 M 为碱金属(Li、Na、K)或氢原子，它是一个电子心，不吸收光，对颜色无影响。而$[AlO_4]^{4-}$则是空穴心，它可以吸收光线，使水晶产生烟色或茶色，因此它就是烟晶的色心。烟晶色心在受到紫外线或加热超过 200℃时，会遭到破坏，实际上就是在受热条件下被碱金属离子俘获的电子会逃脱电子陷阱，而返回到$[AlO_4]^{4-}$空穴心中，使水晶恢复原色。再次辐照又可使水晶变成烟色。烟水晶的吸收光谱见图 14-3，其吸收峰在 $22\times10^3cm^{-1}$，相当于 454nm 的紫光区，吸收区一直从紫外光区延伸至红外光区，但吸收强度迅速降低，只在红光端有一个微弱的增加。

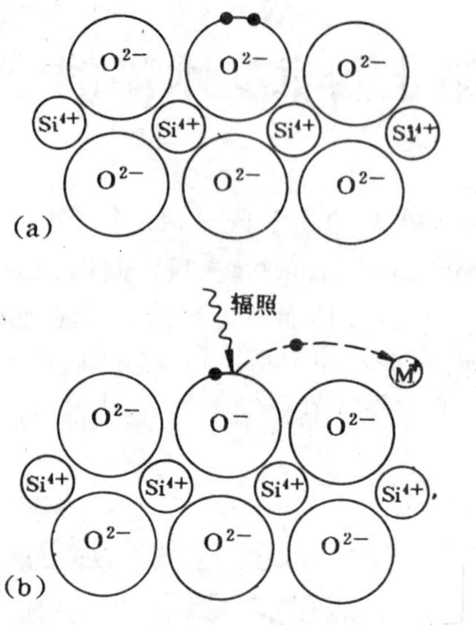

图 14-2　水晶与烟水晶的色心示意图

(K. Nassau，1983)

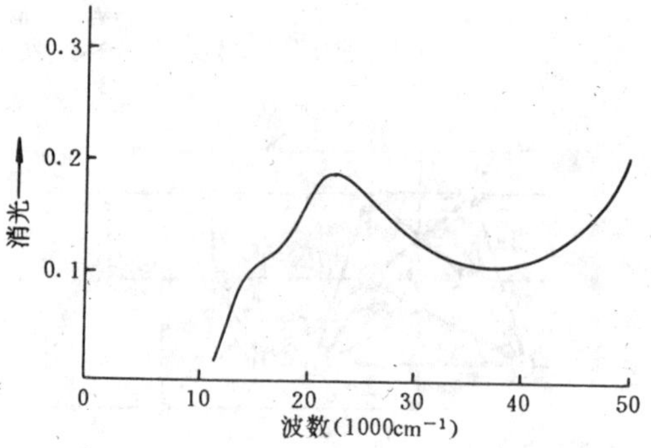

图 14-3　烟晶的吸收谱线图

(经和贞等，1992)

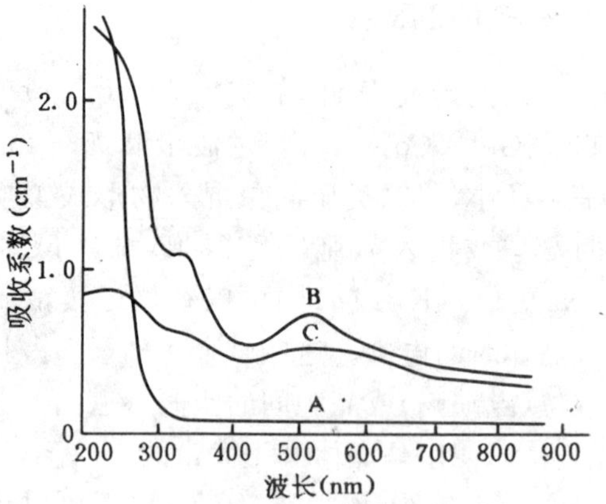

图 14-4　人造及天然巴西紫晶的吸收谱线图

(经和贞等，1992)

A. 辐照前　B. γ 射线辐照后(2.8×10^6R)

C. 巴西紫晶

2. 紫晶色心

铁是紫晶的致色元素，这已被大量实验和人造紫晶的事实所证实。Fe^{3+} 以类质同象形式置换 Al^{3+} 而进入晶体，形成$[FeO_4]^{5-}$原子团，并由碱金属离子作电价补偿，此时由于 Fe^{3+} 的存在，水晶会呈现黄色或黄褐色。当这种含 Fe^{3+} 的水晶受到辐照(天然的或人工的)时，$[FeO_4]^{5-}$中的 Fe^{3+} 失去一个电子与一价碱金属离子或 H^+ 结合成原子(电子心)，它不生色。天然紫晶与人工辐照产生的紫晶的吸收光谱见图 14-4。从图中可以看出，在水晶受人工辐照前，吸收光谱

主要在紫外光区，225nm 处的强吸收代表 Fe^{3+}的存在。经 γ 射线辐照后，水晶(B)在 350nm 和 545nm 处产生两个新的吸收峰，其中 545nm 就代表了紫色色心的存在，天然巴西紫晶的吸收光谱(C)与人工辐照紫晶的吸收光谱(B)相似，但强度要低一些，这表明大多数天然紫晶颜色较浅，而人工辐照的紫晶颜色要浓，实际上也确是如此。紫晶的颜色浓度除与铁的含量有关外，还与辐射剂量的大小成正相关关系。通常，在自然环境中，辐射剂量都比人工条件下的辐射剂量小得多，因此，天然生色的紫晶颜色就比人工辐照生色的紫晶浅。

紫晶色心热稳定性较好，一般加热至 350℃时才开始发生变色，变成黄水晶。有的紫晶在 500℃时变成绿色，成为绿水晶，其致色原因后面将讨论。紫晶在加热至 600℃就完全褪色变成乳白色水晶。

二、*d-d* 电子跃迁或电荷转移致色

除了紫晶和烟晶的颜色是由色心产生的外，其他各种颜色的水晶(黄、绿、玫瑰红、蓝色)都与过渡金属元素的 *d-d* 电子跃迁有关。有些用电荷转移也可以解释，两种观点是相通的。

1. 黄水晶的致色原因

黄水晶的颜色由铁引起，Fe^{3+}置换 Si^{4+}进入氧四面体后，由于该四面体是变形的，晶体场强度增大，使 Fe^{3+}的外层 *d* 轨道发生能级分裂，*d* 电子吸收能量较高的电磁波才能产生跃迁，这种吸收光谱主要出现在紫外光区，并延伸至整个可见光区直到红外光区，吸收强度从紫光区到红光区逐渐降低，故使水晶呈现柠檬黄色或浅黄色(图 14-5)。另外，有些 Fe^{3+}不是以替换形式进入 SiO_4 四面体中，而是以间隙状态进入硅氧四面体构成的螺旋状空间隧道之中，其周围有 6 个氧离子与之构成一扭歪的八面体配位场，O^{2-}与 Fe^{3+}之间发生电荷转移，而产生颜色较深的黄褐色。

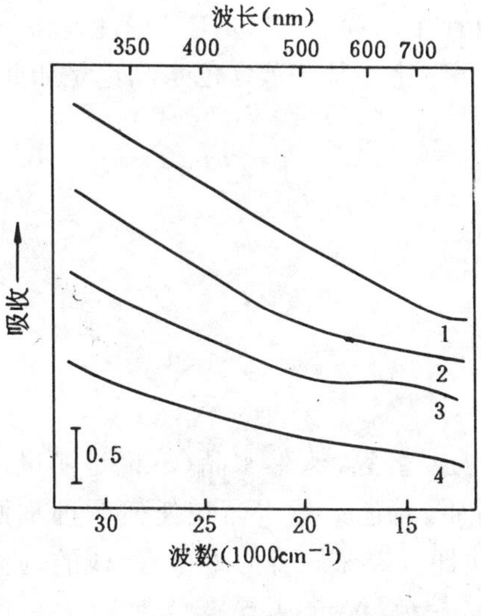

图 14-5　天然黄晶的吸收谱线图

1、2、3 为巴西产水晶，4 为乌拉圭产水晶

(经和贞等，1992)

黄水晶中存在的上述两种致色原因使黄水晶的颜色变化较大，从浅黄、黄、黄褐及灰黄色都有，这取决于 Fe^{3+}的含量及在晶体中位置，以及不同位置上 Fe^{3+}的比例。

2. 玫瑰色水晶的致色

玫瑰色水晶多为半透明的单晶集合体，宝石学中称之为芙蓉石，它的颜色来源于晶胞 *c* 轴方向空间隧道间隙位置上的氧配位为 6 的 Ti^{3+}离子，O^{2-}与 Ti^{3+}之间发生电荷转移，强烈吸收紫—绿光而产生玫瑰红色，图 14-6 给出了天然玫瑰色水晶的吸收光谱，从图中可见，在可见光区的吸收峰在 $20\times10^3cm^{-1}$处(相当于绿光 500nm)，最强的吸收是在紫外区，其尾端延伸至可见光区，到中远红外区吸收又迅速增强。芙蓉石的颜色比较稳定，只有加热到 575℃时才会褪色变成无色或乳白色。

3. 绿水晶的致色

天然绿水晶又称为绿堇玉石，极为罕见，将某些紫水晶或黄水晶加热可得到绿水晶。绿水晶的颜色也由铁引起，不过以 Fe^{2+}赋存于畸变八面体配位间隙位置之上，构成 $Fe^{2+}(I_6)$。Fe^{2+}中的 *d* 电子跃迁而使水晶产生绿色，其吸收光谱见图

14-7，与天然黄水晶相比，绿水晶在紫—绿光区的吸收相对减弱，而在红光区有一宽缓而低平的吸收峰（740nm），它代表了在扭歪的八面体配位间隙位置上存在着 Fe^{2+}，绿水晶在300—350℃时会变成无色或黄色、绿黄色水晶。

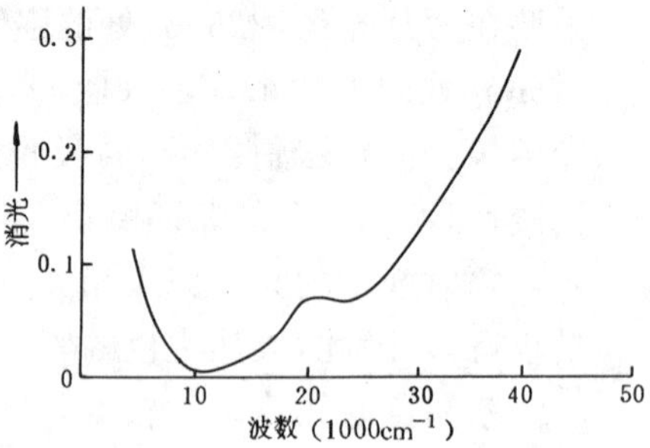

图 14-6　玫瑰色水晶的吸收谱线图

（经和贞等，1992）

三、显微包裹体致色

位于水晶晶胞间隙位置上的各种包裹体，具有不同的吸收光性能，使水晶呈现出不同的颜色。对有些富含铁的水晶，其较深的黄褐色就是由于 Fe_2O_3 微包裹体的析出而致色。有些含铁的黄色水晶，在加热超过 550℃时，黄色加深变为黄褐色—红棕色，其原因就在于高温使铁离子聚集在一起而形成 Fe_2O_3 微粒（赤铁矿），使水晶颜色变深。

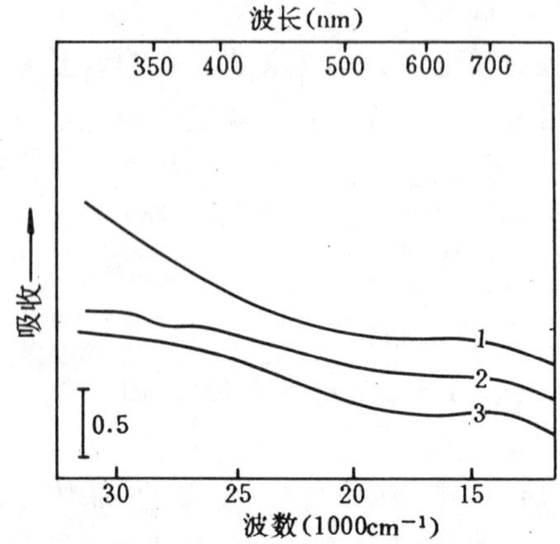

图 14-7　天然绿色石英（绿堇玉石）的吸收谱线图

（经和贞等，1992）

1. 巴西　Jakobina；2. 巴西　Meutczom；3. 津巴布韦

前面简单地讨论了常见彩色水晶的致色原因，实际上大多数水晶都不是单一颜色的，可能同时含有多种致色离子（Al^{3+}、Fe^{3+}、Fe^{2+}、Ti 等）和多种离子配位位置。这样，水晶的颜色是多种色心或离子吸收光谱的重叠。如黄色水晶，即可能有 $Fe^{3+}(I_4)$的 *d-d* 电子跃迁产生的浅柠檬黄色，也可能有 $Fe^{3+}(I_6)$电荷转移产生的黄色—黄褐色，还可能有 Fe_2O_3 包裹体所致的深黄褐色。有些带绿色色调的紫晶，就是 $Fe^{2+}(I_6)$所产生的绿色与$[FeO_4]^{4-}$紫色色心产生的紫色心混合色，在一定条件下（辐照或加热）二者可相互转化。某些黄绿色水晶也是如此。

第二节　水晶的改善方法

一、辐照处理

水晶在辐照处理中的变化过程常常是热处理中变化的逆过程。天然水晶（不论是哪里产的）都或多或少地含有一定的 Al、Fe 等杂质微量元素，因而，无色天然水晶在任何一种辐照（中子、电子束、γ 射线、X 射线等）下都可以产生强或弱的烟色，最深的可为墨色，最浅的为淡烟色，此外，有些水晶可能同时产生某些紫色、绿黄色、黄色、棕色、绿色，甚至蓝色色调。在前面已谈到过，烟色主要由$[AlO_4]^{4-}$色心产生，其浓度与 Al 的含量呈正相关关系，由于 Al^{3+}在水晶中的分布不均匀，因此辐照产生的烟色也常呈带状沿生长纹分布。

有些绿色、绿黄色或蓝水晶在辐照时也会变成烟色，当然烟色的浓度可能会有所不同。此外，还有一些绿色或浅黄色水晶受辐照后变成紫色或含绿色色调的紫红色水晶。浅粉红色的水晶经辐照，颜色变深，呈玫瑰红色。

总之，辐照处理可以使绝大多数无色或其他颜色的水晶发生颜色变化，若水晶中所含杂质微量元素以 Al 为主，那么就变成烟色，若含 Fe、Ti、Co 等其他杂质，就可能使水晶变成绿、蓝甚至紫红和玫瑰红色。除了致色元素对颜色的影响外，辐射源、辐射强度与辐射剂量及时间等对产生的颜色深浅也有重要影响。一般来说能量比较高的核反应堆中子束或线性加速器发射出的高能电子辐照效应最强，它们可在极短的时间内（几秒—几分钟）就让水晶变成很深很浓的烟色（近黑色）或其他颜色。γ 射线和低能电子辐照效应中等，可在较短的时间内产生一定浓度的烟色或其他颜色，加长辐照时间可使颜色进一步加深，而采用 X 射线的辐照产生的颜色都很浅，即使加长辐照时间，颜色也不会深。

二、热处理

水晶加热处理的温度范围不高，通常在中温范围之内（100—600℃），过高的温度（>600℃）不仅会消除所有彩色水晶的颜色，而且会使其乳浊化，变为半透明—不透明的白色石英。

1. 烟水晶

烟水晶在加热条件下，颜色变浅或变成他色，持续增温，可最终使其完全褪色变成无色或白色水晶。对于不同的样品，其褪色的过程与加热的温度和加热时间长短有关，同一样品，在180℃温度下，完全使其褪色或变色可能需要数周；在 200℃温度下，可能需几天；300℃下只需几个小时；而在 400℃下，可能仅需几分钟，因此，使烟水晶褪色的温度范围比较宽从 140—380℃均有可能。有些烟水晶在加热至 140—280℃范围中，可以变成绿黄色或黄色，也可能变成绿色或蓝色，偶而也可见蓝绿色，这可能是蓝、黄、黄褐色的混合颜色。温度升高至 280—380℃时，各色水晶就变成无色水晶，因此绿黄色、绿色、黄色或蓝色是烟晶在加热条件下，由烟色变为无色的过渡色，不过这些过渡色一般都比较稳定。在过渡色状态下，停止加热，而进行辐照处理又可以恢复烟色。同样把加热漂白的无色水晶进行辐照处理也可以恢复过渡色，进一步辐照可以恢复烟色，因此加热处理和辐照处理是颜色变化的可逆过程。烟晶辐照和热处理变化见图 14-8 所示。

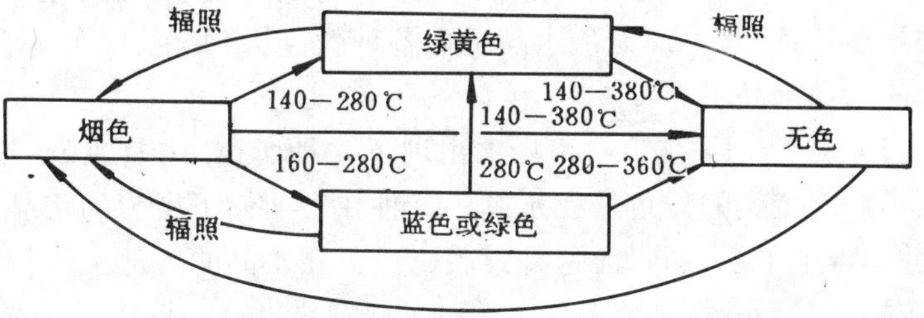

图 14-8　烟晶加热与辐照的颜色变化图

2. 紫水晶

紫水晶的热处理变化与烟晶有些不同。加热紫晶可使其颜色变浅，有些紫晶在强光照射下也会变浅。继续加热，可能使紫晶产生两种变化，若在辐照前水晶中有 Fe^{3+} 存在，那么紫晶受热会变成黄色水晶；若有 Fe^{2+} (I_6) 存在，则紫晶会变成绿水晶。在珠宝贸易中，所见到的黄水晶，大部分是由紫晶在大约 450℃加热产生的。由紫水晶转变为黄水晶颜色的好坏，除与温度高低有关外，与加热时间长短也有很大的关系。在实际操作中，把紫晶加热至 350℃后，每隔

25℃都要把水晶取出检查一下，看是否已达到满意的黄色，如果不行，则要继续加热，直至颜色达到最佳效果为止。有些紫水晶在500—575℃范围内，浅黄色得到加强，变成橙色、棕色或棕红色，这可能代表Fe_2O_3的出熔。进一步加热到600℃以上，则水晶会完全由褐色变成乳白色不透明石英。紫晶受热处理和辐照处理的颜色变化见图14-9。

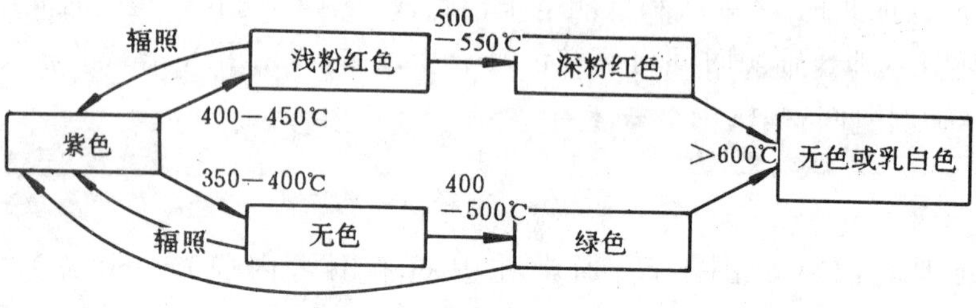

图14-9　紫晶加热和辐照颜色变化图

玫瑰红色水晶加热时，颜色会逐渐变浅，加热到450℃左右，就完全褪色，辐照处理只能使部分玫瑰红色水晶恢复原色。

三、其他处理水晶的方法

1. 淬火处理

无色水晶通过淬火染色可用作红宝石或祖母绿的廉价仿制品。具体操作是，先把水晶加热至一定温度(575—600℃)，然后投入冷却液中骤降温，如果冷却液中有染料，则淬火产生裂隙后，染料就会迅速浸入裂隙中，干燥后，就沉淀在裂隙之中。有时是在淬火后，再把水晶放入染料液中浸泡一段时间，然后取出干燥，就得到染色水晶。淬火染色法的使用现在已经不多，有时在对石英岩类玉石处理中使用。

2. 覆膜和镀膜处理

(1)覆膜处理　过去有段时间，在水晶表面覆一层薄膜的方法十分流行，目的是使水晶产生五光十色的干涉色，同时也使无色水晶呈现各种颜色，如黄色、绿色等，不过现在基本上已见不到这种覆膜的水晶饰品了。

(2)镀膜处理　近几年，在宝石市场上出现了一种所谓Aqua Aura(水辉)水晶的饰品，它是一种外表镀了一层金膜的无色透明水晶。这种在表面镀了金膜的水晶可以呈现金膜的蓝—绿色透射光，并出现了干涉色彩虹。这种镀膜一般只在水晶的冠部上进行，也有整个镀金膜的。镀膜处理的水晶稳定性很好，不仅色彩艳丽，而且抗热、抗酸碱，附着比较牢固，只是在翻面接合与棱角处易磨损脱落而成白色。除了镀金膜外，目前还有人把水晶镀Ni、Cr等膜，可产生多种颜色。这类处理品深受广大消费者喜爱，因此其售价往往高于无色的水晶饰品。

第三节　水晶改善品的检测

目前辐照处理主要用于把天然无色或浅黄色的水晶变成烟晶、墨晶或紫晶，这些改善品与天然烟晶、墨晶和紫晶的特征基本相同，尽管有人提出一些鉴别法，但迄今并没有有效可靠的方法把它们区分开来。另外，根据一般市场情况看，只要水晶是天然的，而不是合成的，那么，辐照改色的天然水晶与天然致色的水晶在价格上没有什么差别，因而贸易中也就没有必要非作区分不可了。

天然紫水晶经热处理而变成黄水晶，在宝石市场上很普遍，通常这种热处理的黄水晶与天然黄水晶用一般宝石鉴定方法是很难检测出来的，因为热处理的温度不超过500℃，不会在水晶中造成明显的热损伤特征。当然，在某些条件下，可根据出现氧化铁类包裹体的“热变”而确定该黄水晶是由紫水晶加热产生的。实验证明，当含有带褐色的黄色针铁矿包裹体的紫水晶被加热时，针铁矿会发生脱水，而形成红褐色赤铁矿，并常伴有应力裂隙的形成。因此，若黄水晶中出现赤铁矿纤维的红褐色“刷形”放射物，就有力地证明这种黄水晶是通过热处理紫水晶得到的。有时，一些紫水晶通过加热在某些晶带转变为黄水晶，而在其他晶带则不发生变化，从而导致形成双色水晶——紫-黄双色水晶，在市场上称为Ametrine。这种情况是由Fe^{3+}的分布不均匀造成的。

覆膜和镀膜处理的水晶比较好鉴别，用10倍放大镜仔细观察，就可以看到刻面棱角处的彩色晕圈、表面擦痕及不规则的凹斑。另外，彩虹状干涉色本身就是鉴别特征，天然水晶绝无此现象。用针轻划改善品表面，有划痕，就可以证明是表面覆膜或镀膜的。至于覆膜和镀膜品也很容易区分。它们的光泽、颜色及干涉色强度都有明显的差异。

第十五章　珍珠的改善与检测

珍珠是宝石中的“皇后”，它以珠光灿灿，圆润凝重而深深吸引着古今中外的女士们。珍珠的品种有很多，大体上分为海珠和淡水珠两种，它们的成分有一定差异，在结构和外观特征上也有一定差异，另外，人工养殖和天然珍珠在内部结构和外观上也有一定的不同。有关对它们的鉴别方法可以从周国平先生的《宝石学》或其他有关宝石鉴定的书中查阅。

珍珠最迷人之处莫过于它的珍珠虹彩光泽，虹彩光泽与珍珠的珍珠质层有关。珍珠质层的结构特征是：大量微小的斜方（假六边形）霰石晶体及部分六边形的方解石板片状晶体聚合，局部呈叠瓦状排列，有的呈不规则状分布，凝结体（即胶结物）是一种非晶质的有机物。珍珠质层的彩虹光泽是由于微小板片状的霰石或方解石之间对光线的干涉和衍射而引起的特殊光学效应。一般珍珠层越厚，珍珠彩虹光泽就越强。

最初采获的珍珠是不能直接用于制作首饰品的。需要经过一系列的工艺处理，因为刚采获的珍珠表面吸附有海水、珠蚌分泌的有机质和污物，如果不做及时处理，珍珠表面就会在细菌作用下发生变质，破坏珍珠质层，因此对珍珠进行去污清洗是不可少的步骤。另外，由于珍珠基体内、表层中含有杂质和黄褐色色素团，影响珍珠的美观，故通常都要做漂白和增白处理，有时为了得到彩色珍珠，还可采用各种染色方法处理珍珠。当然，有关珍珠处理的技术和工艺细节，各国和各专门研究机构都相互保密，公开发表的资料仅讲述一些概略方法。

第一节　珍珠的处理方法

珍珠的处理工序是比较复杂的，下面按处理的先后顺序介绍。

一、清洗和脱水处理

清洗处理就是用洗涤剂把珍珠表面的污物和海水清除，主要方法就是用软毛刷轻轻擦洗，或用洗涤液浸泡一段时间，并不断搅拌，取出后用清水冲洗几遍，凉干并用无水乙醇作脱水剂进行脱水处理。有时，在脱水处理之前还要进行“膨化”处理，因为珍珠层的结构比较致密，圈层构造发育，一般漂白液、染色液或增白剂很难进入珍珠内层，所以“膨化”处理主要是为了使珍珠结构中孔隙连通性增强些，即变得“松散一点”，当然这不应对珍珠造成明显的损伤，也不能破坏珍珠层的结构。膨化处理所用的膨化剂主要是苯（C_6H_6）和氨水（NH_4OH）的混合液，处理过程中还要适当加热（35—50℃）。用膨化剂浸泡珍珠的时间不宜太长，通常几小时就可以，膨化处理完成后，珍珠还要用去离子水清洗几遍。然后就可以进行脱水处理了。脱水就是除去珍珠结构内的孔隙和裂隙吸附水。除了用无水乙醇作脱水剂外，还可以用其他脱水剂，如纯甘油等。

二、漂白处理

1. 漂白处理的前期工作

漂白处理可以说是珍珠处理中最重要的一个环节，珍珠处理的好坏往往取决于漂白效果的好坏。由于珍珠的杂色主要是由一些有机色素团和杂质离子引起，因此，比较有效的漂白方法是化学漂白方法。在漂白处理之前，还有如下一些前期准备工作要做。

（1）分类　即按珍珠层的厚薄、颜色、光泽、形态和大小把珍珠进行大致分类，以便分别处理。这样做一则是从经济角度考虑，更重要的是因为不同类型的珍珠，由于珍珠层厚薄不一样，所含有机色素团及杂质致色离子类型不同、含量多少不同、大小不同，因而需要用的漂白剂量、浓度、漂白时间等都有差异，如果把不同类型的珍珠混在一起漂白，则漂白剂的用量、浓度、时间等参数就不好控制，漂白效果也不会好，所以分类有利于漂白效果的提高。

（2）打孔　即把分好类的珍珠分别穿孔，打孔要根据珍珠的特点和首饰加工中的要求来进行，有的可能打半孔，有的打全孔。如果是加工项链用的珍珠，就要打全孔，而做戒指、耳环、胸坠的珍珠一般只打半孔。打孔不单纯是后期首饰加工的需要，它对于减少或消除珍珠表面的坑点，缺陷也有一定的作用，孔眼可选在坑点上，这样就消除了坑点。另外，由于孔深入到珍珠内层，也有利于珍珠的漂白处理，可使漂白的深度增加，并加快漂白的速度和缩短漂白时间。

珍珠打孔要求做到：①孔必须直，并经过珠的圆心，否则今后串成项链时会扭曲；②孔径大小一致，在 0.6mm 左右，孔口无崩裂；③打孔时动作要轻、要稳，进针先慢后快，一般采用对打的方式打孔，进行速度不要太快，以免高温引起珍珠层内的角壳蛋白变质。

2. 漂白液

漂白处理的漂白液是由漂白剂、溶剂、表面活性剂和 pH 稳定调节剂等 4 部分混合而成。这 4 部分的配比对于漂白效果好坏十分重要。目前用得最多的漂白剂是过氧化氢（H_2O_2），俗称双氧水，试验证明，它是珍珠漂白最为理想的漂白剂。溶剂包括有机溶剂和水。水可以通过蒸馏法、离子交换法或树脂净化等方法获得，它主要起一种稀释和扩散漂白剂及其他助剂的作用。有机溶剂的种类很多，如醇类、酮类、醚类等，它们的作用是在一定程度上降低漂白液表面的张力，加强其向珍珠内部的渗透能力，从而加大漂白的作用深度。在实际生产中，较为常用的有机溶剂有乙醇、丙酮、乙醚、乙二醚、甲醇、二氧六环、四氢呋喃等，可以一种或几种同时混合使用。由于有机溶剂多为易燃有毒物，故在使用时要注意安全。表面活性剂是一种重要的助剂，它的主要功能是降低漂白液的表面张力，驱散在珍珠表面随漂白作用进行而聚集的气泡，起到分散漂白剂、湿润珍珠表面、加强漂白剂渗透能力的作用。漂白珍珠用的表面活性剂一般选用非离子型活性剂比较合适，如吐温（T-60、T-80）、斯盘等，也可用一些化工生产中的渗透剂和分散剂等。pH 稳定调节剂主要是起到调节和稳定漂白液中 pH 值的作用。漂白液中 pH 值的稳定与否，对漂白效果影响很大。用纯水把双氧水稀释为 3%时，pH 为 4—5 呈弱酸性，这种漂白液可使珍珠表面有溶解反应，所以开始时必须用稀碱溶液或碱性有机溶剂中和，使其 pH 值呈中性（7—8），但漂白液在使用过程中，由于双氧水与珍珠层内的物质交换反应，使 pH 值降低，为了保持漂白液呈中性，就需要在漂白液中加入少量 pH 值稳定调节剂。这种稳定剂一般用三乙醇胺或硅酸钠（水玻璃）。

漂白液的配方是保密的，日本一研究所（1930）曾提出一个配方：3%双氧水100ml，苯10ml，乙醚 5ml，乙醇 10ml，用氨水中和，并加入适量 pH 稳定调节剂，在 30—50℃下进行漂白。在这种漂白液中，可以加入二氧六环作表面活性剂，同时加入三乙醇胺作稳定剂，漂白效果会更好些。一般漂白液的配制要根据不同产地、不同质量、不同颜色珍珠的特点，采用不同的配方，或在接力漂白过程中改变配方。只有通过大量的试验才能获得比较理想的配方。

3.漂白工艺

(1)漂白设备装置　漂白处理设备装置可多可少。基本分为三大部分：①光照恒温装置。该装置是给珍珠在漂白过程中加温恒温用的。一般用荧光灯或日光灯照射盛放珍珠的器皿，使漂白液的温度保持在30—50℃范围内，促使双氧水分解、氧化有机色素团，达到漂白的目的。比较简易的光照恒温装置是漂白箱，也可用恒温水浴。②漂白容器。多用浅平宽口、无色透明的玻璃容器。容器大小视生产规模而定，一般容量为300—500ml的器皿比较合适。③真空抽洗装置。该装置由真空泵、缓冲吸收瓶、抽洗瓶加液器等组成。抽洗瓶的容量以1 000—2 000ml为宜，其加液器可采用分液漏斗，容量200ml左右，两者以橡胶管加以连接。真空泵为旋片式n型，它借助于耐压胶管把缓冲吸收瓶与抽洗瓶连接起来。

(2)漂白的工艺流程　包括漂浸、抽洗、换液、挑珠、去污五步骤。①漂浸。先把待漂白的珍珠放置在抽洗瓶内，将漂白液缓缓注入分液漏斗中作准备。把抽洗瓶与真空泵连接好，抽真空5 min左右即停机，随即打开分液漏斗活塞，使漂白液进入抽洗瓶内。待漂白液浸没珍珠后，就恢复常压。把珍珠与漂白液一起小心地倒入事先准备好的宽口漂白容器内，再放到漂白箱内。为了使珍珠获得最强的光照条件，漂白的容器内放珠不宜太多，并且定时进行搅拌，使各层的珍珠都能受到充分均匀的光照。至于漂白液的多少，以浸没珍珠高出0.5—1cm为宜。②抽洗。浸漂的珍珠一般每隔10—20h抽洗一次，以便及时清除由漂白液与珍珠层反应而生成的杂物，防止这些杂物堵塞了漂白液进入珍珠内部的通道。抽洗的方法是把珍珠从漂白液中取出放在有纱网底的容器中，反复用干净水冲洗，沥干后即放入抽洗瓶中，抽真空2—3min，再加入洗珠液浸没珍珠，恢复常压后浸泡半个小时，然后滤去废液，再用上法抽洗一次。在抽洗中，需经3—4次换洗 珠液进行抽洗。具体要根据漂白液的情况和废洗珠液的H_2O_2的含量而定。③换液。抽洗好的珍珠烘干后，再次转入抽洗瓶内抽成真空，通过分液漏斗加入新的漂白液，重复上述漂浸的工序。新漂白液可以是新配制的，也可以是原来的漂白液，但要求原漂白液的H_2O_2含量不能低于2.0%—2.5%、pH值为7—8左右，否则要重新配制。抽洗换液的时间一般初期每天更换一次，到中后期，由于漂白好的珍珠被挑出，珠量减少，因此，每隔2—3d更换一次就可以了。④挑珠。挑珠是漂白过程中的一个重要工序，每次换液后都要进行挑选，把漂白好的珍珠和极少数已开始受漂白液损伤的珍珠挑出来，让其他尚未漂白好的珍珠继续漂浸。珍珠之间亦存在着一定的个体差异，即使在相同的条件下其漂白的进程和效果都不会一样。所以，有的珍珠漂白较快，可先挑出，而有的则较慢，需加长漂白时间。目前挑珠没有较有效的测试手段，主要依靠有丰富经验的工作人员，用肉眼比较观察，通常是以样珠的白度、净度和光泽作为标准。⑤去污。如果经过漂白后的某些个别珍珠表面存在明显的脏点，可用小什锦锉刀或细砂纸轻轻擦去，大多数的脏点是可以去掉的，但要注意不要磨下去太深，以免将珍珠层磨透，失去珍珠光泽。去污打磨后，需要给珍珠抛光以消除擦痕。

三、增白处理

珍珠的色素团不能仅通过漂白处理完全消除，因为过分的化学漂白处理会对珍珠有一定的损伤，所以要掌握好漂白处理的度。漂白后珍珠的底色基本以白色为主体，如何进一步增加珍珠的白度和光泽呢？常用的方法是荧光增白处理，它是一种光学增白方法，利用光学中互补色原理来消除珍珠的黄色或其他杂色的。

增白处理所使用的增白剂是种特殊的荧光涂料，它的吸收光谱为300—400nm，而发射的荧光波长为400—500nm，这种蓝色的荧光色正好与珍珠的黄色成互补色，因而使珍珠外观看上去呈蓝白一白色。荧光增白剂分直染型(水溶性)和分散性两种。直染型可在漂白过程中与漂白液同时使用。如果增白与漂白分开处理，那么增白处理前，珍珠也需脱水处理，然后用增白液浸泡。增白液中除了增白剂外，还有溶剂(水和有机溶剂)和表面活性剂等助剂，它们的作用与在漂白液中类似。目前，市场上出售的常用增白剂有AT、DT、VBL、BSL、PBS、WG、RBS等，它们的用量在0.5%—3%左右。珍珠的增白处理是一个新的工艺课题。日本近几年采用的第三代漂白技术——固体漂白，很可能是通过某种工艺把某种荧光增白剂渗透填充到珍珠的内层及珍珠层表面孔隙之中，使珍珠表面呈现醒目的白色。

四、染色处理

除了白色珍珠外，市场上所见到的大多数彩色珍珠(黑色、银灰色、粉红及其他红色、橙黄色等)都是经过染色处理的，这样的染色珍珠颜色艳丽，色泽均一，很受欢迎。

染色用的染色液由染料(多为有机染料)、溶剂和助渗剂组成。常用的染料有桃红、粉红、品红等染料。溶剂包括水和有机溶剂，水要求较纯，可用去离子水或蒸馏水；有机溶剂可用乙醇、乙醚、丙酮或乙二醚等。助渗剂可用碘化钾或吡啶。

染色处理的工艺过程与漂白类似，先把漂白好的珍珠洗干部并脱水处理，然后放入抽滤瓶中抽成真空，再放入染色液浸泡。浸泡在30—40℃温度下进行，通常需要1—2d才能完成。

除上述有机染料染色方法外，还有一种常用的黑色珍珠染色方法，它是用较稀的硝酸银和氨水作为染液，浸泡珍珠。当染液充分均匀渗入珍珠内层后，取出珍珠放在阳光下晒，或通入H_2S气体，使Ag以黑色氧化物或硫化物形式沉淀并吸附在珍珠层孔隙和裂隙壁上，则珍珠就变成了黑色。此法处理的珍珠颜色对光和热是稳定的，不易变色或褪色。

不管哪种染色法都有一定的欺骗性，如果珍珠在漂白和增白后，颜色纯净洁白，就不必染色，以免破坏珍珠的天然美色。何况用有机染料染色的珍珠，在光照或人体汗液侵蚀下，容易发生褪色现象，这是消费者最不愿看到的。

五、辐照处理

辐照珍珠，同样可使珍珠的颜色变黑。这种处理始于60年代，目前已大量用于珍珠处理生产中。它所用的辐射源多为^{60}Co，辐照强度为1 000—2 000Ci，辐照时间为30—60min。辐照所致的颜色实际上并不是黑色的，而是深灰或蓝灰色的，尤其是海水珍珠的颜色比较深一些。这种辐照颜色对光和热也是稳定的，在色调上很容易与硝酸银法染色珍珠区分。另据有关资料，中子辐照某些淡水珍珠，可使其产生银灰色，但辐照可能引起放射性。

第二节　珍珠改善品的检测

珍珠的漂白和增白处理是大部分珍珠在制作首饰前必不可少的加工工艺，因此，一般不必对此作专门检测。但对染色和辐照处理的珍珠要进行区分。在放大镜下或在反射显微镜下，可以比较清楚地看到染料或颜料色沿微裂隙分布，呈丝状或丝网状。有时在染色的人工养殖珍珠的珠核与珍珠层之间有一明显的颜色层。而天然色珍珠则无此现象。在某些情况下，可用棉签蘸些稀硝酸(2%)在珍珠的孔眼附近不显眼的地方擦一下，以检查黑色珍珠是否是染成的。不过，这种方法有破坏性，需慎用。用荧光光谱法或吸收光谱法也可以进行辅助检测，如在紫外(长波)光下，处理着色的黑珍珠的荧光很弱或呈暗绿色，而天然的黑珍珠呈亮红—暗红褐色荧光。而X射线照相法也可以检测出银盐染色的黑珍珠，因为银可以大量吸收X射线，而使底片珍珠位置不感光。对有机染料染色的珍珠也可以用蘸有丙酮的棉签擦拭表面，看是否脱色，如果有脱色现象，就说明是染色珍珠。当然若不脱色，也不能肯定是天然色，还应用其他方法进一步检测。辐照处理过的灰—灰蓝色珍珠，除了具有不同寻常的颜色外，目前还没有方法确定它是否是经过辐照处理。据研究，经辐照而产生银灰色的淡水珍珠，其珠的颜色比珍珠层要深，颜色主要来自珠核，这可以作为鉴别辐照处理的标志之一。

第十六章　翡翠的改善与检测

第一节　概　述

翡翠实际上是一种矿物集合体(硬玉类),其主要组成矿物是硬玉,占翡翠的90%以上,次要矿物有长石和辉石类矿物,如透辉石、钙铁辉石、钠长石、霓石等,它们的含量不超过10%。翡翠的结构变化比较大,从粒状到纤维交织结构(即毡状结构)都有,大多数是过渡结构。优质的玻璃地翡翠多为纤维交织结构,内嵌少量粒状晶体,呈变斑晶。

翡翠的颜色比较复杂。从颜色品种看,有绿色类、红色类两大类。绿色类包括祖母绿、苹果绿、豆绿、油青、灰绿、暗绿和墨绿;红色类包括红色、褐红、藕粉红、紫红及粉白色。黄色和蓝色色调也是常见色调,它们出现于绿色品种中,使翡翠发生偏色,如黄绿、蓝绿、青等。翡翠颜色的复杂性与其所含矿物成分和化学成分有密切的关系。纯硬玉是无色的,但当其含万分之几的Cr时,就会呈现纯绿色(祖母绿色),其致色机制与祖母绿一样,可用晶体场理论来解释;若除Cr外,还含有Fe、Ni、Mn等微量元素,那么,硬玉就可能出现各种偏黄、偏红、偏蓝的绿色。翡翠中的透辉石通常呈白色或浅绿色(含Mg),若含微量Cr和Fe,则呈翠绿色或黄绿色。钙铁辉石和霓石多呈暗绿色或墨绿色。除此之外,在翡翠的矿物颗粒间,有时沉淀着一些次生的氧化铁(Fe_2O_3),它们使翡翠呈现红色—褐红色色调。翡翠的颜色实际上就是上述各类矿物颜色的综合表现,颜色的分布与矿物的分布有密切的关系。

翡翠的颜色是决定其价值的关键标志之一,尤其是绿色,是翡翠中的最有价值的颜色。天然特级翡翠(祖母绿色和苹果绿、玻璃地)极其难得,其价格高得惊人,堪与优质祖母绿媲美。一、二级翡翠也比较少。大多数翡翠的颜色是浅绿色、黄绿、蓝绿或油青色及其他杂色,且透明度不高,底脏绺裂多。它们与特级翡翠的价格相差数百至上千倍。正是由于在这种巨大差价的诱惑下,许多珠宝商和宝石实验室试图采用各种方法和技术手段对品级较低的翡翠进行处理,改善翡翠的外观特征,以图提高翡翠的价值。目前,翡翠的人工改善方法有许多,改善技术已达到很高的水平,有些甚至采用了最新的高科技,如激光技术、高温高压技术等。改善品与天然翡翠特征之间差异越来越小,给检测造成了很大的困难。有些改善品的处理方法处于高度保密中。香港、台湾是目前翡翠改善品的主要生产地。市场所见的绝大多数B货和C货出自这些地区。下面简单地介绍一下常见的翡翠处理方法和检测方法。

第二节　翡翠的改善方法和改善品的检测

一、过蜡处理

这是最早的传统处理方法之一,它是在翡翠首饰品或工艺品表面薄薄地覆一层石蜡(或蜂蜡)，一方面提高翡翠的光泽度，另一方面通过充填作用来掩盖翡翠表面的裂纹和坑点。过蜡处理工艺比较简单，首先把石蜡放在一加热容器中加热熔化，温度不宜太高，一般不超过150℃，然后把翡翠放入蜡液中浸泡几个小时捞出，随即趁热用棉纱布或毛巾揉搓，直到翡翠表面仅剩0.03—0.05mm的蜡膜为止。

过蜡处理是早已被宝石界和公众接受的改善方法，因此，仅做过蜡处理的翡翠仍可称为"A货"，通常不必声明，也不做检测。

二、净化和注入处理

这种处理方法主要是针对底脏色灰暗及水差，但绿好色正的中低档翡翠原料或成品的。首先进行净化处理，去脏增水留色，即除去杂质脏点，增加透明度，保留绿色。具体方法是用强酸(浓盐酸、硝酸)浸泡翡翠样品，溶解沉积于裂隙颗粒间隙中的褐色或灰黑色的含铁杂质及其他杂质。浸泡的时间从几个小时到几周不等，这要根据翡翠程度而定。酸浸完成后，还要把样品放入碱性溶液中浸泡，以中和残留在样品裂隙中的酸，并用干净纯水反复浸泡冲洗样品，最后烘干脱水，净化处理就算完成了。经过净化处理的干净度大大提高，透明度也大为改善，绿色显得更加鲜亮纯正，但由于酸的强烈溶蚀，使翡翠内裂隙和孔隙增大，结构遭到一定程度的破坏，变得松散，因而易碎易裂。为了使净化后的翡翠变得稳固，通常还要进行无色注入处理，注入剂主要是有机高分子聚合材料(塑料)，最常用的是加拿大树脂和合成树脂。注入的树脂要完全充填净化处理后留下的裂隙和孔隙空间。为了加快注入速度和提高充填度，常常要加热和加压。有的生产者采用真空注入法，即把翡翠的裂隙和孔隙抽成真空，再浸入树脂中，形成高压，迫使树脂进入裂隙、孔隙中，有时还用微波炉加热树脂，以加快注入充填的速度。注入处理完成后，要清除翡翠表面残余树脂，并进行抛光。

经净化和无色注入处理的翡翠改善品统称为"B货翡翠"，目前充斥珠宝市场的中、高档翡翠饰品多属此类。与外观特征类似的A货相比，其价值低得多。如果不作任何说明，以"B货"冒充"A货"销售，就是一种欺骗行为，为市场法规及职业道德所不容。

对于B货翡翠的检测，是目前翡翠鉴定的重要内容。根据B货翡翠的内部结构和外部特征，可以用下列方法识别：

(1)在侧光下用10倍放大镜或宝石显微镜仔细观察样品表面，由于B货样品曾用强酸腐蚀过，其表面必然留下一些凹凸不平的溶蚀坑，尽管裂隙和坑内充填了树脂类的注入剂，且经过上蜡和抛光，但仍可见到凹凸不平的坑点，若用棉签蘸一些溶剂(如丙酮)在样品表面擦拭一阵，然后再观察，坑点就更清楚了，有时甚至能看到裂隙中的充填物，转动样品，具有异样的闪光。

(2)把样品浸入到水中或其他透明无色的溶液中(折光率与树脂接近)，然后用放大镜或显微镜仔细观察，有时可以看到充填在裂隙中的树脂有气泡和流动线纹及未充填满的空腔。强光下用正交偏光显微镜观察，可以看到沿裂隙分布的全消光的充填物。它们呈树枝状或蛛网状分布。

(3)用热反应检测器(热针)来检测B货也是比较有效的方法，但要慎用，因为它对样品表面有一定的损伤。使用热针时，先在待测样品上选一不显眼的小区域作试验，即使产生小的损伤也不明显。开启热针，把针尖轻轻接触一下样品，看是否有烟产生，或有塑料之类的焦糊臭味，若有，则表明是B货或C货，若没有，则可认为是A货，当然仅测试一二个点是不够的，常常要在两个不同的小区域内分别测3个以上的点才行。

(4)用折射仪测定翡翠样品的折射率，并测定样品的相对密度，如果样品折光率明显低于1.66，相对密度也低于标准A货，那么就可能是B货和C货。

(5)在长波紫外线照射下，天然A货翡翠的白色部分呈弱—中等强度的黄色荧光，绿色部分没有反应，而B货则有弱→强的蓝白色—黄绿色荧光，尤其是在样品的白色部分荧光比较明显。B货对长波紫外线产生的荧光可能与其充填的高分子聚合物有关。短波紫外线对A货和B货的检测作用不大。

(6)在近红外吸收光谱中，B货常常有2 875cm^{-1}、2 930cm^{-1}和2 965cm^{-1}等几个锐利的吸收峰，而A货则没有(图16-1)。这些红外吸收峰反映树脂类充填物的存在。而3 400—3 550cm^{-1}的较宽吸收谱带是翡翠的特征。这是目前比较新的检测技术，有一定的可靠性。

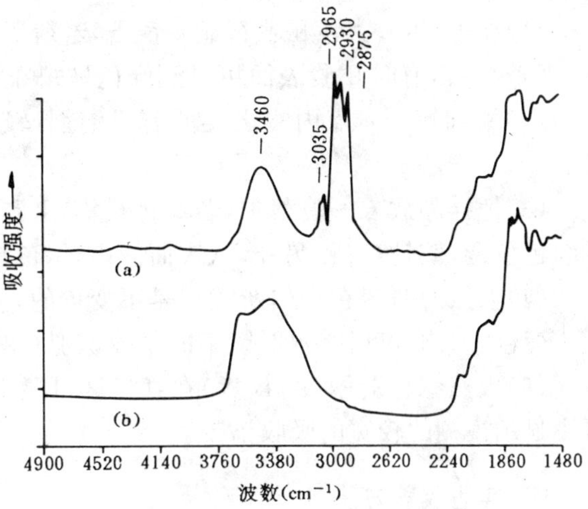

图16-1　处理前后翡翠红外吸收光谱特征图

(E·Fritsch,1992)

(a)处理前的翡翠；(b)处理后的翡翠

上述的B货翡翠检测方法各有长处和不足，无论哪一种都不是十全十美的。因此，鉴定学家们强调综合运用多种检测方法，以提高识别B货的准确性和可靠性。

三、染色

翡翠的染色处理至少已有30多年的历史，该法开始主要是针对地净白、水好，但色浅或无色的翡翠。后来几乎用于所有各类中、低档翡翠的致色和加色。最初的染色液是无机盐溶液(铬盐、高锰酸盐、钴盐等)，把翡翠浸泡在染色液中，该染色液沿裂隙或孔隙进入样品内部，然后通过干燥或加热烘干的方法，让有色无机盐沉淀到裂隙和孔隙中，这种染色法效果并不好：①染色层很薄，且不均匀，易识别；②易掉色，污染衣物和皮肤，因此后来就极少使用了。现在的染色处理，首先是将翡翠进行净化处理，去脏增水，然后把染色液或有色注入剂(染料与树脂类的混合物)注入充填到样品的裂隙和孔隙中。如果是用染色液，则通过脱水干燥(不能加热)，让染色剂沉淀到裂隙和孔隙之中，现在所用的染色剂多为有机染料。如果使用有色注入剂则需加压和加热，其工艺方法与B货的制作类似。除此之外，近几年来，有报道说，翡翠染色中可能还使用了激光技术和热扩散技术等。激光技术主要是在翡翠戒面的背面打微孔，把有色注入剂或染色剂灌进去，再用树脂把孔口封上，这样从翡翠的外观看，颜色很好，且有一定深度。由于激光所穿孔径很小(仅2—25μm)，与大多数显微包裹体差别不大，因此肉眼和用10倍放大镜也难以察觉。热扩散处理主要是采用高温、高压水热法，把溶液中的Cr^{5+}离子扩散到翡翠中硬玉的晶体结构中，使翡翠呈现绿色。由于此方法技术工艺复杂、成本高，因此目前仅限于实验室中应用，还未进入生产阶段，但预计不久的将来，可能会大量用于翡翠的染色。

在翡翠贸易中，无论用什么方法对翡翠进行染色或加色处理，所得到的改善品统称为C货翡翠。一般来说C货的价值比B货要低，但欺骗性比B货要大。由于目前C货所用染色剂大多数为有机染料，因此，C货在受热或阳光照射下，会发生褪色或变成浅黄色或棕色。对C货检测的方法有很多，许多检测B货的方法对于识别C货也很有用。C货与B货的最大区别在于B货只去脏增水，而不加色，而C货都是人工加了色（多为绿色，少数粉红、紫色）的。下面介绍几种C货的检测方法：

（1）在10倍放大镜和宝石显微镜下，若翡翠表面有凹凸不平的坑点，且凡凹坑处色调都较深，就是C货，有时C货表面可见到绿色呈蜘蛛网状分布。

（2）用棉签蘸一点丙酮之类的有机溶剂，轻轻擦拭翡翠表面，如果有脱色现象，肯定是C货。

（3）把样品放入一溴萘中，若绿色模糊不清，不是C货。若隐约可见沿裂隙分布的呈丝状的绿色色调，就是C货。另外，从表面向内，绿色越来越淡，也可以说明绿色是人工加上的。

（4）天然的翡翠在查尔斯镜下是不变色的，而许多染色的C货则会变成粉红色，当然有些也不变色，因此，仅用查尔斯镜不能单独识别C货。

（5）天然绿色翡翠（A、B货）在红光区可显示3条明显的铬吸收谱带，而染绿翡翠在红光区则显示模糊的较宽的吸收谱带。

四、其他改善方法

除了上面的三种改善方法外，有时可见到其他一些方法生产的翡翠改善品，如辐照致色、镀膜、组合宝石等。

辐照处理翡翠的技术是近十年才发展起来的。辐照（γ射线或中子束）一般可使翡翠变成棕色、绿色或淡紫色。但辐照产生的颜色往往分布不均匀，常呈色斑状，在辐照集中的部位色调深些，而其他部分色调浅一些，由于使翡翠致色所需的辐射源强度较大，所需辐照时间也较长，所以，有时在成品表面有类似灼烧的痕迹。尽管目前对翡翠的研究有很大的进展，但除了褪色试验外，对辐照处理致色的翡翠迄今还没有适当有效的方法加以识别。辐照产生的淡紫色在加热到100℃或在强光照射下，就会发生褪色。

镀膜处理在翡翠贸易中叫做“穿衣服”，镀膜的材料是用粘结剂与某种绿色染料混合而成的，如英国的“808”翠绿胶。镀膜翡翠的颜色只附在表层，用宝石显微镜很容易识别，用丙酮之类的有机溶剂可使膜溶解脱落。热针法也很容易识别此类假货。

翡翠组合宝石是把水好、地净但色浅或无色的硬玉用粘接剂粘合在涂有绿色染料的低档硬玉上，或粘合在绿色玻璃制品上制成的。对这类组合石（不论是双层石，还是三层石）检测的关键是找到粘合面或粘合线，以及含有气泡的粘结剂。

第十七章　其他常见宝石的改善和检测

第一节　欧　泊

欧泊的化学成分是$SiO_2 \cdot nH_2O$，它是由无定形含水二氧化硅微球组成的，胶结物也是无定形的二氧化硅，只是含水量比微球(SiO_2)多，可达百分之几。正是由于含水量的不同，使SiO_2微球与胶结物的折光率有一定的差异，当光线射入欧泊时，SiO_2微球就会产生光的衍射，而SiO_2微球的反射光则可能产生光的干涉。在许多有变彩效应的欧泊石中，SiO_2微球的直径在200—300nm之间，微球在一定区域内排列很有规律，这样就构成了三维衍射光栅，当白光入射时，就会由于光栅的衍射和干涉作用而产生变彩效应。由此可见，欧泊中，SiO_2微球与充填其间隙的充填物(或胶结物)之间的折射率差值大小、微球直径和排列有序度是产生变彩的主要因素。有关欧泊变彩产生的机理可参阅本书第一篇第三章有关光的衍射和干涉一节。

具有变彩效应的天然欧泊是很稀少的，因而它的价格也就很高，天然欧泊主要有白欧泊、黑欧泊和火欧泊等品种，它们的结构类似，只是底色(体色)和变彩效应强弱不同而已。其中黑欧泊的体色呈黑色，变彩丰富且浓艳，因而最为名贵，其优质者与优质天然红、蓝宝石的价值相当。不过这种天然黑欧泊是极为难得的。

对天然欧泊的人工改善主要从两个角度进行：①通过加深欧泊体色，以衬托变彩效应；②向欧泊内注入某种物质，填充孔隙，以产生或加强变彩效应。

一、欧泊染色

天然欧泊具有比较大的孔隙度，这给染色处理准备了条件。染色可以使欧泊的体色加深，从而使变彩效应更加突出，也使欧泊的外观变得更加艳丽迷人。欧泊染色中，最常见的是染成黑色，所用的方法是糖—酸法，这是一种古老的传统方法。其染色过程是：①染色前准备：用稀酸溶液浸泡欧泊约20min—1h，取出后用干净水反复浸泡冲洗几遍，然后在低于100℃的温度下烘干；②把欧泊放入热糖溶液中浸泡几天，最好是在热水浴中(恒温70—90℃)，糖溶液的配制可根据欧泊的类型和原色调深浅而定，孔隙度大且色浅的欧泊，糖的浓度可大些，反之则应稀些，一般取糖与水之比为2/3—1/2；③用糖溶液浸泡完成后，用水快冲一下，随即放入100℃浓硫酸中浸泡1—2d，然后缓慢冷却；①把欧泊从酸中取出擦干，再放入碱溶液(如苏打或苛性碱溶液)浸泡几小时，目的是中和残留的硫酸溶液，然后用干净水反复浸泡冲洗。取出烘干，欧泊就变成了黑色。它是由糖—酸反应而生成的碳原子沉淀在孔隙壁上而产生的。这种碳黑可以增加欧泊内部对白光的吸收，减少白光的散射，但又不影响SiO_2微球对光的衍射作用，因此，使欧泊的变彩在黑色背景中更显突出。欧泊染色的深度(或被染色的层厚度)取决于欧泊的孔隙度和浸泡时间。研究表明，许多澳大利亚产的欧泊很适合于染黑色，且染色效果比较好。不过，欧泊染黑色并不是越黑越好，如果太黑，反而会降低欧泊透明度，减弱变彩效应。因此，染色要掌握一定的度，这可以通过大量试验获得。

除了用糖—酸法染黑欧泊外，还可用硝酸银暴光法、黑色苯胺染料浸染法等把欧泊染成黑色。这类染色欧泊的检测一般是比较容易的。在显微镜下仔细观察，可以看到沉淀在孔隙中呈斑点状的色素团（碳、AgO 或苯胺染料），如同撒了“花椒粉”一般。

二、注入处理

注入处理主要适用于多孔的水蛋白石和劣质蛋白石。注入剂可以是无色的，也可以是有色的（主要是黑色和红色）。常用注入剂有油、蜡和树脂类或硅烷。与其他有裂隙和孔隙的宝石注入处理类似，欧泊的注入处理，首先是干燥，把孔隙中的水分驱出，再接着抽成真空，随即把欧泊浸没在注入剂中，靠外面的大气压把注入剂压入深处孔隙中，当然注入过程中可适当加热（不超过 100℃），太高的温度会引起蛋白石中结晶水脱去，破坏蛋白石的结构。

注入处理（尤其是有色注入处理）不仅可以使水蛋白石或劣质蛋白石出现变彩效应，而且可以掩盖裂隙，提高蛋白石透明度，从而使蛋白石外观大大改善，甚至可与优质欧泊相媲美。不过，不同注入剂的改善效果并不相同。早期所用的蜡和油注入剂，由于受热易渗出，且有所染的颜色易褪等缺陷，现在已很少使用。目前塑料注入剂用得十分普遍，市场中所见的大部分欧泊改善品都属注塑欧泊。因为注塑欧泊不仅颜色鲜亮、艳丽，而且性质稳定，透明度高。注塑欧泊的检测可以从探查塑料存在入手，如在显微镜下观察塑料特具有的气泡、流纹、闪光；利用红外吸收光谱确定塑料的存在；热针法试气味；丙酮有机溶液擦欧泊表面，看是否脱色等。另外，由于塑料的相对密度较小，因此注塑欧泊的相对密度可能比普通欧泊小，折光率有时也明显减小。

三、组合宝石

由于天然欧泊原料块度都较小，可用的部分多为片状或板片状，为了充分利用，因此便制成组合宝石（双层石或三层石）。双层石顶面多用天然欧泊，而底层则用颜色相同的蛋白石、玛瑙或其他材料；三层石的中间层是天然欧泊片，顶层多用无色石英或玻璃，底层用劣质蛋白石、玛瑙、玻璃或其他颜色相近的材料。组合宝石的检测方法有很多：①浸在水中找粘合线；②在强顶光照射下用放大镜找粘合剂中的气泡和反射面；③检查底层是不是天然欧泊。当然，这些检测主要是在欧泊首饰石未镶嵌之前，如果欧泊采用全包式镶嵌，那么检测很困难。必要的话可以把欧泊拆下来检查。

第二节　绿松石

绿松石是铜和铝的含水磷酸盐矿物，其化学式为 $CuAl_6[PO_4]_4(OH_8 \cdot 5H_2O$。但天然绿松石的化学成分变化很大。绿松石的颜色有中—深蓝色、天蓝色、绿色、蓝绿色、灰绿色和带绿色色调的苍白色。天然优质绿松石的颜色是中—深蓝色和天蓝色。对于绿松石的颜色成因，目前还不十分清楚，有人认为蓝色是由于绿松石含有机成因的氨和铜离子而形成的，脱水作用可以使蓝色变为绿色或棕色（R · 韦伯斯特，1962），而绿色是因为绿松石中一部分 Al 和 Cu 被 Fe 置换造成的。另外，绿松石在酒精、芳香油、肥皂水和其他一些有机溶剂作用下，可发生褪色，而变成棕绿色。

普通绿松石都有一定的孔隙，通过不同的人工处理方法，可以使一些外观较差、结构松散的绿松石得到大大的改善。

一、染色

利用绿松石的多孔性，可以向绿松石中注入各种染料或颜料，以达到改善或增加绿松石颜色的目的。具体做法大都是把绿松石浸入染色液中浸泡一段时间，待染色液渗入内部后，再加热去水或使染色液发生化学沉积反应，让蓝色染料（或颜料）吸附在孔隙中，这样就加深了绿松石的蓝色。常用的蓝色染料是苯胺类染料，它的性质不太稳定，用一滴氨水滴在已染色的绿松石表面，就可使蓝色苯胺染色的绿松石发生褪色反应，恢复原来的绿色或白色。其他染色剂的效果也不太理想，不是颜色不自然，就是颜色不稳定易褪色。因此，现在染色的绿松石越来越少，代之而起的是注入处理的绿松石改善品。

二、注入处理

同其他多孔宝石的注入处理一样，绿松石的注入处理的注入剂有油、石蜡、塑料和水玻璃等，可以是无色注入，也可以是有色注入。作用是加深颜色或加色，掩盖裂隙和孔隙，提高透明度，增强结构的稳定性。最早的绿松石注入剂是石蜡和油，把绿松石浸泡在石蜡液或热油中一段时间，确实可以使某些绿松石的蓝色变深，这可能是由于绿松石孔隙被蜡或油充填后，减少了白光散射，提高了透明度，从而使绿松石的体色更加突出。不过注入石蜡或油的改善品很容易发生褪色，尤其是受阳光照射或受热时，褪色更快。正因为这些缺陷，现在已经不用石蜡和油作注入剂了，代之以无色或有色的聚丙烯酸脂、塑料作为注入剂，研究对比表明，这是目前最理想的绿松石改善方法，因此，已得到大力推广应用。有些宝石商把这种注塑处理称为对绿松石的“稳定化”（或固化）处理。因为许多绿松石结构松散，注入塑料后，它们就变得比较致密了，性质也比较稳定，硬度和韧性都有所提高。绿松石的注塑处理也需要加热和加压，或经真空处理再注入塑料。最近国内有研究者提出一种新的加胶改色方法（李友华，1994），就是用小分子聚合物（如甲醛）与催化剂、渗透剂、表面活性剂和稳压剂配制成一种新型的注入胶，这种注入胶粘度较小，有很好的渗透能力，在常温常压下就可以渗入绿松石孔隙中，无需加压或真空处理。用该注入胶浸泡的绿松石（24—48h），在加热后，渗入孔隙的注入胶就会聚合固结，充填孔隙，其效果与注塑处理一样，但工艺比注塑处理简单，成本也低得多。

注入处理的绿松石检测方法与注入处理的翡翠类似。对注入剂为石蜡或油的改善品，可用热针接近绿松石不重要部位的表面（不要接触），在放大镜下观察，可以看到“出汗”的现象，这是油受热渗出或蜡受热熔化所造成的。如果没有“出汗”现象，说明没有注入油或蜡。接着把热针针尖接触绿松石不显眼的部位一下（不超过 3s），看是否有塑料燃烧时的特殊气味，若有就可以肯定绿松石经过注塑处理；若没有，仍然不能肯定没有经过注入处理，因为，有些注入剂是玻璃料，如硅胶。这就要用显微镜仔细观察才能确定。硅胶有气泡和收缩纹。另外，对注塑绿松石用红外吸收光谱可以看到塑料的吸收特征峰（大约在 1 725cm^{-1}处）。用 X 射线粉末衍射法可以测定块磷铝矿相的存在与否，因为注塑处理大多数需施加一定温度（通常 150—250℃或更高），在此温度下，绿松石中可形成方英石结构的块磷铝矿相。因此，如果绿松石中有块磷铝矿相，那么就可以认为该绿松石经过人工处理。具体是采用什么处理方法，还要结合红外光谱和其他检测方法来确定。

第三节　玛　瑙

天然玛瑙是一种有着各种颜色的非常惹人喜爱的宝石，由于颜色和花纹的多样变化，品种很多，素有“千样玛瑙”之称。但就大多数天然玛瑙而言，其颜色并不理想，多呈灰白色、灰—浅灰色、蓝灰色和乳白色等，用于制作首饰石或工艺品的价值不高。为了提高这些色调灰暗、单调玛瑙的利用价值，对其进行改色处理就成了几乎不可少的工艺环节。玛瑙的染色工艺国内外已有数百年的历史，染色玛瑙的首饰石和工艺品在珠宝市场上随处可见，已成为业内认可的改善品。

一、玛瑙的成分及结构

玛瑙是玉髓的一个亚种，它是由隐晶质的石英微晶组成的集合体。这些石英微晶可呈粒状、针状、短纤维状、细长纤维状。它常以较松散的状态混杂地堆积在一起，构成各种结构，如细长纤维状结构、放射状纤维状结构、粒状纤维状结构和斑状粒状结构等，同时存在大量的微孔隙。玛瑙的这些特殊结构决定了玛瑙的性质（微透明，韧性好，渗透性好等），尤其是玛瑙中大量微孔隙的存在，为玛瑙的改色（染色）处理创造了条件。也就是说，玛瑙是否可以染色，完全取决于玛瑙的矿物结构；染色效果的好坏，在相当程度上取决于玛瑙孔隙度的大小及连通性。一般来说，纤维状结构的玛瑙易于染色，而斑状粒状结构的玛瑙不能染色，许多玛瑙结构介于二者之间，因此染色效果也介于二者之间。

二、玛瑙改色处理方法

（一）热处理

主要用于处理原生浅红或肉红色玛瑙，因为原生肉红色玛瑙中致色成分是褐铁矿，它是 Fe^{3+} 和 Fe^{2+} 的含水氧化物，Fe^{2+} 氧化物往往色灰暗，影响了玛瑙的颜色。通过氧化条件下（空气中）的热处理，玛瑙中的 Fe^{2+} 氧化成 Fe^{3+}，且水分被消除，即褐铁矿转变为赤铁矿。从而使玛瑙变成红色鲜艳的红玛瑙。这种热处理的红玛瑙也称为烧红玛瑙或烧玛瑙。它的处理工艺没有向玛瑙增添致色离子，而只是使原生玛瑙中的铁质氧化变价。因此，热处理的玛瑙成分没有变化，与原生玛瑙完全一样。但某些物理性质有变化，如红颜色变深，透明度稍有降低，硬度减小，脆性有所增大。

玛瑙热处理工艺比较简单，首先将玛瑙切磨成半成品，然后放入加热炉内加热至700—1 000℃，持续一段时间（具体时间由试验定）。加热完成后缓缓冷却，最后制作成品。热处理的关键在于加热要均匀，升温和降温速度要缓慢，最高温度和恒温温度要控制好。过去加热炉多用燃煤炉，由于燃煤炉内温度不均匀，温度难以控制，常常因温差过大或升（降）温速度过快而使玛瑙产生炸裂现象。现在热处理一般采用电加热炉，大大提高了玛瑙烧红的质量和成品率。

（二）化学致色处理

天然玛瑙原料中，只有很少部分仅通过热处理就可以达到改色目的。大多数玛瑙因为不含或极少含铁的氧化物，因而热处理没有什么作用。人们根据玛瑙有大量孔隙的结构特点，用化学的方法把某种有色物质渗入沉淀到玛瑙孔隙之中，以此改变玛瑙的体色。这就是玛瑙的染色处理。

玛瑙的染色处理以化学法为主，根据所染的颜色及染色剂的特点，可采用不同的方法。

1. 渗入沉淀法

就是先将致色离子的可溶性溶液渗入到玛瑙孔隙之中，然后让其在孔隙中发生化学反应，生成有色的化合物沉淀并附着于孔隙壁上。具体有两种作法：①把白玛瑙浸泡在事先配制好的可溶性着色金属盐溶液中，持续一段时间（几天至数周），然后取出干燥，并放入加热炉内加热，使渗入玛瑙中的金属盐分解变为有色的不溶性金属氧化物沉淀。②先把玛瑙浸泡在某种着色盐溶液中一定的时间，然后取出放入第二种溶液中浸泡，使两种溶液发生化学反应，沉淀出不溶性的有色化合物。运用这两种化学处理方法，可以把玛瑙染成红色、绿色、蓝色、黄色和黑色等。下面分别介绍其染色原理和方法：

(1)红色玛瑙：主要由 Fe^{3+} 氧化物致色。若用上述方法①，把白玛瑙浸入事先配制好的硝酸铁的浓溶液中，经过一定时间的浸泡后，将玛瑙取出，进行干燥脱水，硝酸铁在玛瑙孔隙中晶出。然后把玛瑙放入加热炉内加热至 300℃左右，硝酸铁受热发生热分解，生成红色氧化铁，玛瑙就变成了红色。其化学反应为

$$4Fe(NO_3)_3 \xlongequal{\text{加热}} \underset{\text{(红色)}}{2Fe_2O_3} + 12NO_2\uparrow + 3O_2\uparrow$$

若采用方法②，可先把玛瑙浸入氯化铁溶液中浸泡一段时间，然后取出放入氨水(NH_4OH)中浸泡一定的时间，最后取出进行加热处理，就得到红色玛瑙，其化学过程为：

放入氨水中 $$FeCl_3 + 3NH_4OH \xlongequal{\quad} \underset{\text{(深红色)}}{Fe(OH)_3}\downarrow + 3NH_4Cl$$

加热时 $$2Fe(OH)_3 \xlongequal{\text{加热}} \underset{\text{(红色)}}{Fe_2O_3} + 3H_2O\uparrow$$

(2)绿色玛瑙：绿色玛瑙的致色离子是 Cr^{3+}，它的不溶性氧化物是 Cr_2O_3，呈绿色。把玛瑙染成绿色，通常是采用方法①，即先把白玛瑙用饱和的铬酸(H_2CrO_4)或铬酸钾(K_2CrO_4)溶液浸泡一段时间，取出后干燥加热，就可得到绿色玛瑙，其化学反应式为：

$$4H_2CrO_4 \xlongequal{\text{加热}} \underset{\text{(绿色)}}{2Cr_2O_3}\downarrow + 4H_2O + 3O_2\uparrow$$

或 $$4K_2CrO_4 \xlongequal{\text{加热}} \underset{\text{(绿色)}}{2Cr_2O_3}\downarrow + 4K_2O + 3O_2\uparrow$$

若采用方法②染绿色，则可先用重铬酸钾溶液与适量的硫酸亚铁和稀硫酸配制成浸液，将白玛瑙放入其中浸泡一定的时间，取出后加热，就可得到绿色，化学反应如下：

$$K_2Cr_2O_7 + FeSO_4 + H_2SO_4(\text{稀}) \xlongequal{\quad} Cr_2(SO_4)_3 + 3Fe_2(SO_4)_3 + K_2SO_4 + 7H_2O$$

$$Cr_2(SO_4)_3 + 6H_2O \xlongequal[\text{水解}]{\text{加热}} 2Cr(OH)_3\downarrow + 3H_2SO_4$$

$$2Cr(OH)_3 \xlongequal[\text{水解}]{\text{加热}} \underset{\text{(绿色)}}{Cr_2O_3} + 3H_2O\downarrow$$

(3)蓝色玛瑙：蓝色玛瑙有两种致色离子 Fe 和 Co。它们所致的蓝色有一定的差别。若用 Fe 的化合物生色，则要先把白玛瑙浸入浓度为 20%的六氰铬铁(Ⅱ)酸钾 $K_4[Fe(CN)_6]$溶液中 10—15d。取出后再用硫酸铁溶液浸泡数周即可，不需加热。所产生的蓝色称为普鲁士蓝或滕布尔蓝，致色化合物是 $K_4[Fe(CN)_6]_3$，这是一种化学性质比较稳定的无机络合物颜料。其化学反应为：

$$3K_4[Fe(CN)_6] + 2Fe_2(SO_4)_3 \xlongequal{\quad} \underset{\text{(蓝色)}}{Fe_4[Fe(CN)_6]_3}\downarrow + 6K_2SO_4$$

采用钴盐也可把白玛瑙染成蓝色，或用铜盐加铵盐(ammonia)把玛瑙染成蓝色。

(4)黄色玛瑙：黄色玛瑙可用重铬酸钾($K_2Cr_2O_7$)染成，也可以用氯化汞溶液和碘化钾溶液分别浸泡玛瑙而染成黄玛瑙，其化学反应如下：

$$HgCl_2 + KI \xlongequal{} \underset{(黄色)}{Hg_2I\downarrow} + KCl$$

(5)黑色玛瑙：把白玛瑙染成黑色有多种方法，最常用的方法是先用糖溶液浸泡玛瑙2—3周，取出后浸入浓硫酸中进行脱水炭化处理，适当加热硫酸30min—2h，完成后再冲洗、干燥，就染成黑玛瑙。此过程主要化学反应为：

$$C_6H_{12}O_6 \xlongequal[加热]{H_2SO_4(浓)} 6H_2O + \underset{(黑色)}{6C\downarrow}$$

如果玛瑙浸泡糖溶液后，不放入浓硫酸中，而是直接加热200℃左右，则可以得到褐色或暗棕色的玛瑙，这实际上也属于炭化过程。

除上述玛瑙染黑方法外，还可以用硝酸钴和硫氰酸铵的溶液分别浸泡玛瑙，然后加热来染黑玛瑙。也可以先用硝酸银溶液浸泡玛瑙，然后把玛瑙放到强日光下暴晒，就可得到黑色玛瑙，其反应为：

$$2AgNO_3 \xrightarrow{光照} \underset{(黑色)}{2Ag\downarrow} + 2NO_2\uparrow + O_2\uparrow$$

上述渗入沉淀法所染色的玛瑙，一般颜色都由各种不溶性的无机颜料产生，因此比较稳定，在通常情况下，不会发生变色或褪色。这类玛瑙染色品已在商业上得到认可。

用渗入沉淀法染色玛瑙的时候，应注意以下几点：①首先要确定玛瑙是否适合于染色，也就是要确定玛瑙的结构中是否存在有利于染色液渗入和沉淀的孔隙及孔隙连通性是否好，有些玛瑙孔隙很少，或有孔隙但连通性很差，不适合于染色，这样的玛瑙应剔除，以免做不必要的工作。判别玛瑙是否适合于染色处理，可用试染法，也可用电子显微镜观察玛瑙的结构。有经验的技术人员，仅从外观就可以作出类似的判断；②用于染色的玛瑙最好是先加工成型，并进行过细磨工序的。这样做，一是为了减少染色时间，提高染色效率；二是为了使染色液能比较均匀地渗入玛瑙中，使玛瑙饰品从外观上看颜色比较均匀。③染色可以用于白玛瑙，也可以用于一些灰色—灰白色玛瑙，但为了使玛瑙颜色鲜亮，最好先用强酸浸泡一下玛瑙，除去玛瑙中的“致灰粒子”，然后再进行染色。不过用强酸净化玛瑙时，要注意控制好时间，酸浸时间过长会破坏玛瑙的内部结构，使玛瑙变脆、易碎；①在上述的渗入沉淀法染色过程中所用的化学药品，有许多是有毒的和有强烈腐蚀作用的，如重铬酸钾、六氰铬铁酸钾等都有毒，使用中一定要非常小心，严格按有关化学试验操作规程进行。如果可能，应尽量采用无毒或毒性较小的化学药品来染色。

2.染料染色法

用有机染料来染玛瑙，国外早在几百年前就有记载了。最先用的是苯胺类染料，后来又有人使用偶氮类或硫化物类有机染料。由于大多数有机染料，在光照下会发生褪色或随时间发生褪色。因此，此法现在用得比较少了。不过，也有些性质比较稳定的有机染料所染的玛瑙不会发生明显的褪色，只是在染色前，要先对玛瑙进行某些化学预处理。

用染料染玛瑙的工艺比较简单。因为大部分有机染料是可溶于水中的，因此可以把玛瑙先用染料液浸泡一段时间，取出后干燥，使染料沉淀下来，附着于玛 瑙内孔隙壁上。干燥过程中可适当加热，但不宜过高，具体温度根据实际染料性质来定。

染色玛瑙的检测比较简单，大多数蓝、绿、黄、黑色玛瑙的颜色，在天然色玛瑙中不会出现，这本身就是鉴别的标志。另外，用化学检测方法也可以区分出玛瑙是否经染色处理。不过对于由铁氧化物致色的红玛瑙，不论是热处理，还是化学沉淀法处理的，目前都没有很可靠简便的手段进行识别，实际上这种区分也没有多大的必要。使用可见光分光镜可以检查出染色离子的类型，如由 Cr_2O_3 致色的绿玛瑙，其光谱的红色末端出现 2—3 条细密的铬吸收谱线，在查尔斯镜下，该绿玛瑙呈红色色调。

第四节　锆　石

锆石是一种常见的宝石矿物。其化学式为 $ZrSiO_4$。锆石的颜色多种多样，但天然产出的锆石以褐—红色为主，蓝色、绿色、黄色和无色的天然锆石极少见到，在合成锆石未进入珠宝商业之前，西欧许多珠宝商曾用热处理生产的无色锆石作钻石的仿制品，现在这种情况已很少见了。由于近 20 多年来，珠宝市场对彩色锆石的需求增加，激发一些宝石学家和珠宝商们对颜色不太好的锆石进行人工改善的研究热情。他们对天然锆石的致色机理及改色方法研究已取得丰硕的成果。这促使天然锆石的人工改色进入商业化生产阶段。

一、锆石的致色机理

锆石是一种成分和晶体结构变化较大的矿物。它常常含有 Hf、U、Th、TR、Fe、Nb、Ta、Y 等杂质的稀土元素。当杂质元素含量较高时，可引起晶结结构的畸变，产生非晶质化，即形成低型锆石。宝石级的锆石大多数是高型锆石，部分是介于高型和低型锆石之间的中型锆石。低型锆石能作宝石的很少，只有一种斯里兰卡产的绿色低型锆石可用作低档宝石材料。

宝石级的天然高型锆石多呈褐、红褐和褐红色，少数呈浅蓝—蓝色。根据王福泉等人(1992)的研究表明，褐—红褐—褐红色锆石在室温下有两个明显的可见光吸收峰，一个在300—350nm 处，另一个在 480—500nm 处。当将锆石升温时，480—500nm 处的吸收峰强度逐渐降低，并向短波方向漂移，当温度持续升高至 600℃以上时，该吸收峰基本消失。而用 X 射线辐照该热处理后的锆石，又可以使其恢复原色，这表明 480—500nm 的吸收峰为某种色心所致。用电子顺磁共振谱仪(EPR)测试锆石也证实了褐—红褐—褐红色锆石的 EPR 谱线中存在一条色心线，属空穴心，它是产生褐—红色锆石的主要致色原因。且褐—红色锆石的色度与色心浓度呈正相关关系，而色心浓度又与 U、Th 和 Tb 等放射性元素的含量有关。一般天然锆石的红褐—褐红色同 Tb 的含量成正相关关系。推测锆石中的 Tb^{3+} 离子在 U、Th 等放射性元素长期衰变过程中产生的 α 粒子及其他高能射线辐照下失去一个电子($Tb^{3+} \rightarrow e + Tb^{4+}$)形成空穴心，从而导致锆石致色。这一点可由某些热处理变为无色的锆石，经过一段时间(几年)又不同程度地恢复原色而证实。当然，有关锆石的色心类型及致色机理并不那么简单，有待进一步深入研究。

至于蓝色锆石的致色原因，目前研究较少，初步研究表明，锆石的蓝色可能与 Fe^{2+} 和 Fe^{3+} 离子之间的电荷转移有关，与海蓝宝石中的致色机理类似。成分分析证实蓝色锆石中确实含有微量的 Fe 杂质元素。大多数蓝色锆石都带有绿色色调，很像海蓝宝石的颜色。另外，这种蓝色在 600—1 000℃温度范围内(还原条件下)比较稳定。

二、锆石的改善方法

(一)热处理

热处理是目前天然锆石人工改善中最主要的方法。对锆石的热处理可分为三种:中温、高温和超高温。

1. 中温热处理

锆石中温热处理的温度范围一般在150—350℃之间,主要是为了把某些深褐红色或红褐色及褐色的锆石颜色变浅,提高锆石的透明度。我国和柬埔寨产的某些色深的锆石就可以用中温热处理方法使其颜色变浅。不过,这种热处理得到的改善品往往不太稳定,经强光照射一段时间,会恢复原色;若时间长,也会部分恢复原色。另外,并不是所有色深的锆石都可用中温热处理方法来变浅的,有些色深的锆石在中温条件下不变色,甚至颜色有可能变得更深。这一点要注意。

2. 高温热处理

这是锆石改善中最有效的方法。特别是对于改善褐红—深红色锆石十分有用。通常处理过程为:先把锆石用木炭包裹装入一密封坩埚中,放入加热炉内缓慢加热至1 000℃左右,并恒温10—15h。这种还原条件下的高温热处理,可使那些褐—红色锆石,部分变成迷人的浅蓝色—蓝色锆石,部分变成无色透明锆石,有时可能还有小部分锆石不发生变色。如果在第一次还原条件下的热处理后,锆石的颜色仍不理想(变化不大或颜色不好看),那么,可进行第二次高温热处理,采用在氧化条件(空气内)下加热至900℃左右,并保持数小时,就可以得到无色、浅黄、黄色、橙色或橙红色锆石。若仍然没有使锆石达到较为满意的颜色,可以再次重复上述高温处理过程,直到满意为止。有时为了得到较理想颜色的锆石,这种高温处理要重复3次,甚至5—6次。

锆石的高温热处理工艺和加热设备等与蓝宝石热处理相似,可以参阅蓝宝石热处理的工艺过程和设备的有关章节内容。这里需要强调的是:①由于锆石耐热冲击的能力较差,因此,在高温及超高温热处理过程中,升温和降温冷却速度要缓慢。这样做一方面是为了防止产生裂纹或破碎,另一方面是为了使改色的效果比较理想;②高温热处理得到的无色、蓝色、黄色及橙红色锆石,颜色有时是稳定的,少数改色锆石可能在光照下或随时间而发生颜色的变化(部分或全部恢复原色)。因此,对热处理的改色锆石要进行后处理,一般是把改善品放在强日光下照射24—48个h,或在暗处存放一年,以便挑出那些不稳定的锆石,来重新进行热处理或舍弃不用。

3. 超高温处理

主要用于改善某些绿色、黄绿色、紫色的中型锆石,使它们向高型锆石转变。这种热处理的温度在1 000—1 450℃范围内。所得锆石多呈深褐红、浅蓝色、蓝色和桔黄色,且多呈半透明—微透明状,光泽和透明度也都有明显的改善。不过,超高温热处理的锆石稳定性也不太好,常常会发生变色,或恢复原色现象。

(二)辐照处理

锆石的辐照处理与热处理结果是相反的逆变化过程。几乎所有经热处理得到的高型锆石改善品,经辐照处理(X射线、γ射线、高能电子等)都可以恢复热处理前的颜色,甚至变深。就是那些天然产出的锆石,在辐射下也会发生变色,如无色锆石在X射线照射下可变成深红色、褐红色或紫色、桔黄色;蓝色锆石在X射线辐照下可变成褐色—红褐色。但这类辐照改色锆石往往不稳定,在光照或加热时会很快恢复原状。

三、锆石改善品的检测

对于锆石改善品，商业上一般不要求作专门的检测，除非是未做稳定性处理的锆石改善品，要用强光照射一段时间来检测。一般来说，天然无色和蓝色锆石很少有宝石级的，因此，市面上所见的无色和蓝色锆石几乎都是经过热处理的。对辐照处理产品，目前并没有可靠有效的检测方法，而且也没有必要作检测，因为一般锆石改善品的放射剂量都是安全的，但为了保险起见，还是应该作放射性检测，因为有些产地的锆石所含的放射性元素较高，会构成对人体的危害，应禁止出售。

第五节　碧　玺

一、碧玺的致色原因

碧玺又称为电气石。是一种成分变化十分复杂的硼硅酸盐矿物，其化学式简写为 $NaR_3Al_6B_3Si_6O_{27}(OH)_4$，其中 Na 可局部被 K、Ca 以类质同象置换，(OH)可被 F 代替，而 R 位置的类质同象十分广，主要有 4 种端元成分：Mg、Fe、Li、Mn，不同类质同象端元之间过渡可形成类质同象系列。正因为如此，碧玺的颜色品种也十分复杂，通常不同的 R 组分，有不同的颜色，它们的致色机理与过渡元素 $d—d$ 电子跃迁关系密切，有些与电荷转移和色心有一定的联系。由于碧玺类质同象比较复杂，颜色变化大，而目前对它的研究又比较少，因此，还未见有系统介绍碧玺颜色机理的文献。从碧玺人工改善处理过程中，颜色与成分的关系及颜色在不同条件下的变化规律看，可以有以下基本认识：①碧玺颜色随成分的不同而异，如富含铁的碧玺多呈黑色—棕褐色；含镁的碧玺常呈黄色或橙色；富含 Cr 的碧玺呈绿色—深绿色；富含锰、锂的碧玺以红—粉红色为主，而蓝及蓝绿色碧玺与 Fe、Mn、Li 等微量元素有关。②碧玺的颜色有些与色心有很大的关系，色心几乎可以产生各色碧玺，但不同的色心，有不同的稳定性，有些在光照及 200℃以下就褪色，而有些至 500℃时仍比较稳定。③某一给定颜色的碧玺，它的致色机理很可能不一样，这一点可由相同颜色碧玺在同等条件下处理时，产生不同的颜色变化来证明。目前，尚无法事先检测出碧玺的致色因素。只能通过改善工艺试验来找规律。

二、碧玺的改善方法

1．热处理

用热处理方法改善碧玺的颜色，在某些情况下还是比较有效的，不同颜色的碧玺由于致色机理的不同，因而在加热条件下，会产生不同的变化。

(1)深绿—蓝绿色碧玺变浅　这种电气石很常见，通常色比较深，以致看上去几乎是黑色的，多色性十分明显。在加热至 500—700℃时，这类深绿—蓝绿的碧玺的颜色可能会变浅，透明度提高，绿色加强，而蓝色趋于消失。当然，并不是所有这种色深碧玺都会变浅，有些可能变化不大，或甚至变得色更深。为了在加热过程中，提高效率，增强减色效果，适当增加加热炉内的压力($100—300\times10^5$Pa)和控制炉内气氛(一般为还原气氛)是必要的。

(2)除去碧玺颜色中的红色调　一些试验证实，在一定加热条件下，某些碧玺中的红色色调可以被除去，如加热可使某些红色或粉红色碧玺褪色而变成无色，橙色变成黄色，紫红色变成蓝色。不过，不同致色机理产生的红色色调，其褪色温度是不同的，一种可用辐照产生的较浅的红色色心，在加热至大约260℃时会完全消失，而有些由锰引起的红色在氧化条件下，加热至400—500℃时才发生褪色。

(3)某些褐色或黄色碧玺变成粉红色或无色　有些巴西产的褐色或黄色碧玺，在加热到近500℃时，会变成淡粉红色或无色，这种加热过程的气氛为氧化性。如果是在较低温度(＜300℃)下，有些巴西产的浅色碧玺会变成奇异的“电”蓝色或绿色，但这种颜色不太稳定，光照下会恢复原色。

对碧玺的热处理通常是在中温(600℃)以下进行，因为碧玺结构中存在OH或F之类的易挥发分，过高的温度(＞700℃)不仅会使所有彩色碧玺发生颜色变化，而且会由于OH、F的分解逸出，破坏碧玺的结构，从而使碧玺变得易碎、色灰暗、透明度低。因此，对碧玺的热处理，要注意控制温度上限和升、降温速度。

2. 辐照处理

利用各种辐射源对碧玺进行辐照处理，近些年已有很大进展。从目前的研究看，辐照产生的主要结果是使其产生一种红色色心，叠加到原色上，就可使碧玺产生不同的颜色。如经辐照可以使无色—浅粉红色的电气石变成深红色—红色，使浅蓝色或蓝绿色碧玺变成紫色或棕色的碧玺，使黄色碧玺变成橙色碧玺等等。另外，对有些碧玺，辐照处理还可以使其加强黄色色调，使原来粉红色—红色碧玺变成橙色、蓝色，或绿色电气石变成蓝绿色或棕色，这些颜色有较好的热稳定性。据研究，它们的变化与锰和铁的价态变化有关。

辐照处理电气石，一般采用高能电子束或γ射线，辐射强度和辐射剂量不要太大，以免产生放射性活性和破坏晶体结构。

三、碧玺改善品的检测

经过热处理的碧玺，其显微包裹体常常有明显的变化，尤其是经500—650℃热处理的碧玺，可见到一些气-液包裹体破裂而产生的变暗现象，这可以用宝石显微镜来检测。另外，未经热处理的碧玺和经热处理的碧玺，它们的紫外—可见光吸收光谱特征往往有一定的差异。从表面的特征有时也可以检测出热处理的迹象。有些热处理的碧玺，由于表面晶体结构在较高温度下发生变化，因此，在不同的翻光面上所测的折光率有明显的不同，人称“卫星读数”。当然，如果电气石没有上述的一些鉴定特征，并不能肯定它没有经过热处理。一般在较低温度(300℃以下)条件下处理的碧玺，是非常难测出的。

对于辐照处理的碧玺，用目前的检测技术方法，还不能鉴别出。尤其是一些红—深红色碧玺，还没有办法区分出它是否是人工改善的。

第六节　琥　珀

琥珀是一种常见的有机宝石。实际上它是地质历史时期形成的松脂化石。其分子式大致为$C_{40}H_{64}O_4$，并含有琥珀酸$HOOCCH_2—CH_2COOH$(＜10%)，有时还会有少量硫化氢和其他流体包裹体。琥珀的颜色为浅黄色—暗褐色，有时可见到褐红色(氧化而成)。其他颜色(微绿、微蓝、微紫)的琥珀是极少见的。琥珀的硬度较低,摩氏硬度仅为2—2.5,相对密度较低,仅为1.05—1.10左右。另外,琥珀热稳定性和化学稳定性都较差。在150—200℃温度下,琥珀就会软化;到250℃时,就会熔化。许多有机溶剂对琥珀有侵蚀作用,如乙醚、丙酮等都可能溶化琥珀。即使在常温下,琥珀也会随时间变化而与空气中氧气发生反应,使其颜色变暗。

一、琥珀的热处理

对琥珀进行热处理,是常用的改善方法。琥珀在空气中受热(低温)时,颜色往往会变深,如黄色和浅黄色琥珀受热一段时间后,由于氧化作用而变成浓橙色或褐—褐红色。这种热处理的琥珀很像一些古玩中的老琥珀,因而常被一些珠宝古玩商人用来冒仿真琥珀古玩。

对一些浊琥珀(含无数气体包裹体),通过把它放入热油介质(菜子油或亚麻子油)中进行热处理,可以在一定程度上提高琥珀的透明度。不过这种热处理过程要十分缓慢,并要控制好温度,让琥珀中的气泡逐渐迁移至表面,最终被驱出琥珀,但同时又不能损坏琥珀。如果有条件的话,在真空条件下处理,效果可能更好。

热处理对琥珀的另一种常见的结果,就是所谓"应力裂纹",这大多数是由于受热不均匀,或冷却速度过快而产生的残余应力造成的。应力裂纹多呈"树枝状"或"圆蝶形",如果裂纹切入琥珀不深,那么一般不会产生破裂。有时,应力裂纹的奇异光学效应("闪光")或形状,反而会给琥珀制品增添不少情趣。

二、琥珀的染色处理

琥珀的染色处理有着悠久的历史,古埃及和古罗马人已经知道使用天然植物染料把琥珀染成各种颜色(特别是绿色、红色和紫色)。现代一些珠宝制造商也常用有机染料来染琥泊。由于琥珀是有机物,因而很容易与一些有机染料发生反应,使染料生色团渗入琥珀内部,产生不同的颜色。不过,用有机染料给琥珀染色时,应注意选择颜色好而性质稳定的染料。许多染色琥珀在日光照射下,发生褪色,就是由于有机染料的性质不稳定而引起的。

三、琥珀改善品的检测

对琥珀改善品的检测,主要是利用放大镜或宝石显微镜。热处理的琥珀可以利用"应力裂纹"或破裂的气-液包裹体来检测。但对于透明浅黄色琥珀变成暗褐色琥珀的热处理,目前尚无有效的检测方法。对于染色琥珀,要注意它的颜色染得是否均匀,还要看颜色是否自然。通常情况下,肉眼很容易识别出染色琥珀。如果必要的话,也可以用蘸有有机溶剂的棉签擦拭琥珀表面,看是否脱色。

第七节　青金石

青金石是一种钠铝和硫的硅酸盐矿物集合体,较纯的青金石可写成化学式:$(Na,Ca)_{7-8}(Si,Al)_{12}(O,S)_{24}(SO_4),Cl_2Cl_2\cdot(OH)_4$。

青金石除了纯青金石矿物外,还常含有透辉石、方解石、黄铁矿等杂质矿物。青金石的结构以细粒状为主,比较致密,有时也有残斑变晶粒状结构。普通青金石多含呈斑点状分布的黄铁矿,如金星点点;也有方解石呈白斑或细脉状分布于其中。

青金石品质中最突出的是它那纯正而稀少的靛蓝色。具有这种蓝色的青金石(无金星或有漂亮金星)是玉石中的名贵品种。大部分青金石的蓝色深浅变化不匀,或色浅或杂色多,有的裂纹发育。

青金石迷人的蓝色形成机理比较复杂,目前仍未研究出结果,推测可能与S、Cl的络合物有关。尽管如此,青金石的改善处理早在1800年前Pliny就作过介绍。目前对青金石的改善方法主要有2种:加热处理和染色处理。

一、青金石的热处理

加热处理青金石,一般在中温范围内(100—600℃)进行。超过此温度范围,会有损毁青金石的危险。不同矿物组成的青金石,在热处理中的变化是有差异的。对于大多数浅蓝色青金石,热处理没有多大的效果,有时甚至会使青金石颜色变得更浅。部分阿富汗产的灰蓝色青金石,经热处理,可以变成较深的蓝色,有时是紫蓝色或绿蓝色。不过,由于青金石本身由多种矿物组成,且常含有黄铁矿,因此,在空气中加热时间太长,会使黄铁矿氧化变成Fe_2O_3(红色),从而使青金石变成斑驳的暗蓝绿色,非常难看。如果有条件的话,热处理最好在中性气氛或还原气氛中进行。另外,青金石性脆,天然状态时具有裂成板片状的裂理(千层板性),因此,加热或冷却速度要缓慢,加热均匀,时间不宜过长,以防止其炸裂。

二、青金石的染色处理

青金石的染色处理比较普遍。早期多用苯胺类染料来染浅的或灰白色青金石,但此种染色青金石极易脱色或褪色。由于青金石结构一般比较致密,孔隙较少,所以染料很难渗入内部,主要集中于表层裂隙之中。为了防止染料脱落或被擦去,有时在染色后,用蜡或清漆对青金石表面进行涂层处理,以保护染料。

三、青金石的其他处理

近期的青金石改善处理工艺变得复杂了。首先进行净化处理(用稀酸或其他化学溶剂),然后进行有色注入处理(可能是用有色塑料),最后进行涂覆层处理,形成保护层。

四、青金石改善品的检测

人工改善的青金石检测多采用化学方法,常用的方法是用一种蘸指甲油(或丙酮)的棉签擦拭其表面,如果棉签上出现蓝色,那么就可以判定为染色品。有些染色青金石对丙酮类溶剂无反应,此时可以改用稀盐酸、醋酸或变性酒精试一下。如果青金石表面涂了蜡层,可先用热针将蜡层融开一小片区域,然后再用上述化学试验方法检测是否用过染料染色。对于净化-注色处理品,用热针可以检测出,甚至有时在放大镜下也能清楚地看到注入物。

第八节　长石类宝石

长石类宝石的品种主要有月光石、天河石、变彩拉长石和日光石。月光石是由两种不同类型长石以薄片互层形式构成，通常是正长石和钠长石，其分子式为：$(K,Na)AlSi_3O_8$。这两种长石在高温下（600—900℃）是互熔的，但在600℃以下，就发生固熔体分离，形成极薄的层状结构。月光石效应（浮光）就是由于这种显微层状结构而造成的。

变彩拉长石是一种斜长石，它是由拉长石聚片双晶结构使光发生干涉而产生彩虹效应。而日光石中的颜色及闪光，与其所含的分布均匀的微细包裹体（赤铁矿、针铁矿、绿云母等）有关。天河石是一种微斜长石，其漂亮的蓝—绿色是由色心而引起的。

对长石类宝石的人工改善，目前研究的比较少。①因为长石类宝石的价值主要体现在一些特殊光学效应上（如月光效应、日光效应、变彩等），通常所用的人工改善方法对这些光学效应一般没有增强的效果。②长石类宝石具有完全解理，机械性质不太稳定，热处理往往会破坏长石宝石，所以一般少用。辐射处理仅用于增强天河石的蓝色。其他长石改善品（如染色品、注入品等）由于价值低，几乎没有人去做。

参考文献

方书淦等，1989，晶体色心物理学。上海：上海交通大学出版社。

王传福等，1992，一种新型的蓝宝石改色方法及机理，中国宝玉石，第4期。

王福泉等，1992，宝石级锆石的改色研究，中国宝玉石，第1期。

孔德淳，1992，化学热处理原理。北京：航空工业出版社。

汤顺青，1990，色度学。北京：北京理工大学出版社。

李承华，1988，辐射技术基础。北京：原子能出版社。

余平等，1993，翡翠及商贸知识。武汉：中国地质大学出版社。

吴瑞华，1991，天然宝石的人工改善，国外非金属矿与宝石，第2、3期。

沈才卿，1991，黄玉的辐照改色及其放射性，国外非金属矿与宝石，第2、3期。

孟繁杰等，1987，热处理设备。北京：机械工业出版社。

经和贞等，1992，人造石英晶体技术。北京：科学出版社。

欧阳秋眉，1993，如何对待人工处理宝石，中国宝石，第4期。

杭云明，1994，珍珠优化处理工艺评述，中国宝玉石，第1期。

郝允洋等，1988，光度学。北京：北京师范大学出版社。

高博禹等，1987，染色玛瑙的着色成因机理，宝石，第1期。

董秉宇，1990，钻石的辐射着色处理，色心及光谱特征，国外非金属矿与宝石，第4、5期。

潘兆橹，1985，结晶学及矿物学(上，下册)。北京：地质出版社。

美国宝石研究所编，1985，地矿部宝石研究所译，1989，GIA宝石实验室鉴定手册。武汉：中国地质大学出版社。

Geobel，M.，Dirlam，D. M.，1989，玻利尼亚群岛的黑珍珠，丘力志译，1990，国外非金属与宝石，第4期。

Marfunin，A. S. 著，1979，李高山译，1984，矿物物理导论。北京：地质出版社。

Nassau，K. 著，1983，颜色的物理与化学，李士杰、张志三译，1991。北京：科学出版社。

Woods，G. S.，Collins，A. T.，1986，光谱法检测人工着色钻石的新成就，高海清译，1988，宝石，第2期。

Ashbaugh Ⅲ，C. E. and Shigley，J. E.，Reactor-Irradiated green topaz，Gem or Gemology，1993，V. 29，No. 2.

Emmett，J. L. and Douthit，T. R.，1993，Heat Treating the Sapphires of Rock Greek，Monto，Gem or Gemology，V. 29，No. 4.

Fritsch，E. and Wu，S. T.，1992，Identification of Bleached and ploymer-Impregnated Jadeite，Gem or Gemology，V. 28，No. 3.

Kurt Nassau，1988，Gemstones Enhancment，Butler & Tanner Ltd.，London.

Schmetzer，K. and Hänni，H. A.，1992，Dye Natural Corundum as a Ruby Imitation，Gem or Gemology，V. 28，No. 2.